NATIONAL COMPETENCY STANDARDS

국가직무능력표준

얼굴관리

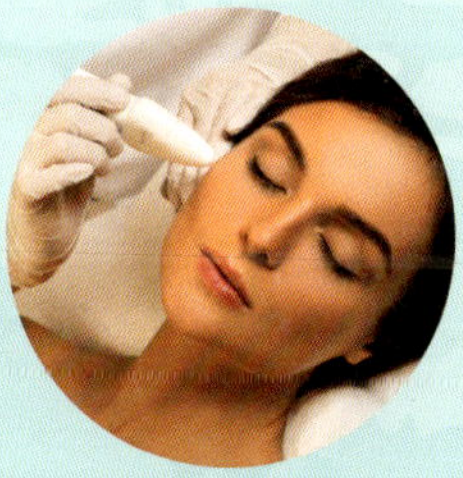

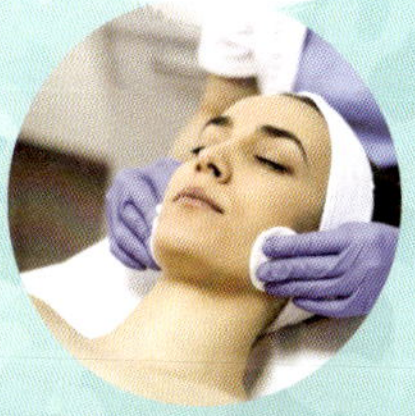

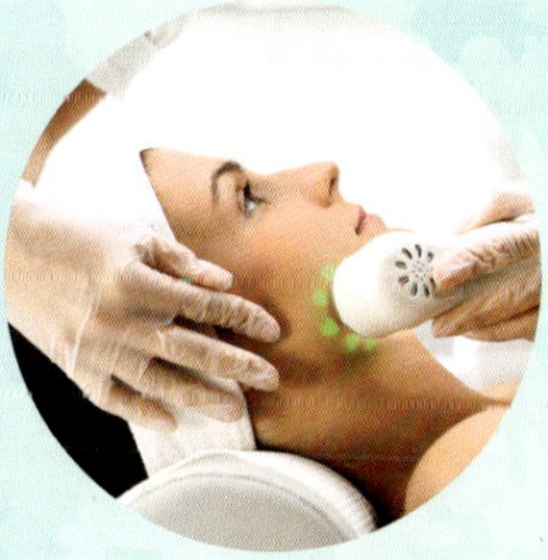

메디시인

이 책을 편찬하면서....

이 책은 미용계 산학협력으로 산업체의 (사)한국피부미용사회 중앙회와 피부미용 전문인을 양성하는 대한피부미용교수협의회가 공동으로 NCS기반 피부미용 국가직무능력표준 31개 능력단위를 9영역으로 나누어 편찬함에 있어 그 중 첫 번째로 “얼굴관리 직무”에 관한 전문 교재를 처음 내놓게 되어 뜻깊게 생각합니다.

2008년 10월 최초로 국가피부미용자격시험을 실시한 이래 많은 피부미용 전문서적들이 쏟아져 나왔지만 10년이 지난 지금 산업체에서 수행되고 있는 NCS기반 직무수준을 수행하기에는 다소 부족한 부분이 아쉬웠습니다.

특히, 산업체에서 수행되고 있는 직무수준은 매우 빠르게 발전·변화하고 있는데 반해 상호보완적 관계가 있는 교육현장의 수준과 조금 차이가 있다고 생각되어 집필진 모두는 많은 고민을 하였습니다.
이러한 문제를 해결하기 위해 산·학이 공동으로 NCS가 추구하는 직무수준을 충분히 검토·반영하여 기존 책들과는 조금 더 세심하고 알기 쉽게 만들고자 노력과 수고를 아끼지 않은 교수님들과 전문가들께 심심한 위로의 말씀을 드립니다.

이 책을 접하는 전국의 피부미용인들께는 국가역량체계(KQF)의 초석이 되는 NCS기반 피부미용 직무를 충분히 교육·습득할 수 있는 “얼굴관리 직무” 전문 교재로 애용해 주시기를 부탁드립니다.

기해년 새봄에

(사)한국피부미용사회 중앙회 회장 조 수 경

대한피부미용교수협의회 회장 장 정 현

차례

Contents

Chapter 4. 피부미용 얼굴 각질관리

Chapter 5. 피부미용 눈썹미용 관리

Chapter 6. 피부미용 얼굴 매뉴얼테크닉

Chapter 7. 피부미용 얼굴 팩 마스크

차례

Chapter 8. 피부미용 고객마무리관리

Chapter 9. 피부미용 응용제모

Chapter 1

피부미용 위생관리

1. 피부미용 작업장 위생관리하기
2. 피부미용 비품 위생관리하기
3. 직원 위생관리하기

Chapter. 1

피부미용 위생관리

피부미용 위생관리란?

고객을 대상으로 신체적, 정신적으로 안정감을 주기 위하여 작업장을 위생적으로 제공하고 피부미용에 관련된 비품과 직원위생을 철저하게 관리하는 능력이다.

Open Thinking

- **Client** : 요즘 미세먼지 때문에 외출하기가 겁이 나요. 감기도 유행하구요. 피부관리실에서는 미세먼지에 많이 노출되었거나 여드름이 많은 사람은 관리받던데요. 혹시 사용했던 해면이나 타월을 위생적으로 관리하지 않아서 피부에 트러블이 생길까 걱정되는데요. 별 문제는 없는 걸까요?
- **Beauty Therapist** : 피부관리실에서 사용하는 베드커버는 1회용이거나 고객이 바뀔 때마다 새로운 것으로 교체하고 있어요. 관리 시 사용했던 도구나 기구, 타월도 모두 살균·소독해서 사용합니다. 해면 또한 1회용이거나 소독해서 사용하고 있으니 걱정하지 않아도 됩니다.

1. 피부미용 작업장 위생관리하기

학습 목표

- 위생관리 지침에 따라 피부미용 작업장 위생관리 업무를 책임자와 협의하여 준비, 수행할 수 있다.
- 쾌적함을 주는 피부미용 작업장이 되도록 체크리스트에 따라 환풍, 조도, 냉·난방 시설에 대한 위생을 점검할 수 있다.
- 위생관리 지침에 따라 피부미용 작업장 청소 및 소독 매뉴얼을 작성할 수 있다.
- 피부미용 작업장 소독 계획에 따른 작업장 소독을 통해 작업장의 위생 상태를 관리할 수 있다.

<table>
<tr><th colspan="6">사전 진단평가 체크리스트</th></tr>
<tr><th>대분류</th><th>중분류</th><th>소분류</th><th>세분류(직무)</th><th>능력단위</th><th>능력단위코드</th></tr>
<tr><td>이용·숙박·여행·오락·스포츠</td><td>이·미용</td><td>이·미용서비스</td><td>피부미용</td><td>피부미용 위생관리</td><td>1201010210_16v2</td></tr>
<tr><td rowspan="2">능력단위요소</td><td rowspan="2">1</td><td rowspan="2" colspan="2">피부미용 작업장 위생관리하기</td><td colspan="2">척도</td></tr>
<tr><td>YES</td><td>NO</td></tr>
<tr><td rowspan="5">수행준기별 평가항목</td><td>1.1</td><td colspan="2">위생관리 지침에 따라 피부미용 작업장 위생관리 업무를 책임자와 협의하여 준비, 수행할 수 있다.</td><td></td><td></td></tr>
<tr><td>1.2</td><td colspan="2">쾌적함을 주는 피부미용 작업장이 되도록 체크리스트에 따라 환풍, 조도, 냉·난방 시설에 대한 위생을 점검할 수 있다.</td><td></td><td></td></tr>
<tr><td>1.3</td><td colspan="2">위생관리 지침에 따라 피부미용 작업장 청소 및 소독 매뉴얼을 작성할 수 있다.</td><td></td><td></td></tr>
<tr><td>1.4</td><td colspan="2">피부미용 작업장 소독계획에 따른 작업장 소독을 통해 작업장의 위생상태를 관리할 수 있다.</td><td></td><td></td></tr>
<tr><td>합계</td><td colspan="2">4</td><td></td><td></td></tr>
</table>

1. 피부미용 위생관리의 목적

체계적 위생관리 및 안전관리를 통해 다수가 모이는 피부미용실에서 감염병을 예방하고 피부미용 관리 시 작업장에서 발생할 수 있는 모든 위험요인으로부터 고객과 피부미용 종사자를 안전하고 건강하게 유지시키기 위함이다.

2. 피부미용실 내의 위생관리

① 피부관리 시 사용되는 도구와 작업장은 청결하고 위생적이어야 하며 정리정돈이 잘 되어 있어야 한다.
② 작업장은 심신의 안정을 위하여 편안하고 안락한 분위기가 되어야 한다.
③ 환기시설이 잘 되어 있어야 한다.
④ 냉·난방 시설을 갖추어야 한다.
⑤ 간접조명(75Lux 이상)이 되어 있어야 한다.
⑥ 방음시설이 잘 되어 있어야 한다.
⑦ 냉·온수를 사용할 수 있어야 한다.
⑧ 뚜껑이 있는 휴지통이 비치되어 있어야 한다.

3. 소독과 멸균

소독과 멸균은 피부미용기기 및 기구를 통해 병원균이 고객에게 전달되지 않도록 하기 위해 반드시 요구되는 과정으로 이를 통해 병원균을 박멸 혹은 그 수를 줄이거나 활동성을 제한함으로써 감염의 전파를 예방할 수 있다.

소독이나 멸균이 적절하게 이루어지지 않았거나, 기기 및 기구의 보관·관리가 제대로 되지 않았을 경우 피부트러블 및 피부에 다양한 문제를 일으킬 수 있다. 그러나 모든 피부미용기구가 소독 및 멸균이 필요한 것은 아니며, 공중위생관리법 지침 등을 근거로 처리하면 된다.

피부미용 종사자는 자신의 위생 뿐만 아니라 고객의 건강관리와 안전을 위해서 철저한 위생 관리, 청결, 소독과 멸균에 대한 충분한 지식을 갖추고 감염병 관리에 최선을 다해야 한다.

소독	질병의 원인이 되는 세균의 수를 안전한 수준으로 감소시키는 것 병원성 미생물인 병원균의 감염을 제거하는 것
살균	생활력을 가지고 있는 미생물을 여러 가지 물리·화학적 작용에 의해 급속하게 사멸시키는 것
멸균	병원성, 비병원성의 모든 미생물을 사멸시키는 것 생활력을 가지고 있는 미생물을 여러 가지 물리·화학적 작용에 의해 급속하게 사멸시키는 것

4. 소독법의 종류

(1) 물리적 소독법

① **자외선 소독** : 자외선을 이용하여 도구 및 기구를 소독하는 것을 말한다. 자외선이 박테리아나 바이러스 등의 세포 내에 있는 유전물질에 변이를 일으켜 성장 및 번식을 억제하여 도구 및 기구를 살균·소독한다. 약품 사용, 가열 등에 의한 도구 및 기구의 살균·소독에 비해 오염이 적고 환경 호르몬이 발생하지 않는다.

② **건열멸균소독** : 고온으로 가열한 공기 중에 일정시간 이상 방치하여 포자를 포함한 모든 미생물 생체를 사멸시키는 방법이다. 일반적으로 고열에 강한 재질의 기구, 피펫, 페트리디쉬, 시험관, 유동 파라핀 등을 소독할 때 사용하는 방법이다.

③ **증기소독** : 100℃의 증기 속에서 30~60분간 살균하는 것이다. 일반 세균은 증기소독으로 사멸할 수 있지만 아포는 사멸되지 않는다.

④ **열탕소독** : 끓는 물에서 미용도구나 기구를 소독하는 방법이다.

(2) 화학적 소독법

미생물에 대하여 살균력을 지닌 화학 약제를 사용하는 방법을 말한다.

① **석탄산수 소독** : 석탄산수는 예로부터 소독약으로써 사용되고 있으며 다른 소독약의 효력을 측정할 때에 표준이 되고 있다.(페놀계수)

세균·진균에 대해 살균효과가 있으며 상처가 없는 피부에 쉽게 흡수되고 3~5% 용액을 사용한다. 그러나 아포(芽胞)를 가지는 균에는 효력이 없다.

② **크레졸 소독** : 석탄타르나 석유분해물로부터 얻으며, 페놀 같은 냄새가 난다. 살균력은 페놀의 2~4배이며 단백질을 변성시킴으로써 살균·소독에 이용한다.

③ **에탄올 소독** : 70~80%에서 가장 살균력이 강하며 미생물에 대해 단시간에 작용하고, 독성이 적으며 세정력이 있으므로 손이나 피부의 소독에 쓰인다.

5. 소독 시 고려할 사항과 주의사항

(1) 소독 시 고려할 사항

① 쉽게 살균되지 않는 포자가 있는 유기체의 특성을 고려해야 한다.

② 유기체의 수가 많을수록 파괴되는 시간이 길어진다는 점을 고려하여야 한다.

③ 갈라지거나 좁은 관이 있는 기구의 유형은 특별 관리가 필요함을 고려하여야 한다.

④ 가능한 한 멸균된 기구를 사용해야 한다.

⑤ 사용 권장 시간을 파악하고 준수해야 한다.

(2) 소독 시 주의사항

① 소독할 물건의 성질에 유의하여 적당한 소독약이나 소독법을 선택하여 실시한다.

② 병원 미생물의 종류와 멸균·살균 또는 소독의 목적과 방법, 그리고 소독 시간 등을 미리 염두에 둔다.

③ 소독약은 사용할 때마다 필요한 양만큼 조금씩 새로 만들어서 쓴다.

④ 약품에 따라 밀폐한 후 냉암소에 보관한다.

⑤ 약품 라벨Label은 더러워지지 않도록 하여 다른 것과 구별되도록 한다.

(3) 소독제의 구비조건

① 살균력이 강해야 한다.(미량이라도 효과가 클 것)

② 물품의 부식성과 표백성이 없어야 한다.

③ 용해성이 높고 안정성이 있어야 한다.

④ 침투력이 강해야 한다.

⑤ 경제적이고 사용 방법이 간편해야 한다.

⑥ 독성이 약하여 인체에 해가 없어야 한다.

⑦ 불쾌한 냄새가 없어야 한다.

6. 작업장의 실내 공기 위생관리

피부미용실 작업장의 실내 공기를 위생적으로 관리하기 위해서는 공기정화시설(덕트)을 갖추어야 한다. 냉·난방기에서는 세균이 증식하기 용이하므로 환기구를 주기적으로 청소하여 항상 청결하게 관리해야 한다.

7. 작업장 실내 오염 물질의 종류와 오염기준

피부미용실 내 허용되는 오염물질과 허용기준을 살펴보면, 미세먼지PM-10는 24시간 평균치 150㎍/m³ 이하이며, 일산화탄소CO는 1시간 평균치 25ppm 이하, 이산화탄소CO_2는 1시간 평균치 1,000ppm 이하, 포름알데이드HCHO는 1시간 평균치 120㎍/m³ 이하이다.

공중위생관리법 시행규칙 [별표 6]	
공중이용시설 안에서 발생되지 말아야 할 오염물질의 종류와 허용되는 오염의 기준 (제8조제2항관련)	
오염물질의 종류	오염허용 기준
미세먼지(PM−10)	24시간 평균치 150㎍/m³ 이하
일산화탄소(CO)	1시간 평균치 25ppm 이하
이산화탄소(CO_2)	1시간 평균치 1,000ppm 이하
포름알데이드(HCHO)	1시간 평균치 120㎍/m³ 이하

8. 피부미용실 작업장 환경

① 쾌적하고 아늑한 작업장이 되어야 한다.

그림 1-1 작업장(관리실) 전경

② 환풍이 잘 되고 공기순환이 잘 이루어져야 한다.

그림 1-2 작업장(관리실) 환풍시설

③ 상담실과 작업장은 구분되어 있어야 한다.

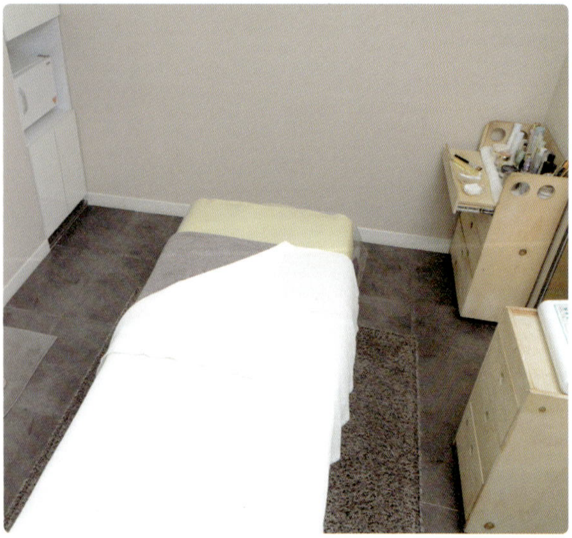

그림 1-3 작업장(관리실) 및 상담실

④ 화장품 정리대는 청결하고 위생적으로 준비되어 있어야 한다.

그림 1-4 화장품 정리대

⑤ 고객용 베드는 위생적으로 준비되어 있어야 한다.

그림 1-5 고객용 베드

⑥ 피부미용 기기, 기구, 도구는 사용 전후에 철저한 소독이 되어 있어야 한다.

⑦ 작업장의 조명도는 75Lux 이상이 되도록 유지하여야 한다.

그림 1-6 작업장 조명 환경

9. 작업장 공간에서의 위험성 평가

피부미용실 작업장 공간Space에서의 위해요소는 작업공간Working area의 배치, 난방, 조명, 환기 등이 있으며 이 요소들을 안전하게 관리하지 않을 경우 타박상, 골절, 면역력 감퇴, 시력저하, 호흡기 질환 등의 문제가 야기될 수 있다. 피부미용실에서 위해요소 관리가 잘 되지 않을 경우 피부미용사 뿐만 아니라 고객들에게도 문제가 생길 수 있으므로 작업장 공간에서의 위험요소 관리는 매우 중요하다.

작업장에서 일어날 수 있는 위해요소, 위험, 위해대상, 위해정도, 개선방안은 표 1-1과 같다.

표 1-1 작업장 공간에서의 위해요소 및 개선방안

작업장 공간Space				
위해요소	위험(성)	위해 대상	위해 정도	개선방안
작업공간 Working area	타박상, 골절 등	Clients Staff	중	• 고객의 출입에서부터 관리 및 작업과정을 효율적으로 처리할 수 있는 동선을 예상하여 공간을 설계하고, 가구와 자재를 배치하도록 한다. • 살롱 내에 사람이 많아질 경우를 대비하여 간이식 의자를 구비해 둔다. • 전 직원 모두가 살롱의 전체공간을 이해하여 작업 시 공간을 효과적으로 활용할 수 있도록 한다.
난방 Heating	면역력 감퇴, 감기 등의 질환	Clients Staff	중	• 피부미용실은 쾌적한 환경을 유지하는 것이 무엇보다 중요하다. 난방은 지나치게 따뜻하거나 춥지 않은 상태로 관리하도록 한다. 이를 위해 난방과 보일러, 이동식 난로, 온수관리 등을 관리하는 전담직원을 지정해 둔다.
조명 Lighting	시력저하, 잘못된 제품의 적용	Clients Staff	하	• 조명을 70Lux 이상으로 유지하도록 하며, 조명커버에 먼지가 쌓이지 않도록 하고, 조명기구를 항상 점검하도록 한다. 조명을 관리하는 전담직원을 지정해 둔다.
환기 Ventilation	호흡기질 환, 두통, 구토, 어지 러움 등	Clients Staff	상	• 피부미용실은 화학제품을 사용하는 곳이기 때문에 항상 환기와 통풍에 주의해야 한다. 또한 미세먼지에 대한 부분도 간과할 수 없다. 이를 위해 피부미용실 내에 별도로 환기장치를 설치하도록 하며, 주기적으로 청소를 한다. • 개인용 마스크 등을 준비해 둔다.

〈출처 : Health & Safety 교과 수업자료〉

표 1-2 소독위생 부주의 감염병 사례

사고사례	사례1. 피부관리실에서 실습을 하던 이○○ 학생은 전신관리 시 소독 부주의로 족부백선에 감염
안전행동 요령	시술 전후에 반드시 손 및 사용도구 등을 소독한다.

미용 사업장은 접촉성 감염 질환 및 호흡기 감염 질환에 유의해야 한다. 고객이 지니고 있던 포도상구균이 손이나 수건 등을 통해 감염 부위로 이동하여 부스럼, 종기 등의 감염을 일으킨다. 무좀이나 진균은 피부 샤워실 등에서 옮겨지며, 연쇄상구균에 의해 농가진이나 피부감염 등이 일어난다. 환자가 사용한 타월이나 베게, 이불 등을 통해 결막염 등의 안구감염이 일어난다. 또한 유동인구가 많은 사업장의 특성상 호흡기 감염병 질환(신종플루, 조류독감) 등에 대한 대비도 취약하다.

피부미용 작업 시 유발되는 감염병

전신 관리 도중 고객의 피부에 상재하고 있는 옴 진드기가 작업자의 손가락, 손목, 성기 부위에 감염될 위험이 있다. 또한 피부 곰팡이나, 사상균, 이스트 등이 두피, 피부, 손톱 및 발톱 등에 증식하고 있다가 고온 다습한 환경에서 증식하여 감염될 우려가 있다.

시술 전 주의사항

① 작업자의 손은 시술 전 후에 항상 알코올로 소독하여 청결을 유지한다.
② 피부관리사는 여드름 관리 전 후 항상 손을 씻고 알코올로 소독한다.
③ 바이러스에 대비하여 멸균을 위한 소독제를 갖추고 있어야 한다.
④ 시술 시 출혈이 있을 경우 반드시 기구를 멸균 또는 소독하여 혈액에 의한 감염에 대비한다.
⑤ 시술 전 감염성 질환이 관찰될 경우 즉시 시술을 중단한다.
⑥ 호흡기 감염성 질환이 유행할 경우 마스크 착용을 권장한다.

〈출처 : 미용분야 산업안전보건 매뉴얼 / 한국직업능력개발원〉

표 1-3 피부미용업 작업장 점검표

점검분야	점검사항	점검결과
시설 및 설비기준	• 피부미용 업무에 필요한 베드(온열 장치포함), 피부미용기구, 화장품, 수건, 온장고, 사물함 등을 갖추고 있다.	□예 □아니오
	• 소독한 미용 기구와 소독하지 않은 미용 기구를 구분하여 보관할 수 있는 용기를 비치하고 있다.	□예 □아니오
	• 소독기·자외선 살균기 등 피부미용기구를 소독하는 장비를 갖추고 있다.	□예 □아니오
	• 영업소 내에 작업장소, 응접장소, 상담실 등을 분리하여 칸막이를 설치할 수 있으나, 설치된 칸막이에 출입문이 있는 경우 출입문의 3분의1 이상을 투명하게 하였다.	□예 □아니오 □해당없음
	• 피부미용을 위한 작업 장소 내에는 베드와 베드 사이에 칸막이를 설치할 수 있으나, 설치된 칸막이에 출입문이 있는 경우 그 출입문의 3분의 1 이상을 투명하게 하였다.	□예 □아니오 □해당없음
위생관리 기준	• 점빼기·귓불뚫기·쌍꺼풀수술·문신·박피술 그 밖에 이와 유사한 의료행위는 하지 않는다.	□예 □아니오
	• 피부미용을 위하여「약사법」규정에 의한 의약품 또는「의료기기법」에 따른 의료기기를 사용하지 않는다.	□예 □아니오
	• 1회용 면도날은 손님 1인에 한하여 사용하고 있다.	□예 □아니오
	• 피부미용기구 중 소독을 한 기구와 소독을 하지 아니한 기구는 각각 다른 용기에 넣어 보관하고 있다.	□예 □아니오
	• 천정·벽·바닥·세면기·환기시설·거울 등의 청소상태는 항상 깨끗하게 유지하고 있다.	□예 □아니오
	• 영업장 안의 조명도를 75Lux 이상 적정하게 유지하고 있다.	□예 □아니오
	• 영업소 내부에 미용업 신고증, 개설자의 면허증 원본을 게시하고 있다.	□예 □아니오
	• 영업소 내부에 부가가치세, 재료비, 봉사료 등이 포함된 최종지불요금표를 게시·부착하였다.	□예 □아니오
	• 영업장 면적 $66m^2$ 이상인 영업소의 경우 영업소 외부에 최종지불요금표를 게시·부착하였다.	□예 □아니오 □해당없음
	• 미용사 면허(자격증)를 가진 미용사가 미용 업무를 하고 있다. (무자격자는 미용사의 감독을 받아 미용업무 보조만을 하고 있다.)	□예 □아니오
	• 위생교육은 매년 수료하고 있다.	□예 □아니오

〈출처 :「2015 공중위생업소 인터넷 자율점검 실시 안내」, 강남구청〉

표 1-4 피부미용실 위생관리 체크리스트

장소	점검 내용	평가		
		상	중	하
입구 안내데스크	출입문의 유리, 손잡이, 현관 매트는 깨끗하게 정리되어 있다.			
	우산꽂이, 화분과 화초의 상태는 깨끗하다.			
	진열장은 깨끗하게 정리되어 있다.			
	안내데스크 주변이 깨끗하게 정리정돈 되어 있다.			
피부상담실	손소독액, 소독솜, 티슈 등이 비치되어 있다.			
	고객카드 및 자료가 정리정돈 되어 있다.			
	피부상담실이 깨끗하게 정리정돈 되어 있다.			
	휴지통이 비워져 있고, 주변정리가 깨끗하게 되어 있다.			
탈의실	탈취가 되어 있다.			
	고객 가운이 청결하게 준비되어 있다.			
	고객 슬리퍼가 청결하게 준비되어 있다.			
샤워룸	타일과 거울 등이 청결하다.			
	냉온수의 상태가 양호하다.			
	바스용품이 준비되어 있다.			
	바스타월 등이 준비되어 있다.			
피부관리 작업실	피부미용 작업실의 환기시설은 작동이 잘 된다.			
	베드가 위생적이고 깔끔하게 세팅되어 있다.			
	왜건이 위생적이고 깔끔하게 세팅되어 있다.			
	해면이 청결한 상태로 준비되어 있다.			
	습포가 청결한 상태로 준비되어 있다.			
	화장품이 위생적으로 분류, 배열되어 있다.			
	휴지통이 비워져 있고, 주변정리가 깨끗하게 되어 있다.			
화장실	세면대가 청결한 상태를 유지하고 있다.			
	변기가 청결한 상태를 유지하고 있다.			
	방취와 환기가 잘 되어 있다.			
	비누가 준비되어 있다.			
	1회용 종이 타월 또는 손 건조기가 준비되어 있다.			
	휴지통이 비워져 있고, 주변정리가 깨끗하게 되어 있다.			
고객대기실	소파와 테이블이 깨끗하게 정리되어 있다.			
	피부미용 관련 잡지와 자료가 비치되어 있다.			
	휴지통이 비워져 있고, 주변정리가 깨끗하게 되어 있다.			
비고				

<table>
<tr><th colspan="6">수행준거별 평가 체크리스트</th></tr>
<tr><th>대분류</th><th>중분류</th><th>소분류</th><th>세분류(직무)</th><th>능력단위</th><th>능력단위코드</th></tr>
<tr><td>이용·숙박·여행·오락·스포츠</td><td>이·미용</td><td>이·미용서비스</td><td>피부미용</td><td>피부미용 위생관리</td><td>1201010210_16v2</td></tr>
<tr><td>능력단위요소</td><td>1</td><td colspan="4">피부미용 작업장 위생관리하기</td></tr>
<tr><td rowspan="4">수행준거</td><td>1.1</td><td colspan="2">위생관리 지침에 따라 피부미용 작업장 위생 관리 업무를 책임자와 협의하여 준비, 수행할 수 있다.</td><td colspan="2" rowspan="4">[지식]
• 공중위생관리법
• 작업장 안전사항
• 작업장 환경관리
[기술]
• 작업장 위생관리 기술
• 실내 소독법 적용 능력
[태도]
• 고객 요청을 적극적으로 수용하는 태도
• 위생적인 작업 규정을 준수하는 태도</td></tr>
<tr><td>1.2</td><td colspan="2">쾌적함을 주는 피부미용 작업장이 되도록 체크리스트에 따라 환풍, 조도, 냉·난방 시설에 대한 위생을 점검할 수 있다.</td></tr>
<tr><td>1.3</td><td colspan="2">위생관리 지침에 따라 피부미용 작업장 청소 및 소독 매뉴얼을 작성할 수 있다.</td></tr>
<tr><td>1.4</td><td colspan="2">피부미용 작업장 소독계획에 따른 작업장 소독을 통해 작업장의 위생상태를 관리할 수 있다.</td></tr>
</table>

<table>
<tr><th rowspan="2">수행준거</th><th rowspan="2">상세 수행준거</th><th rowspan="2">평가항목</th><th colspan="2">척도</th></tr>
<tr><th>YES</th><th>NO</th></tr>
<tr><td rowspan="3">1.1</td><td>1.1.1</td><td>위생관리 지침을 설명할 수 있다.</td><td></td><td></td></tr>
<tr><td>1.1.2</td><td>피부미용 작업장 위생관리 업무를 준비할 수 있다.</td><td></td><td></td></tr>
<tr><td>1.1.3</td><td>피부미용 작업장 위생관리 업무를 수행할 수 있다.</td><td></td><td></td></tr>
<tr><td rowspan="2">1.2</td><td>1.2.1</td><td>환풍, 조도, 냉·난방시설의 위생관리 체크리스트를 만들 수 있다.</td><td></td><td></td></tr>
<tr><td>1.2.2</td><td>환풍, 조도, 냉·난방시설의 위생을 점검할 수 있다.</td><td></td><td></td></tr>
<tr><td rowspan="2">1.3</td><td>1.3.1</td><td>피부미용 작업장 청소 매뉴얼을 작성할 수 있다.</td><td></td><td></td></tr>
<tr><td>1.3.2</td><td>피부미용 작업장 소독 매뉴얼을 작성할 수 있다.</td><td></td><td></td></tr>
<tr><td rowspan="3">1.4</td><td>1.4.1</td><td>피부미용 작업장 소독계획을 작성할 수 있다.</td><td></td><td></td></tr>
<tr><td>1.4.2</td><td>피부미용 작업장을 소독할 수 있다.</td><td></td><td></td></tr>
<tr><td>1.4.3</td><td>피부미용 작업장의 위생상태를 관리할 수 있다.</td><td></td><td></td></tr>
<tr><td colspan="2">총계</td><td>10</td><td></td><td></td></tr>
</table>

2. 피부미용 비품 위생관리하기

학습 목표

- 위생관리 지침에 따라 피부미용 비품 위생관리 업무를 책임자와 협의하여 준비, 수행할 수 있다.
- 위생관리 지침에 따라 적절한 소독방법으로 피부관리실 내부의 비품을 소독, 보관할 수 있다.
- 소독제에 대한 유효기간을 점검할 수 있다.
- 사용 종류에 알맞은 피부미용 비품의 정리정돈을 수행할 수 있다.

<table>
<tr><th colspan="6">사전 진단평가 체크리스트</th></tr>
<tr><th>대분류</th><th>중분류</th><th>소분류</th><th>세분류(직무)</th><th>능력단위</th><th>능력단위코드</th></tr>
<tr><td>이용·숙박·여행·오락·스포츠</td><td>이·미용</td><td>이·미용서비스</td><td>피부미용</td><td>피부미용 위생관리</td><td>1201010210_16v2</td></tr>
<tr><td rowspan="2">능력단위요소</td><td rowspan="2">2</td><td colspan="2" rowspan="2">피부미용 비품 위생관리하기</td><td colspan="2">척도</td></tr>
<tr><td>YES</td><td>NO</td></tr>
<tr><td rowspan="5">수행준거별 평가항목</td><td>2.1</td><td colspan="2">위생관리 지침에 따라 피부미용 비품 위생관리 업무를 책임자와 협의하여 준비, 수행할 수 있다.</td><td></td><td></td></tr>
<tr><td>2.2</td><td colspan="2">위생관리 지침에 따라 적절한 소독방법으로 피부관리실 내부의 비품을 소독 보관할 수 있다.</td><td></td><td></td></tr>
<tr><td>2.3</td><td colspan="2">소독제에 대한 유효기간을 점검할 수 있다.</td><td></td><td></td></tr>
<tr><td>2.4</td><td colspan="2">사용종류에 알맞은 피부미용 비품의 정리정돈을 수행할 수 있다.</td><td></td><td></td></tr>
<tr><td>합계</td><td colspan="2">4</td><td></td><td></td></tr>
</table>

1. 피부미용 비품 위생관리의 목적

작업장에서 사용되는 모든 도구 및 소모품 등을 위생적으로 관리하여 미생물 감염의 경로를 차단함으로써 고객의 피부트러블을 예방하고 관리의 효과성을 높이기 위함이다.

2. 비품 소독 분류방법

① 타월·터번 : 삶는 것이 좋다.
② 도구나 용기 : 소독제로 깨끗이 닦는다.
③ 기기 및 기구 : 소독제를 솜에 적셔 닦는다.

(1) 피부미용 비품 위생관리하기 작업준비물

① 소독이 잘 된 타올
② 고객 가운
③ 헤어터번
④ 거즈
⑤ 화장솜
⑥ 스파츌라
⑦ 붓
⑧ 볼
⑨ 해면
⑩ 면봉
⑪ 알콜
⑫ 고객용 신발
⑬ 피부관리사 마스크
⑭ 화장품, 휴지, 제모도구, 쓰레기통 일절

(2) 피부감염

① 환자가 지니고 있던 포도상구균이 손이나 수건 등을 통해 다른 사람의 신체 부위로 이동하여 부스럼, 종기 등을 일으키며 감염을 일으킨다.
② 피부감염은 주로 샤워실 등에서 발생한다.
③ 무좀은 진균에 의한 감염이며 농가진이나 피부감염 등을 일으키는 원인균은 연쇄상구균이다.

(3) 안구감염

• 환자가 사용한 타월, 베개나 이불 등을 통해 전염되어 결막염을 일으킨다.

3. 비품 위생관리방법

① 한 번 사용한 타월, 해면이나 거즈 등은 재사용하지 않으며 뚜껑이 있는 통에 보관한다.

② 장비와 도구는 사용하기 전에 반드시 자외선·멸균 소독을 한다.

③ 사용한 장비와 소독된 장비가 섞이지 않도록 한다.

④ 고객의 신체에 직접 닿는 곳의 베드커버는 고객이 바뀔 때마다 교환한다.

⑤ 바닥에 떨어진 물건은 반드시 소독한다.

⑥ 사용하는 기구와 비품들은 자비 소독법이나 자외선 소독기·고압 멸균기 등으로 살균·소독한다.

⑦ 기기의 부품과 브러시 등은 사용 후 중성 세제로 세척하여 자외선 소독기에 넣는다.

4. 제품 사용 시의 위생

① 스파츌라는 사용 전 반드시 알코올을 적신 솜으로 닦아 준다.

② 소독한 스파츌라를 사용하여 크림을 덜어 낸다.

③ 튜브에 든 크림은 스파출라에 덜어 사용하며, 고객의 피부에 직접 사용하지 않는다.

④ 뚜껑이 있는 크림이나 팩은 사용한 후 즉시 뚜껑을 닫는다.

⑤ 한번 덜어낸 크림은 다시 화장품 용기에 담지 않도록 한다.

5. 기구의 종류, 재질 및 용도에 따른 소독기준 및 방법

① **튜브, 유리 및 브러시 종류** : 세제를 푼 미온수로 세척한다. 70% 알코올에 10분 이상 담갔다가 자외선 소독기에 보관한다.

② **금속류 전극봉** : 오염 물질은 젖은 타월로 제거하고 70% 알코올을 적신 솜으로 소독한다.

③ **패드류** : 부직포는 세제로 세척하고 잘 건조시켜 자외선 소독기에 보관한다.

④ **각종 볼** : 유리나 플라스틱제는 깨끗하게 세척한 후 자외선 소독기에 보관한다.

⑤ **붓, 스파츌라 종류** : 세제를 푼 미온수로 세척한다. 건조시킨 후 자외선 소독기에 보관한다.

⑥ **족집게 및 핀셋류** : 70% 알코올에 10분 이상 동안 담근 후에 사용한다. 사용 후 미온수로 씻어주고 열탕 소독을 한다.

⑦ **베드, 정리대, 사용물품** : 사용 전후에 70% 알코올을 적신 솜으로 닦는다.

⑧ **타월, 고객 가운, 헤어터번** : 업무가 끝난 후 매일 열탕 소독하여 완전 건조시킨다.

표 1-5 화학물질, 기구에 의한 안전사고 사례

① 화학물질 노출	
사고사례	약품 노출 피부관리실에서 실습을 하던 이 ○○ 학생은 피부관리 제품에 의해 알레르기 발생
안전행동 요령	• 작업장 안의 공기를 자주 환기하여 냄새가 잘 빠질 수 있도록 한다. • 피부에 상처가 났을 때에는 비닐장갑을 착용해 병균침투를 예방하며, 오염되었을 때는 비닐장갑을 즉시 버린다. • 자주 손을 씻어 손에 묻은 먼지나 화학제품이 입으로 들어갈 수 없도록 한다. • 네일 작업 시 가루 제품을 흡입할 수 있으므로 마스크를 꼭 착용하고, 보호안경을 쓴다.

피부미용 작업 시 사용되는 화학물질

피부미용 작업 시에는 작업자의 작업효율 및 관리의 효과를 높이기 위해 화장품을 사용하게 되는데 이로 인해 접촉성 피부염, 지루성 피부염, 두드러기, 여드름 등의 피부질환이 발생할 수 있다.

접촉성 피부염이란 어떤 물질이 피부에 직접 묻거나 닿아서 생기는 피부의 모든 이상 현상을 말한다. 화장품 사용 후 피부에 문제가 생기는 경우 흔히 알레르기성 피부염이라고 하는데, 화장품에 의한 알레르기성 접촉피부염은 일부분이고 대부분은 단순한 자극반응이거나 화장품의 유분이 과잉 공급되거나 피부 타입에 맞지 않아서 여드름이나 지루성 피부염이 심해지는 경우이다. 접촉성 피부염은 크게 자극성 접촉 피부염, 알레르기성 접촉 피부염, 광독성 접촉 피부염, 광알레르기성 접촉 피부염 등으로 나눈다.

화학물질 작업 시 주의사항

① 작업장 안의 공기를 자주 환기하여 냄새가 잘 빠질 수 있도록 한다.
② 화학 물질을 공기 중에 뿌리지 말아야 한다.
③ 피부에 상처가 났을 때에는 비닐장갑을 착용해 병균침투를 예방하며 오염되었을 때는 즉시 비닐장갑을 버린다.
④ 헤어 및 네일 제품은 화기성이 강한 제품들을 사용하므로 화재의 위험에 노출되지 않도록 한다.
⑤ 네일 작업 시 가루 제품을 흡입할 수 있으므로 마스크를 꼭 착용하고 보호안경을 쓴다.
⑥ 네일 작업 시에는 가급적 콘택트렌즈를 착용하지 않도록 한다.
⑦ 정해진 장소에서 음식물을 섭취한다.
⑧ 모든 제품에 라벨을 붙여 잘못 사용하는 일이 없도록 한다.
⑨ 화학제품들을 시원한 곳에 보관하고 철제 가구 속에 넣어 둔다.
⑩ 사용하는 제품의 사용방법을 반드시 읽고 따라야 한다.
⑪ 재료 배합 시 용량을 정확히 하고 반드시 장갑과 보안경을 착용하도록 한다.
⑫ 제품에 관한 정보를 수록한 리스트를 만들어 화학 약품을 취급하는 곳에 비치하도록 한다.

② 기구에 의한 안전 사고 - 눈썹칼 및 눈썹가위	
사고사례	사례1. 피부관리실에서 실습을 하던 김 ○○ 학생은 눈썹 염색 후 눈썹 모양 정리를 하던 중 눈썹칼을 사용하다 베이는 사고 발생 유형1. 눈썹 모양 정리를 하던 중 눈썹칼의 날에 의해 베임.
안전행동 요령	• 사용 미숙으로 인해 고객과 시술자의 신체에 창상이나 자상 등의 사고가 발생되지 않도록 한다. • 눈썹칼과 눈썹가위는 반드시 철저한 소독을 원칙으로 한다. • 폐기 시에는 전용 니들 리무버 통을 활용하여 관리에 신중을 기한다.

눈썹 정리 및 염색 작업에 필요한 도구로 인한 감염병 감염, 베임이나 찔림에 의한 창상, 기구 낙하에 의한 고객 안전사고가 발생하지 않도록 해야 한다.

① 사용 부주의로 인한 베임이나 찔림에 의한 창상을 예방한다.
② 기구 낙하로 인한 고객과 시술자의 안전사고 예방을 위해 고객의 눈에 보호용 패드처리를 한다.
③ 시술자도 보호용 실내화를 착화하는 등의 주의를 기울인다.
④ 반드시 철저한 소독과 기구 관리를 통해 안전사고가 일어나지 않도록 한다.

③ 기구에 의한 안전 사고 - 해면 타월 및 침구류	
사고사례	사례1. 피부관리실에서 실습을 하던 김 ○○ 학생은 손가락에 가려움이 심해 병원을 찾은 결과 백선에 감염되었다는 진단을 받았는데, 무좀에 걸린 고객을 관리한 후에 손 소독을 실시하였으나 관리에 사용했던 전신 타월을 교환하지 않아 침구류를 통해 감염이 발생함. 유형1. 전신관리에 사용한 침구류를 교환하지 않아 피부 관련 감염병에 감염됨.
안전행동 요령	• 관리에 사용했던 침구류, 해면, 타월류 등은 사용 후 세탁하여 햇빛에 건조시켜 보관한다. • 가급적 1회용품 사용을 권장한다. • 시술 전 고객 상담을 통해 피부 관련 감염성 질환이 있는지 확인한다.

피부관리 전반에 사용되는 것으로 비위생적인 관리로 인한 감염병 관리 안전사고에 유의해야 한다.

① 해면 스펀지는 1회용품 사용을 권장한다.
② 타월 및 침구류는 사용 후 세탁 → 100℃ 자비소독 → 건조 보관 절차를 거친다.
③ 위생적인 상태를 유지하도록 한다.

〈출처 : 미용분야 산업안전보건 매뉴얼 / 한국직업능력개발원〉

수행준거별 평가 체크리스트					
대분류	중분류	소분류	세분류(직무)	능력단위	능력단위코드
이용·숙박·여행·오락·스포츠	이·미용	이·미용서비스	피부미용	피부미용 위생관리	1201010210_16v2

능력단위요소	2	피부미용 비품 위생관리하기	
수행준거	2.1	위생관리 지침에 따라 피부미용 비품 위생관리 업무를 책임자와 협의하여 준비, 수행할 수 있다.	[지식] • 공중위생관리법 • 작업장 환경관리 [기술] • 시각적인 쾌적함 식별능력 • 작업장 비품 청소, 소독 기술 [태도] • 안전사항을 준수하는 태도 • 위생적인 작업 규정을 준수하는 태도
	2.2	위생관리 지침에 따라 적절한 소독방법으로 피부관리실 내부의 비품을 소독 보관할 수 있다.	
	2.3	소독제에 대한 유효기간을 점검할 수 있다.	
	2.4	사용종류에 알맞은 피부미용 비품의 정리정돈을 수행할 수 있다.	

수행준거	상세 수행준거	평가항목	척도	
			YES	NO
2.1	2.1.1	피부미용 비품의 종류를 설명할 수 있다.		
	2.1.2	피부미용 비품 위생관리 업무를 준비할 수 있다.		
	2.1.3	피부미용 비품 위생관리 업무를 수행할 수 있다.		
2.2	2.2.2	피부관리실 내부 비품 소독을 위한 방법을 설명할 수 있다.		
	2.2.2	피부관리실 내부비품을 소독할 수 있다.		
	2.2.3	피부관리실 내부비품을 올바르게 보관할 수 있다.		
2.3	2.3.1	소독제의 종류를 나열할 수 있다.		
	2.3.2	소독제의 유효기간을 점검할 수 있다.		
2.4	2.4.1	피부미용 비품의 정리정돈을 수행할 수 있다.		
총계		9		

3. 직원 위생관리하기

학습 목표

- 위생관리 지침에 따라 피부미용사로서 깨끗한 위생복, 마스크, 실내화를 구비하여 착용할 수 있다.
- 장신구는 피하고 가벼운 화장과 예의 있는 언행으로 작업장 근무수칙을 준수할 수 있다.
- 위생관리 지침에 따라 두발, 손톱 등 단정한 용모와 신체를 유지할 수 있다.

<table>
<tr><th colspan="7">사전 진단평가 체크리스트</th></tr>
<tr><th>대분류</th><th>중분류</th><th>소분류</th><th>세분류(직무)</th><th>능력단위</th><th colspan="2">능력단위코드</th></tr>
<tr><td>이용·숙박·여행·오락·스포츠</td><td>이·미용</td><td>이·미용서비스</td><td>피부미용</td><td>피부미용 위생관리</td><td colspan="2">1201010210_16v2</td></tr>
<tr><td rowspan="2">능력단위요소</td><td rowspan="2">3</td><td colspan="3" rowspan="2">직원 위생관리하기</td><td colspan="2">척도</td></tr>
<tr><td>YES</td><td>NO</td></tr>
<tr><td rowspan="4">수행준거별 평가항목</td><td>3.1</td><td colspan="3">위생관리 지침에 따라 피부미용사로서 깨끗한 위생복, 마스크, 실내화를 구비하여 착용할 수 있다.</td><td></td><td></td></tr>
<tr><td>3.2</td><td colspan="3">장신구는 피하고 가벼운 화장과 예의 있는 언행으로 작업장 근무수칙을 준수할 수 있다.</td><td></td><td></td></tr>
<tr><td>3.3</td><td colspan="3">위생관리 지침에 따라 두발, 손톱 등 단정한 용모와 신체를 유지할 수 있다.</td><td></td><td></td></tr>
<tr><td>합계</td><td colspan="3">3</td><td></td><td></td></tr>
</table>

1. 직원 위생관리의 목적

피부미용사의 복장관리를 통해 작업의 효과성을 높이고, 건강관리를 통해 신체를 건강하게 함으로서 피부관리 및 고객응대 시 긍정적인 이미지를 제공하기 위함이다.

2. 피부미용사(피부관리사) 복장

면소재가 좋은데 공기 통풍과 땀 흡수가 잘 되어서 체취가 나는 것을 막아 주기 때문이다. 가운의 색은 흰색이나 파스텔톤 등으로 깨끗하고 단정한 느낌을 주도록 하며 작업하는데 불편함을 주지 않도록 해야 한다.

3. 피부미용사의 일반적 규칙

① 메이크업 : 피부타입에 맞는 올바른 스킨케어 제품을 사용하고, 진하지 않고 자연스러운 메이크업을 하여 단정하게 보이도록 한다.

② 장신구 : 시계, 작은 귀걸이와 같은 최소한의 장신구만 착용한다.

③ 손톱 : 짧게 잘라 단정하게 관리하며 손이 거칠어지지 않도록 관리한다.

④ 헤어스타일 : 긴 머리는 단정하게 묶어 주거나, 짧은 머리는 흘러내리지 않도록 한다.

⑤ 신발 : 신발은 편평하고 발 사이즈에 잘 맞아야 하며 편안해야 한다. 편안한 흰색 신발 착용을 권장하며 소리가 나지 않게 유의해야 한다.

4. 식사, 운동, 그리고 수면

피부미용사는 본인의 건강 상태를 매일 확인해야 하는데, 특히 피부관리를 위해서는 체력과 에너지가 요구되기 때문에 이를 위해서는 건강하고 영양소가 골고루 들어간 균형 잡힌 식사, 규칙적인 운동, 양질의 수면을 통해 건강한 생활을 유지할 수 있도록 한다.

5. 개인위생

① 손 : 음식물을 먹기 전이나 화장실을 다녀온 후에는 반드시 손을 깨끗하게 닦아야

한다. 매번 고객을 관리하기 전과 후, 필요하다면 관리 중에도 손을 닦아야 한다. 손 씻기는 고객관리 전에 교차 감염의 위해를 최소화하고 고객에게는 위생적이고 전문적이며, 고객을 보호해 주는 이미지를 보여줄 수 있다. 피부미용사의 손가락에 외상이 있을 때는 고객의 피부에 직접 닿지 않도록 주의한다.

② **발** : 매일 발을 씻어서 상쾌하고 건조한 발을 유지한다. 체취가 나는 발은 데오도란트 파우더를 이용하여 발을 관리해 준다.

③ **치아** : 하루에 적어도 2번은 칫솔질을 하여 호흡 시 불쾌감을 전달하는 것을 피하고, 치실로 자주 치아를 관리해 준다. 구강청결제를 사용하여 입냄새가 나지 않도록 하며, 치아를 건강하게 유지 관리하기 위해 치과를 주기적으로 방문하여 치아를 관리한다.

④ **모발** : 모발은 깨끗하고 잘 정돈되어 있어야 한다. 헤어커트 및 모발관리를 주기적으로 한다.

6. 피부관리사의 손 위생

(1) 손 씻기의 필요성

신체에서 손은 모든 표면과 접촉하는 부위로서, 각종 세균과 바이러스를 전파시키는 역할을 한다. 손을 씻음으로써 질병의 70% 이상을 예방할 수 있으므로 손씻기가 반드시 필요하다.

(2) 손 위생 관련 용어

① **손 위생**Hand hygiene : 손 씻기와 손 소독을 모두 포함하는 용어

② **손 씻기**Hand washing : 물과 비누를 이용하여 손을 씻는 것

③ **손 소독**Hand antisepsis : 소독제를 이용하여 미생물을 감소시키거나 성장을 억제하는 것

(3) 피부(손)에 사는 미생물의 이해

많은 미생물은 피부 표면과 접촉하지만, 피부는 미생물이 살아가기에 좋은 환경은 아니다. 피부표면에는 그람 양성 세균이 흔한데 그 중 혈장응고효소, 음성 포도상균속이 가장 흔하고 황색포도상균S.aureus, 코리네박테륨Corynebacterium, 프로피오니박테륨Propionibacterium이 존재한다.

(4) 가장 이상적인 손 위생 방법

비누액으로 손을 세척하여 오염물질을 떨어뜨리고, 알코올 소독제로 병원균을 완전히 제거하는 것이 가장 간단하고 효과적이며 위생적인 손 세척 방법이다. 알코올 소독제만을 사용하더라도 효과는 있지만, 이 방법은 오염물질을 떨어뜨릴 수 없기 때문에 비누액과 흐르는 물에 의한 손 세척을 대신할 수는 없다. 손 씻기 상황별 손 위생의 결과를 세균의 존재 여부로 판단할 수 있다[그림 1-7].

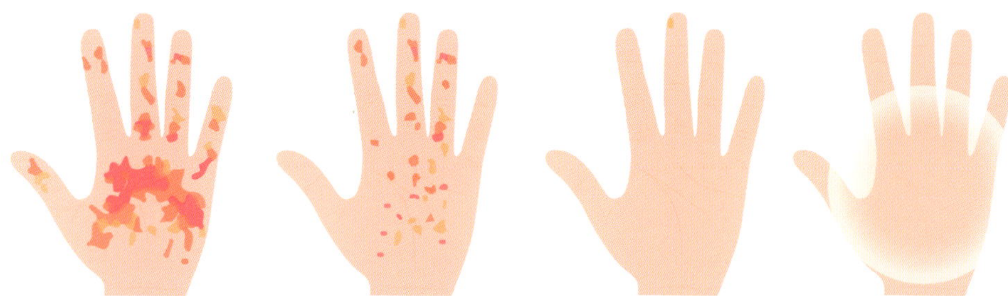

그림 1-7 손씻기 상황별 손위생 결과

(5) 손 씻기 6단계 방법

물과 비누를 이용한 위생적인 손 씻기는 미지근한 물로 손을 적시고 적정량의 제제를 사용하여 손과 손가락을 40~50초 동안 아래의 방법대로 손을 씻어야 한다. 손을 닦는 순서는 경우에 따라 다소 변동이 있을 수 있지만 닦는 부위는 빠지지 않아야 한다.
[그림 1-8]

① 1단계 : 손바닥과 손바닥을 마주 대고 문지른다.
② 2단계 : 손등과 손바닥을 마주 대고 문지른다.
③ 3단계 : 손깍지를 끼고 문지른다.
④ 4단계 : 손가락을 반대쪽 손바닥에 놓고 문지르며 손톱 밑을 깨끗이 한다.
⑤ 5단계 : 엄지손가락을 다른 쪽 손바닥으로 돌려주면서 문지른다.
⑥ 6단계 : 손바닥에 손톱 끝을 문지른다.

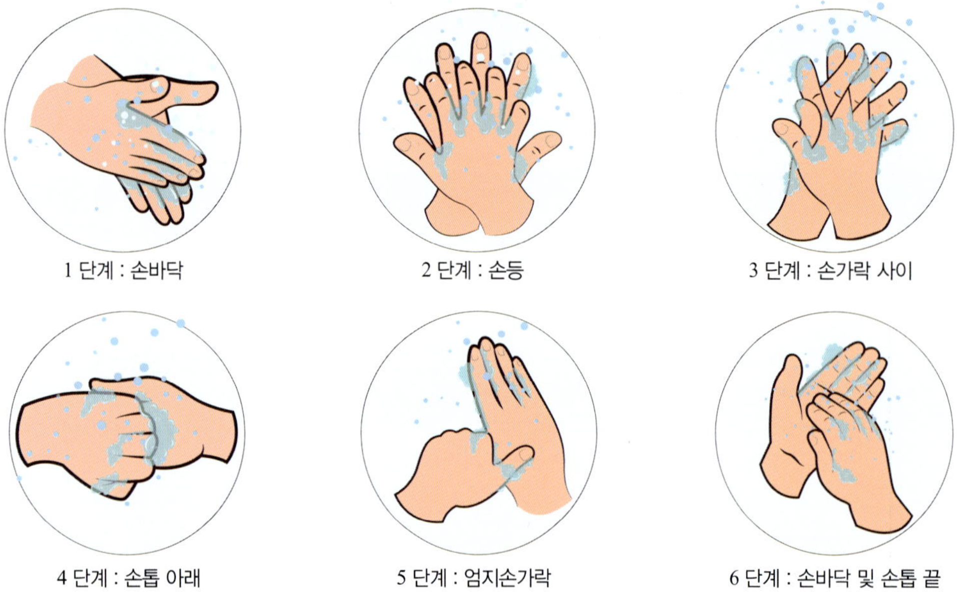

그림 1-8 올바른 손씻기(6단계) 순서

(6) 손 씻기에 따른 세균의 제거효과

흐르는 물로만 씻어도 상당한 제거 효과가 있으나, 비누를 사용하여 흐르는 물로 20초 이상 씻었을 때에는 99.8%의 세균 제거 효과가 있다.

비누로 씻은 후 상업용 소독 비누 등을 추가로 사용하는 경우에 그 효과가 더욱 좋다 〈표 1-6〉.

표 1-6 제제별 손 씻기에 의한 세균 감소 효과

구분	비누 세척	물 세척	위생 물수건	위생 물티슈
감소율(%)	99	93	81	50

표 1-7 피부미용사 위생관리 체크리스트

구분	점검 내용	평가		
		상	중	하
피부관리사 복장	유니폼은 청결하고 단정하다.			
	액세서리는 착용하지 않았다.			
	두발(머리카락) 상태가 청결하다.			
	두발(머리카락) 상태가 단정하다.(긴머리는 묶음)			
	손톱은 짧고 청결하다.			
	손톱에 에나멜을 바르지 않았다.			
	손은 촉촉하고 따뜻하게 유지되어 있다.			
	메이크업은 깔끔하고 단정하게 되어 있다.			
	양말은 깨끗한 상태로 착용하고 있다.			
	실내화는 깨끗한 상태로 착용하고 있다.			
	입냄새 방지를 위해 양치질을 하였다.			
	향수는 뿌리지 않았다.(은은하게 사용하는 정도는 무방함)			
	마스크가 준비되어 있다.			
손씻기	관리 전후 손 씻기를 하고 있다.			
	화장실을 다녀온 후 손 씻기를 하고 있다.			
	관리 중 음식물을 먹기 전에 손 씻기를 하고 있다.			
비고				

<table>
<tr><th colspan="7">수행준거별 평가 체크리스트</th></tr>
<tr><td>대분류</td><td>중분류</td><td colspan="2">소분류</td><td>세분류(직무)</td><td>능력단위</td><td>능력단위코드</td></tr>
<tr><td>이용·숙박·여행·오락·스포츠</td><td>이·미용</td><td colspan="2">이·미용서비스</td><td>피부미용</td><td>피부미용 위생관리</td><td>1201010210_16v2</td></tr>
<tr><td>능력단위요소</td><td>3</td><td colspan="5">직원 위생관리하기</td></tr>
<tr><td rowspan="3">수행준거</td><td>3.1</td><td colspan="2">위생관리 지침에 따라 피부미용사로서 깨끗한 위생복, 마스크, 실내화를 구비하여 착용할 수 있다.</td><td colspan="3" rowspan="3">[지식]
• 공중위생관리법
• 작업장 안전사항
• 고객심리 파악 이론
[기술]
• 피부관리사의 기본적인 외모 관리능력
• 고객과의 대화 시 적절한 용어 사용능력
[태도]
• 고객을 편안하게 배려하는 태도
• 위생적인 작업규정을 준수하는 태도</td></tr>
<tr><td>3.2</td><td colspan="2">장신구는 피하고 가벼운 화장과 예의 있는 언행으로 작업장 근무수칙을 준수할 수 있다.</td></tr>
<tr><td>3.3</td><td colspan="2">위생관리 지침에 따라 두발, 손톱 등 단정한 용모와 신체를 유지할 수 있다.</td></tr>
</table>

<table>
<tr><th rowspan="2">수행준거</th><th rowspan="2">상세 수행준거</th><th rowspan="2">평가항목</th><th colspan="2">척도</th></tr>
<tr><th>YES</th><th>NO</th></tr>
<tr><td rowspan="3">3.1</td><td>3.1.1</td><td>피부미용사가 갖추어야 할 올바른 복장(위생복,마스크, 실내화)을 설명할 수 있다.</td><td></td><td></td></tr>
<tr><td>3.1.2</td><td>피부미용사의 위생복, 마스크, 실내화를 구비할 수 있다.</td><td></td><td></td></tr>
<tr><td>3.1.3</td><td>피부미용사의 위생복, 마스크, 실내화를 올바르게 착용할 수 있다.</td><td></td><td></td></tr>
<tr><td rowspan="4">3.2</td><td>3.2.1</td><td>피부미용사에 어울리는 가벼운 화장을 할 수 있다.</td><td></td><td></td></tr>
<tr><td>3.2.2</td><td>피부미용사로서 예의 있는 언행을 수행할 수 있다.</td><td></td><td></td></tr>
<tr><td>3.2.3</td><td>피부미용 작업장의 근무수칙을 작성할 수 있다.</td><td></td><td></td></tr>
<tr><td>3.2.4</td><td>피부미용 작업장의 근무수칙을 준수할 수 있다.</td><td></td><td></td></tr>
<tr><td rowspan="5">3.3</td><td>3.3.1</td><td>피부미용사의 두발관리 방법을 설명할 수 있다.</td><td></td><td></td></tr>
<tr><td>3.3.2</td><td>피부미용사의 손톱관리 방법을 설명할 수 있다.</td><td></td><td></td></tr>
<tr><td>3.3.3</td><td>피부미용사에게 필요한 두발관리를 수행할 수 있다.</td><td></td><td></td></tr>
<tr><td>3.3.4</td><td>피부미용사에게 필요한 손톱관리를 수행할 수 있다.</td><td></td><td></td></tr>
<tr><td>3.3.5</td><td>피부미용사에게 필요한 단정한 용모와 신체를 유지할 수 있다.</td><td></td><td></td></tr>
<tr><td colspan="2">총계</td><td>12</td><td></td><td></td></tr>
</table>

Chapter 2

피부미용 고객상담

1. 방문동기 파악하기
2. 고객관리카드 작성하기
3. 고객 응대하기
4. 고객정보 처리하기

Chapter. 2

피부미용 고객상담

피부미용 고객상담이란?

효율적인 피부관리를 위하여 고객의 방문동기를 파악한 후 고객관리 차트를 작성하여, 고객의 피부에 영향을 줄 수 있는 인자를 도출하고 고객의 요구 자료를 정보화하여 처리하는 능력이다.

Open Thinking

피부미용산업이 시작될 무렵에는 고객의 요구와 기대보다는 최소한의 상담을 통해 임상적으로 요구를 충족시키는 피부관리실 중심의 피부미용이었으나, 현재는 대중매체가 발달되고 피부관리전문점 끼리의 경쟁이 심화되면서 고객중심의 피부미용서비스로 새로운 패러다임이 형성되고 있다.

피부미용서비스가 고객중심이 되면서 피부미용 임상서비스는 기본이고, 관리실 내 직원의 태도, 피부미용 상담에 대한 전문성, 고객에 대한 배려, 피부관리실 환경, 피부관리전문점의 명성과 이미지 등을 종합하여 평가를 받게 된다.

고객중심의 피부미용서비스는 고객의 만족도를 높이고 재방문과 소개 등에 영향을 미치는 주요 요소이며 아주 중요한 경쟁력으로 피부미용 품질 향상을 위한 중요 요소가 된다.

학자들에 따르면 고객만족도가 높은 기업은 기존 고객의 충성도가 향상되고 가격 민감도가 감소되며, 기존고객의 이탈방지와 마케팅 실패 비용의 감소, 신규고객 창출 비용의 감소와 기업 명성도의 향상 등을 나타낸다고 하였다. 또한 고객의 충성도는 신규고객을 창출하는 비용보다 적게 든다고 발표하였다.

피부미용상담은 높은 교육수준과 뷰티관련 건강지식이 상당 부분 대중화된 방문 고객에게 임상에 대한 만족감과 양질의 서비스를 구비하여 맞춤서비스를 제공하는 준비과정이다.

1. 방문동기 파악하기

학습 목표

- 고객이 관리실을 선택하여 방문한 동기를 파악할 수 있다.
- 고객이 상담에 응할 수 있도록 편안한 분위기를 조성할 수 있다.
- 고객이 가지고 있는 피부문제 및 관리 목적을 파악할 수 있다.
- 고객과 상담자가 생각하는 피부문제가 다른 경우 그 차이를 설명할 수 있다.

<table>
<tr><th colspan="6">사전 진단평가 체크리스트</th></tr>
<tr><td>대분류</td><td>중분류</td><td>소분류</td><td>세분류(직무)</td><td>능력단위</td><td>능력단위코드</td></tr>
<tr><td>이용·숙박·여행·오락·스포츠</td><td>이·미용</td><td>이·미용서비스</td><td>피부미용</td><td>피부미용 고객상담</td><td>1201010201_17v3</td></tr>
<tr><td rowspan="2">능력단위요소</td><td rowspan="2">1</td><td colspan="2" rowspan="2">방문동기 파악하기</td><td colspan="2">척도</td></tr>
<tr><td>YES</td><td>NO</td></tr>
<tr><td rowspan="5">수행준거별 평가항목</td><td>1.1</td><td colspan="2">고객이 관리실을 선택하여 방문한 동기를 파악할 수 있다.</td><td></td><td></td></tr>
<tr><td>1.2</td><td colspan="2">고객이 상담에 응할 수 있도록 편안한 분위기를 조성할 수 있다.</td><td></td><td></td></tr>
<tr><td>1.3</td><td colspan="2">고객이 가지고 있는 피부문제 및 관리 목적을 파악할 수 있다.</td><td></td><td></td></tr>
<tr><td>1.4</td><td colspan="2">고객과 상담자가 생각하는 피부문제가 다른 경우 그 차이를 설명할 수 있다.</td><td></td><td></td></tr>
<tr><td>합계</td><td colspan="2">4</td><td></td><td></td></tr>
</table>

1. 방문동기 파악

(1) 방문고객 맞이

용모와 복장은 고객이 호감을 가질 수 있게 항상 정돈되어야 하고, 고객이 방문하면 고객과 눈을 맞추어 미소로 맞이하며 진심이 전달될 수 있게 고개 숙여 인사한다. 고객이 방문할 때는 다른 업무 중이라도 고객 맞이를 우선해야 한다. 만약 고객이 기다려야 하는 상황이 생기면 잡지나 피부관리 브로슈어 및 음료를 준비하여 지루하지 않도록 한다.

(2) 방문 경로 파악

피부관리실을 방문하게 된 경로(스스로, 지인소개, 홍보물, 온라인 매체 등)를 분석하여 기초 자료화함으로써 홍보마케팅에 활용하여 관리샵 경영에 도움이 되도록 한다.

(3) 방문동기 파악의 목적

피부미용서비스를 하기 전에 고객이 무엇을 원하는지를 파악하여 실행 가능한 서비스를 제안하고, 일정 기간 고객에게 적합한 프로그램을 제시할 수 있도록 하는 것이 방문동기 파악의 목적이다.

(4) 피부관리실 방문동기

고객의 관리실 선택 동기에 따라 다양한 상품 및 제품 개발이 요구된다.

① 피부상태의 개선

② 피로회복 및 기분 개선

③ 비만 및 체형관리

④ 대인관계 유지

2. 상담과 환경조성

(1) 상담의 요소

상담이란 도움을 원하는 내담자와 도움을 줄 수 있는 상담자 간의 상호작용 과정을 통해 전문적 도움의 관계를 형성하는 것을 의미하며, 상담 결과로 내담자가 변화하는 것을 의미한다.

① 도움을 원하는 내담자

② 도움을 줄 수 있는 상담자

③ 도움을 줄 수 있는 능력과 기법

④ 도움을 주고받을 수 있는 환경

NCS 피부미용의 직무 *Check Point*

- 전문용어로 도움을 주는 사람을 상담자라고 하고, 도움을 받으려는 사람을 내담자라 하며 피부관리실에서는 상담자는 피부관리사로 내담자는 고객으로 통칭한다.
- NCS에 따른 〈피부미용〉의 직무는 '고객의 상담과 피부분석을 통하여 안정감 있고 위생적인 환경에서 얼굴과 몸매의 피부를 피부미용기기와 화장품 등을 이용하여 서비스를 제공하고 피부미용에 대한 업무수행을 기획·관리하는 일'로 정의된다.

(2) 상담의 특성

상담은 내담자고객의 자발적인 행동변화에 영향을 주어 현명한 선택이 이루어지도록 촉진하는 과정이며 다음의 특성을 지닌다.

① **무형성**Intangibility

- 형체가 없으며 가치 파악과 평가가 어렵다.

② **비분리성**Inseparability

- 서비스 제공과 동시에 소비가 이루어지므로 고객이 서비스 제공 현장에 있어야만 제공이 가능하다.

③ **이질성**Heterogeneity

- 상담자의 숙련도, 시간, 장소 등 여건에 따라 모든 상담이 매번 다르다.

④ **소멸성**Perishability

- 내담자가 정해진 시간에 방문하지 않으면 상담시비스는 사라진다.

(3) 피부미용 상담을 위해 상담자가 갖추어야 할 요건

고객은 상담 시의 느낌을 중요하게 생각하므로, 상담자는 전문지식은 물론 고객을 존중하고 깊이 이해하는 태도, 상담 스킬, 의사소통 능력, 리더십과 서비스 마인드 등 다양한 능력을 갖추고 있어야 한다.

① 피부미용 프로그램별 임상에 대한 전문지식

② 상담 능력의 전문성과 상담 목적에 대한 이해

③ 의사소통 능력

④ 고객의 심리 특성과 욕구에 대한 이해

⑤ 긍정적이고 밝은 성격과 유연한 사고

⑥ 따뜻한 감성과 진심을 담은 고객지향적인 사고

⑦ 일에 대한 열정을 가진 프로의식

⑧ 피부미용 전문인력으로서의 직업윤리와 사명감

⑨ 편안하고 신뢰감을 줄 수 있는 태도와 용모

⑩ 자기 성장을 위한 끊임없는 학습과 노력하는 자세

(4) 상담 시 금기사항

상담은 피부관리실의 이미지를 고객에게 전해주는 창Window이자 연결고리 기능을 한다. 아래 사항은 상담 시 금기해야 할 사항으로 중요하다.

① 고객에 대한 배려가 없는 일방적인 대화와 자세

② 몸을 의자에 비스듬히 걸치거나 기댄 자세

③ 상담 도중 직원들과 농담이나 사담을 나누는 행위

④ 상담 도중 걸려온 전화를 길게 통화하는 행위

⑤ 상담 도중 고객을 앞에 두고 다른 업무를 보는 행위

⑥ 인격에 손상되는 언어 사용

(5) 상담실 환경 조성

고객이 안정감을 갖고 상담을 받을 수 있도록 돕는 것이 가장 중요하고, 외부에서 상담실 출입문을 열었을 때 고객이 바로 노출되지 않도록 상담테이블 위치가 확보되어야 하며, 환기가 잘 되고 편안하고 안정된 느낌이 드는 분위기를 연출해야 한다.

① 상담실에 필요한 집기 및 자료

- 상담용 테이블과 의자
- 상담도서 비치용 책장
- 컴퓨터, 프린터기, 전화기
- 액자 : 자격증과 면허증, 대회수상이력 등 → 실력에 대한 신뢰감 부여
- 거울 : 탁상용 거울, 확대경 등
- 메모도구 : 관리실의 로고가 새겨진 메모지와 펜 → 이미지 부각
- 달력 : 3개월을 한꺼번에 볼 수 있는 탁상용 달력 → 관리계획 설명
- 표준관리매뉴얼 : 동일한 프로그램별 관리 수행 → 고객 불만 방지
- 임상자료집 : 프로그램별 임상자료 준비 → 고객 기대감과 적극성 높임

② 홈페이지나 블로그를 활용한 피부관리실 소개

- 피부관리 프로그램에 대한 전반적 소개로 고객의 1차적인 궁금점 해소

③ 온라인 예약 시스템 구축

- 피부미용의 경우 대부분 사전예약에 의해 관리가 진행된다. 따라서 온라인상에서 이용가능 시간을 미리 확인하고 시간을 예약할 수 있는 시스템을 만들면 고객과 피부관리사 모두 편리할 것이다.

(6) 피부미용상담의 목적

고객의 교육수준이 높아지고 정보통신의 발달로 과거와 달리 뷰티관련 건강지식이 상당부분 대중화되었다. 이에 따라 피부관리 고객은 임상의 만족과 양질의 서비스 및 맞춤 서비스를 기대하고 관리실을 방문하게 된다. 상담의 목적은 다음과 같다.

① 정확한 피부상태 진단과 최상의 피부관리를 시행한다.

② 고객과의 신뢰 관계 형성을 쌓는다.

③ 고객의 피부관리 프로그램 선택에 대한 의사결정을 돕는다.

④ 피부상태에 따른 관리와 관련된 정확한 정보를 제공한다.

⑤ 피부건강을 유지하고 개선하기 위한 필요성을 인식시킨다.

⑥ 피부관리의 만족도와 효과를 높인다.

3. 상담을 위한 피부유형 분류와 특징

이마, 코, 턱, 볼의 피지상태를 바탕으로 정상Normal skin, 건성Dry skin, 지성Oily skin 그리고 두 가지 이상이 나타나는 복합성Combination skin으로 분류한다.

피부유형	특징
정상피부 Normal skin	• T존에 피지가 분비되며 각질이 일어나거나 번들거림이 없다. • 유분과 수분이 적절한 상태로 표면이 매끄럽고 촉촉하다. • 피부결이 섬세하고 부드러우며 피부가 유연하고 탄력이 있다. • 모공은 작고 눈에 잘 띄지 않을 정도로 약간 보인다. • 표정으로 인한 주름 외에는 전반적으로 잔주름이 없다. • 피부의 색소침착이 없고 기미나 주근깨 등 잡티가 보이지 않는다.
건성 피부 Dry skin	• 피지분비량의 부족으로 윤기가 없고 당기는 느낌을 준다. • 피부표면이 수분 부족으로 건조하고 메말라 보인다. • 피부결이 거칠고 유연성이 없다. • 일반적으로 모공이 보이지 않으며 잔주름이 잘 나타난다. • 피부노화현상이 진행되어 얼굴 표정에 따라 주름이 많이 생긴다.
지성 피부 Oily skin	• 피지분비가 왕성하여 피부표면이 번들거리고 끈적거린다. • 손으로 만지면 기름이 묻어난다. • 피부결이 오렌지 껍질처럼 곱지 못하고 거칠다. • 모공이 열려 있고 일반적으로 각질층이 두껍고 여드름을 유발하기도 한다. • 피부 투명감이 부족하고 탁해 보인다.
복합성 피부 Combination skin	• T존은 피지분비량이 많아 번들거리고 U존은 윤기가 없고 건조하다. • 피지분비량의 불균형으로 수분상태도 부분적으로 다르게 나타난다. • 피부결이 전체적으로 일정하지 않다. • T존은 모공이 크고 U존은 모공이 섬세하며 눈가에 잔주름이 쉽게 생긴다.

<table>
<tr><th colspan="6">수행준거별 평가 체크리스트</th></tr>
<tr><th>대분류</th><th>중분류</th><th>소분류</th><th>세분류(직무)</th><th>능력단위</th><th>능력단위코드</th></tr>
<tr><td>이용·숙박·여행·오락·스포츠</td><td>이·미용</td><td>이·미용서비스</td><td>피부미용</td><td>피부미용 고객상담</td><td>1201010201_17v3</td></tr>
<tr><td>능력단위요소</td><td>1</td><td colspan="4">방문동기 파악하기</td></tr>
<tr><td rowspan="4">수행준거</td><td>1.1</td><td>고객이 관리실을 선택하여 방문한 동기를 파악할 수 있다.</td><td colspan="3" rowspan="4">[지식]
• 상담·심리학
• 피부미용이론
• 식품영양 관련 이론
• 인체 해부생리학
[기술]
• 방문자 상담 능력
• 피부유형 식별능력
[태도]
• 고객을 편하게 응대하려는 태도
• 상대의 의사를 인정하려는 태도
• 대화를 소통하려는 태도
• 업무의 객관적 태도</td></tr>
<tr><td>1.2</td><td>고객이 상담에 응할 수 있도록 편안한 분위기를 조성할 수 있다.</td></tr>
<tr><td>1.3</td><td>고객이 가지고 있는 피부문제 및 관리 목적을 파악할 수 있다.</td></tr>
<tr><td>1.4</td><td>고객과 상담자가 생각하는 피부 문제가 다른 경우 그 차이를 설명할 수 있다.</td></tr>
</table>

<table>
<tr><th rowspan="2">수행준거</th><th rowspan="2">상세 수행준거</th><th rowspan="2">평가항목</th><th colspan="2">척도</th></tr>
<tr><th>YES</th><th>NO</th></tr>
<tr><td rowspan="3">1.1</td><td>1.1.1</td><td>단정하고 친절한 태도로 고객맞이를 할 수 있다.</td><td></td><td></td></tr>
<tr><td>1.1.2</td><td>관리실을 방문하게 된 경로를 확인할 수 있다.</td><td></td><td></td></tr>
<tr><td>1.1.3</td><td>실행가능한 피부미용서비스를 제안할 수 있다.</td><td></td><td></td></tr>
<tr><td rowspan="3">1.2</td><td>1.2.1</td><td>쾌적한 실내를 위해 환기 업무를 할 수 있다.</td><td></td><td></td></tr>
<tr><td>1.2.2</td><td>상담실에 필요한 집기들을 준비할 수 있다.</td><td></td><td></td></tr>
<tr><td>1.2.3</td><td>안정된 느낌이 들도록 상담 위치를 확보할 수 있다.</td><td></td><td></td></tr>
<tr><td rowspan="3">1.3</td><td>1.3.1</td><td>피부유형을 분류할 수 있다.</td><td></td><td></td></tr>
<tr><td>1.3.2</td><td>분류된 피부유형별 특징에 대해 설명할 수 있다.</td><td></td><td></td></tr>
<tr><td>1.3.3</td><td>고객이 원하는 피부관리 목적을 파악할 수 있다.</td><td></td><td></td></tr>
<tr><td rowspan="2">1.4</td><td>1.4.1</td><td>고객이 원하는 관리목적과 상담으로 파악된 피부유형에 대해 비교할 수 있다.</td><td></td><td></td></tr>
<tr><td>1.4.2</td><td>비교한 피부상태를 고객에게 설명할 수 있다.</td><td></td><td></td></tr>
<tr><td colspan="2">총계</td><td>11</td><td></td><td></td></tr>
</table>

2. 고객관리카드 작성하기

학습 목표

- 고객관리카드 작성 시 개인정보이용동의서를 받을 수 있다.
- 고객의 개인신상·건강상태·방문동기와 방문목적 등을 기록할 수 있다.
- 피부의 문제 결함 등을 피부유형식별 기준에 따라 고객관리카드에 기록할 수 있다.
- 생활환경에 대한 특성과 고객관리카드를 통해 피부관리를 계획할 수 있다.

<table>
<tr><th colspan="6">사전 진단평가 체크리스트</th></tr>
<tr><th>대분류</th><th>중분류</th><th>소분류</th><th>세분류(직무)</th><th>능력단위</th><th>능력단위코드</th></tr>
<tr><td>이용·숙박·여행·오락·스포츠</td><td>이·미용</td><td>이·미용서비스</td><td>피부미용</td><td>피부미용 고객상담</td><td>1201010210_17v3</td></tr>
<tr><td rowspan="2">능력단위요소</td><td rowspan="2">2</td><td colspan="2" rowspan="2">고객관리차트 작성하기
(1201010201_17v3.2)</td><td colspan="2">척도</td></tr>
<tr><td>YES</td><td>NO</td></tr>
<tr><td rowspan="5">수행준기별
평가항목</td><td>2.1</td><td colspan="2">고객관리카드 작성 시 개인정보이용동의서를 받을 수 있다.</td><td></td><td></td></tr>
<tr><td>2.2</td><td colspan="2">고객의 개인정보·건강상태·방문동기와 방문목적 등을 기록할 수 있다.</td><td></td><td></td></tr>
<tr><td>2.3</td><td colspan="2">피부의 문제 결함 등을 피부유형식별 기준에 따라 고객관리카드에 기록할 수 있다.</td><td></td><td></td></tr>
<tr><td>2.4</td><td colspan="2">생활환경에 대한 특성과 고객관리카드를 통해 피부관리를 계획할 수 있다.</td><td></td><td></td></tr>
<tr><td>합계</td><td colspan="2">4</td><td></td><td></td></tr>
</table>

1. 개인정보보호의 이해

(1) 개인정보 보호법

「개인정보 보호법」은 2011년 3월 29일에 제정되었으며, 일부개정과 타법개정 등을 통하여 법률 제14839호에 따라 2017년 10월 19일부터 시행되고 있는 법이다.

제정 이유 *Check Point*

최근들어 정보사회의 고도화와 개인정보의 경제적 가치 증대로 사회 모든 영역에 걸쳐 개인정보의 수집과 이용이 보편화되고 있으나, 국가사회 전반을 규율하는 개인정보 보호원칙과 개인정보 처리기준이 마련되지 못해 개인정보 보호의 사각지대가 발생하고 있다. 또한 최근 개인정보의 유출 · 오용 · 남용 등 개인정보 침해 사례가 지속적으로 발생함에 따라 국민의 프라이버시 침해는 물론 명의도용, 전화사기 등 정신적·금전적 피해를 초래하고 있는 바, 공공부문과 민간부문을 망라하여 국제 수준에 부합하는 개인정보 처리원칙 등을 규정하고, 개인정보 침해로 인한 국민의 피해 구제를 강화하여 국민 사생활의 비밀을 보호하며, 개인정보에 대한 권리와 이익을 보장하려는 것임

개인정보 보호법 제1장 제1조 *Check Point*

개인정보의 처리 및 보호에 관한 사항을 정함으로써 개인의 자유와 권리를 보호하고, 나아가 개인의 존엄과 가치를 구현함을 목적으로 한다.

(2) 개인정보란?

「개인정보 보호법」 제2조에서는 개인정보를 "살아 있는 개인에 관한 정보로서 성명, 주민등록번호 및 영상 등을 통하여 개인을 알아볼 수 있는 정보(해당 정보만으로는 특정 개인을 알아볼 수 없더라도 다른 정보와 쉽게 결합하여 알아볼 수 있는 것을 포함한다)를 말한다."고 정의하고 있다.

(3) 개인정보의 관리

고객관리 프로그램을 PC에 설치하거나, 웹 서비스에 접속하여 개인(고객)정보를 관리하는 경우 또는 고객정보를 PC의 워드, 엑셀, 한글 등 문서프로그램으로 저장, 관리하는 경우 '개인정보 책임자'를 지정하여 개인정보 보호수칙을 지키도록 한다.

(4) 개인정보이용동의서

개인정보를 수집하고자 하는 목적에 필요한 범위 내에서 최소한의 개인정보를 수집하여야 하며, 수집한 정보가 불필요하게 된 경우는 파기해야 한다.

개인정보처리자가 정보주체의 동의를 받아 개인정보를 수집할 때에는 정보주체에게 ① 동의의 내용 ② 동의를 거부할 권리가 있다는 사실 ③ 동의 거부에 따른 불이익이 있는 경우 그 불이익의 내용을 구체적으로 알리고 동의를 받아야 한다.

정보주체의 동의 여부는 정보주체가 직접 판단하여 선택하는 것을 전제로 해야 한다. 또한 선택적으로 동의할 수 있는 사항을 동의하지 않는다는 이유로 재화 또는 서비스의 제공을 거부해서는 안된다.

개인정보 수집·이용·제공 동의서 (예시문)

본인은 개인정보 보호법 제15조에 의거하여 본인의 개인정보를 제공할 것을 동의합니다.

〈개인정보 수집 안내〉

○ 개인정보 수집 항목

✓ 개인식별정보 : 성명, 생년월일, 이메일주소, 전화번호(휴대폰, 전화번호), 주소 등

✓ 건강정보 : 건강상태, 특정 화장품 부작용, 피부 알레르기 유무 등

○ 개인정보의 수집의 목적

✓ 고지사항 전달, 불만 처리 등을 위한 원활한 의사소통 경로 확보 등의 안내

✓ 맞춤형 피부관리 적용에 이용

✓ 예약 및 피부관리 서비스 등의 홍보문자 발송

○ 개인정보 보유기간

✓ 개인정보보호법에 의거 법률로 정한 목적 이외의 다른 어떠한 목적으로도 사용되지 않으며 내부 규정에 의해 일정 기간 저장된 후 파기

○ 동의하지 않을 경우의 처리

✓ 이용자는 개인정보 수집 동의에 거부할 수 있으며, 이 경우 회원제 서비스 안내를 받으실 수 없습니다.

개인정보 수집 및 이용에 동의함 ☐　　개인정보 수집 및 이용에 동의하지 않음 ☐

※ 본인은 「개인정보의 수집·이용·제공 동의서」 내용을 읽고 명확히 이해하였으며, 이에 동의합니다.

20　년　월　일

성　명 :　　　(인 또는 서명)

OOO에스테틱 원장 귀하

2. 고객관리카드 작성하기

(1) 고객관리카드

고객관리카드는 상담을 통해 얻게 된 결과(개인 신상, 건강상태, 생활환경, 피부문제, 방문동기, 목적 등)를 알기 쉽게 표시·기록하는 작업으로 고객에 대한 정보를 정리함으로써 피부관리 계획을 세우거나 어떤 문제의 발생 시 대처할 수 있는 참고 자료로 활용된다.

(2) 고객관리카드 작성의 중요성

상담만으로 기억해 낼 수 있는 신상에 대하여 작성해 놓는 것은 고객에게 믿음과 신뢰를 줄 수 있으며, 다른 고객과의 혼동을 막을 수 있는 고객안심과도 관련이 클 것이다. 개개인의 피부관리 목적에 맞게 계획을 수립하는 데도 차트작성은 매우 필요하며 개인정보가 침해되지 않는 범위에서 라이프스타일을 기록하는 것은 피부관리 조언에도 필요한 기록서가 된다.

(3) 고객관리카드 기록

고객의 피부분석을 하기 전 개인의 신체적 · 심리적 · 환경적 정보를 수집하여 피부유형 파악과 관리프로그램 계획 시 기초 자료로 활용하기 위해 다음과 같은 내용을 작성하도록 한다.

① **성명** : 고객의 이름 기재

② **생년월일** : 나이에 따른 노화 정도와 프로그램 선택 시 이용

③ **직업** : 생활환경에 따른 피부상태 상담에 이용

④ **연락처** : 예약확인 및 정보전달 시 이용

⑤ **주소** : 고객정보관리 시 기초 자료화를 위해 기록

⑥ **방문동기** : 관리실 선택과 방문하게 된 계기를 기록하여 마케팅에 응용

⑦ **개선하고 싶은 피부 문제점** : 방문 목적이 되므로 적극적 개선을 어필함

⑧ **병력사항** : 피부관리 부적응증과 관리 조언 시 이용

⑨ **식습관 및 다이어트** : 영양소 섭취와 피부상태는 밀접하므로 상담 시 활용

⑩ **운동, 흡연, 음주 및 수면** : 피부 상태 상담과 관리 조언 시 이용

⑪ 알레르기 : 알레르기 증상이 있는지 여부와 특정 성분에 대한 알레르기가 있는 경우 원인을 상세히 기록하여 화장품으로 인한 부작용을 미리 예방

⑫ 스트레스 : 고객의 상태를 고려한 환경과 분위기 조성에 이용

⑬ 생리주기, 피임과 출산의 경험

⑭ 현재 복용약물 : 호르몬과 피부와의 관련 여부를 체크

⑮ 피부관리 경험 : 고객요구를 통한 피부관리의 지속성과 연계성에 활용

*출처 : "NCS기반 기초피부미용관리학", 2016, 메디시언

고 객 관 리 차 트 (예시문)

고객기본정보 　　　　상담일자 :　　/　　/

고 객 명	(남 / 여)	생 년 월 일	(나이:　　세)
연 락 처		E-mail	
직　업	키　　　　　cm	체　중	Kg
주　소			

1) 라이프스타일

과거관리경험	□유　□무	이전 관리 형태	□Face　□Body	현재 임신여부	□예　□아니오
스트레스 지수 1좋음~10나쁨		생리통 / 폐경	□유　□무	생리주기	□규칙　□불규칙
수면정도	□좋음　□보통　□나쁨			수면시간	총　　시간 /
피부 예민정도	□좋음　□보통　□나쁨			림프 순환정도	□좋음　□보통　□나쁨
건강 상태	□좋음　□보통　□나쁨			근육 상태	□좋음　□보통　□나쁨
음주 습관	□유(　　회/주)	□음주거의안함		두통 / 편두통	□없음　□가끔　□심함
흡연 습관	□유(　　개피/일)	□흡연하지않음		커피섭취	□유(　　잔/일)　□커피 안마심
다이어트 경험	□유(성공 / 실패)　□무			1일 물 섭취량	ℓ　1일 식사량　　회/일
운동 습관	□유(　　회/주)　운동종류				□무
자주먹는 음식	□육류　□생선/어패류　□채소류　□밀가루 가공품　□과일류　□인스턴트식품류				
알레르기 유무	□유　□무	기타			

2) 건강상태 / 금기사항

질환Condition	YES	NO	질환Condition	YES	NO	질문사항	YES	NO
알레르기			혈전증/정맥염			현재 의사의 치료를 받고 있습니까?		
천식			난소 낭종			현재 처방 약을 복용하고 있습니까?		
당뇨병			종양			화학요법이나 방사선 치료를 받고 있습니까?		
에이즈/간염			관절염			동종요법 약을 복용하고 있습니까?		
황달			등/목 문제들			임신 중입니까?		
간질			신장장애			몸에 피어싱의 핀이나 금속이 있습니까?		
고혈압			혈우병			치과치료를 하고 있습니까?		
저혈압			다발성 경화증			최근 5년간 수술경험이 있습니까?		
협심증			부신기능 억제			심박 조율기를 장착하고 있습니까?		
다른 심장 문제들			현기증			최근 관리를 금하라는 의사의 조언이 있습니까?		
정맥류			암			전반적으로 건강에 대한 문제가 있습니까?		
피부질환/피부장애			네일관련질환			당신은 관리 후 부작용 반응을 경험하였습니까?		

만약 위의 질문에 대해 'YES' 라고 대답 한 경우 아래에 자세한 내용을 적어 주세요.

3) 피부분석표 (Facial Analysis Sheet)

<table>
<tr><th colspan="3">피부상태 및 결점 그림에 표기</th></tr>
<tr><td rowspan="16">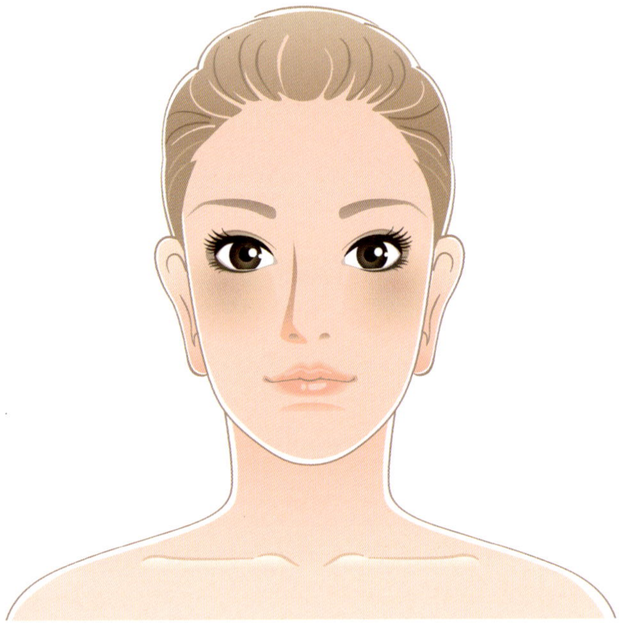</td><td>Comedones(여드름)</td><td></td></tr>
<tr><td>Papules(구진)</td><td></td></tr>
<tr><td>Pustules(농포)</td><td></td></tr>
<tr><td>Milia(한진)</td><td></td></tr>
<tr><td>Rosacea(주사)</td><td></td></tr>
<tr><td>Telangiectasia(모세혈관확장)</td><td></td></tr>
<tr><td>Naevus araneus(spider;거미줄)</td><td></td></tr>
<tr><td>Haemangioma(혈관종)</td><td></td></tr>
<tr><td>Fibroma(skin tag)(섬유종)</td><td></td></tr>
<tr><td>Verruca(warts)(사마귀)</td><td></td></tr>
<tr><td>Scars(흉터)</td><td></td></tr>
<tr><td>Keloids(켈로이드)</td><td></td></tr>
<tr><td>Hyper-pigmentation(과색소)</td><td></td></tr>
<tr><td>Hypo-pigmentation(저색소)</td><td></td></tr>
<tr><td>Naevus(mole)(모반)</td><td></td></tr>
<tr><td>Others(state)(기타질환)</td><td></td></tr>
</table>

4) 요구 범위 확인

관리 목적	관리 회차	관리 간격

5) 관리 세부사항

<table>
<tr><td>사용할 테크닉
Techniques used</td><td></td><td>관리 시 금기사항</td></tr>
<tr><td>선택한 이유
Reason for choice</td><td></td><td rowspan="2"></td></tr>
<tr><td>관리 부위
Treatment area</td><td></td></tr>
</table>

<table>
<tr><td>고객 동의서</td><td>본인은 피부관리사가 설명해주고 시행하려는 관리내용에 대해 모두 동의하고 시술 받는다. 또한 좀 더 효율적이고 알맞은 관리를 위하여 고객의 정보를 수집하는데 동의한다.
고객 성명 (서명)</td></tr>
<tr><td>피부관리사 서명</td><td>상담을 통해 수집한 고객의 정보는 보호하고 안전을 유지하여 고객의 기밀을 유지(client confidentiality)하도록 한다.
피부관리사 성명 (서명)</td></tr>
</table>

(4) 고객관리카드 작성 시 주의사항

고객관리카드 작성은 충분한 대화에서 비롯되어야 하며 방문동기와 목적 등을 파악한 후 작성하여야 한다.

① 작성일자를 표기하고 고객정보의 내용이 누락되지 않게 기록한다.

② 피부관리의 목적과 관리절차에 대해 구체적으로 기록한다.

③ 고객과 상호 인정이 된 부분을 기록한다.

④ 작성된 고객카드는 외부로 유출되지 않도록 관리한다.

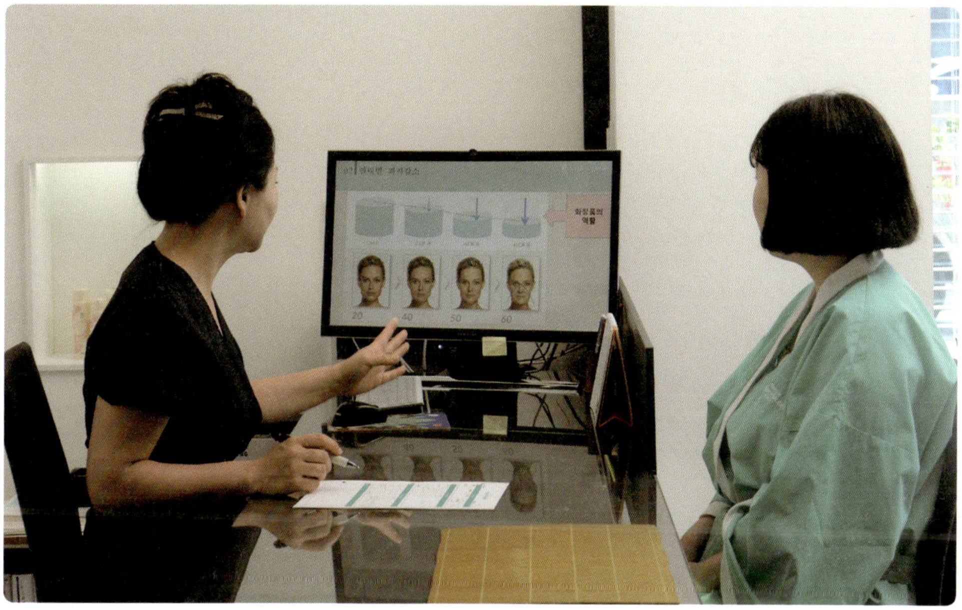

<table>
<tr><th colspan="7">수행준거별 평가 체크리스트</th></tr>
<tr><th colspan="2">대분류</th><th>중분류</th><th>소분류</th><th>세분류(직무)</th><th>능력단위</th><th>능력단위코드</th></tr>
<tr><td colspan="2">이용·숙박·여행·오락·스포츠</td><td>이·미용</td><td>이·미용서비스</td><td>피부미용</td><td>피부미용 고객상담</td><td>1201010201_17v3</td></tr>
<tr><td colspan="2">능력단위요소</td><td>2</td><td colspan="4">고객관리차트 작성하기</td></tr>
<tr><td colspan="2" rowspan="4">수행준거</td><td>2.1</td><td colspan="2">고객관리카드 작성 시 개인정보 이용동의서를 받을 수 있다.</td><td colspan="2" rowspan="4">[지식]
• 상담·심리학
• 피부관리학
• 문서작성
[기술]
• 고객관리카드 작성 능력
• 고객과 상담능력
[태도]
• 고객을 편하게 응대하려는 태도
• 고객의 말을 들어주려는 태도
• 고객의 심리를 파악하려는 태도
• 정확성을 기하는 태도</td></tr>
<tr><td>2.2</td><td colspan="2">고객의 개인정보·건강상태·방문동기와 방문목적 등을 기록할 수 있다.</td></tr>
<tr><td>2.3</td><td colspan="2">피부의 문제 결함 등을 피부유형 식별 기준에 따라 고객관리카드에 기록할 수 있다.</td></tr>
<tr><td>2.4</td><td colspan="2">생활환경에 대한 특성과 고객관리카드를 통해 피부관리를 계획할 수 있다.</td></tr>
<tr><th rowspan="2">수행준거</th><th rowspan="2">상세 수행준거</th><th colspan="3" rowspan="2">평가항목</th><th colspan="2">척도</th></tr>
<tr><th>YES</th><th>NO</th></tr>
<tr><td rowspan="2">2.1</td><td>2.1.1</td><td colspan="3">고객관리카드 작성에 따른 개인정보이용동의서를 준비할 수 있다.</td><td></td><td></td></tr>
<tr><td>2.1.2</td><td colspan="3">준비된 개인정보이용동의서를 고객이 작성할 수 있도록 안내할 수 있다.</td><td></td><td></td></tr>
<tr><td rowspan="3">2.2</td><td>2.2.1</td><td colspan="3">상담을 통해 고객의 개인정보를 기록할 수 있다.</td><td></td><td></td></tr>
<tr><td>2.2.2</td><td colspan="3">상담을 통해 고객의 건강상태를 기록할 수 있다.</td><td></td><td></td></tr>
<tr><td>2.2.3</td><td colspan="3">상담을 통해 방문동기 또는 방문목적 등을 파악하여 기록할 수 있다.</td><td></td><td></td></tr>
<tr><td rowspan="2">2.3</td><td>2.3.1</td><td colspan="3">피부의 문제 유무를 파악하여 고객관리카드를 작성할 수 있다.</td><td></td><td></td></tr>
<tr><td>2.3.2</td><td colspan="3">고객의 실제 피부유형을 고객관리카드에 기록할 수 있다.</td><td></td><td></td></tr>
<tr><td rowspan="2">2.4</td><td>2.4.1</td><td colspan="3">작성된 고객관리카드를 기반으로 피부관리를 계획할 수 있다.</td><td></td><td></td></tr>
<tr><td>2.4.2</td><td colspan="3">비교한 피부상태를 고객에게 설명할 수 있다.</td><td></td><td></td></tr>
<tr><td colspan="2">총계</td><td colspan="3">9</td><td></td><td></td></tr>
</table>

3. 고객 응대하기

학습 목표

- 단정한 용모와 친절한 예의로써 고객을 응대할 수 있다.
- 고객의 방문목적에 따라 상담실과 작업실을 구분하여 안내할 수 있다.
- 고객의 피부관리에 대한 일정관리를 수립할 수 있다.

<table>
<tr><th colspan="6">사전 진단평가 체크리스트</th></tr>
<tr><th>대분류</th><th>중분류</th><th>소분류</th><th>세분류(직무)</th><th>능력단위</th><th>능력단위코드</th></tr>
<tr><td>이용·숙박·여행·오락·스포츠</td><td>이·미용</td><td>이·미용서비스</td><td>피부미용</td><td>피부미용 고객상담</td><td>1201010201_17v3</td></tr>
<tr><td rowspan="2">능력단위요소</td><td rowspan="2">3</td><td colspan="2" rowspan="2">고객응대하기</td><td colspan="2">척도</td></tr>
<tr><td>YES</td><td>NO</td></tr>
<tr><td rowspan="4">수행준거별 평가항목</td><td>3.1</td><td colspan="2">단정한 용모와 친절한 예의로써 고객을 응대할 수 있다.</td><td></td><td></td></tr>
<tr><td>3.2</td><td colspan="2">고객의 방문목적에 따라 상담실과 작업실을 구분하여 안내할 수 있다.</td><td></td><td></td></tr>
<tr><td>3.3</td><td colspan="2">고객의 피부관리에 대한 일정관리를 수립할 수 있다.</td><td></td><td></td></tr>
<tr><td>합계</td><td colspan="2">3</td><td></td><td></td></tr>
</table>

1. 고객응대를 위한 복장

현대사회에서 유니폼은 소속 집단의 정체성과 문화적 이미지를 표현함과 동시에 특정 업무에 대한 메시지를 전달하는 하나의 시각기호로 작용하고 있다. 또한 피부관리사가 착용하는 유니폼은 고객의 마음의 문을 열어 피부관리사에 대한 신뢰를 쌓게 하고 심신의 안정감을 이끌어 내는 첫 번째 무형의 자산으로 활용된다.

① 유니폼은 청결하고 단정해야 하며, 명찰을 부착하여 착용한다.

② 복장의 상의는 민소매를 피하고, 하의는 무릎선을 기준으로 착용한다.

③ 두발은 청결해야 하며, 핀이나 망을 이용하여 깔끔하게 정리한다.

④ 과한 염색이나 탈색된 모발이 아닌 단정한 느낌의 모발색을 유지한다.

⑤ 실내화는 항상 깨끗한 상태를 유지하고, 소리가 나지 않게 걷는다.

⑥ 진한 색조화장이나 향수 사용은 피한다.

⑦ 손톱을 짧고 청결하게 하며, 에나멜은 바르지 않는다.

⑧ 액세서리는 착용하지 않는다.

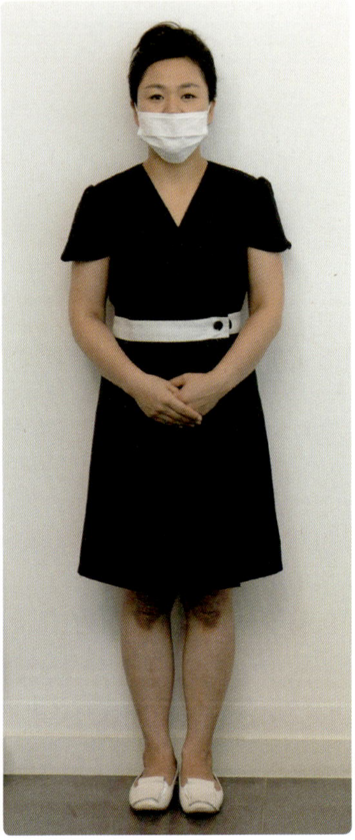

2. 고객중심의 공간 구분

피부관리샵 선택 시 직원의 서비스와 친절도 및 관리샵의 시설과 환경도 중요하게 작용한다. 따라서 작업동선을 고려한 상담공간과 피부관리 시술공간의 분리는 고객에게 안정된 분위기를 제공한다. 세련되고 깔끔한 표지판을 준비하여 고객의 특성과 라이프스타일을 고려한 분위기를 연출한다면 고객마케팅에도 도움이 될 것이다.

3. 고객응대 인사

인사는 상대방에 대한 감정과 행동양식이 복합되어 전달되는 것이므로 정중하면서도 밝고 상냥하게 표현해야 한다. 고객응대 인사는 윗몸을 약 30도 정도 굽히는 보통인사법을 사용하며 고객보다 먼저 해야 한다.

① 인사를 할 때는 시선처리가 중요하며 반드시 고객과 눈을 맞추도록 한다.
② 인사는 마음을 담아 행동으로 나타내는 것이므로 밝은 표정으로 한다.
③ 인사말은 또렷하고 밝은 음성으로 명랑하게 한다.

Check Point

피해야 하는 인사

① 표정 없는 인사
② 상대방을 응시하지 않는 인사
③ 몸을 숙이지 않고 말로만 하는 인사
④ 고개만 까딱이는 인사
⑤ 망설임이 느껴지는 불안정한 인사

4. 고객응대 실기

수행순서 1 상담 순서

1. 상담실 분위기를 편안하고 안정감 있게 조성한다.
2. 내방한 고객을 상냥하고 정중하게 맞이한다.
3. 예의 있게 상담테이블로 안내한다.
4. 고객의 기호에 맞는 차를 준비하여 테이블에 올린다.
5. 고객 상담을 실시한다.

TIP

- 진정성이 있어야 한다.
- 전문지식이 풍부해야 한다.
- 예의 있는 말씨가 중요하다.
- 고객의 일정이 중복되지 않아야 한다.

Tip

- 상담은 고객의 욕구를 만족시켜야 하므로 전문적 지식과 고객의 마음을 읽는 기술이 필요하다.
- 상담실 환경은 고객의 첫인상이므로 청결하고 쾌적한 환경을 만들어야 한다.

<table>
<tr><th colspan="7">수행준거별 평가 체크리스트</th></tr>
<tr><th colspan="2">대분류</th><th>중분류</th><th>소분류</th><th>세분류(직무)</th><th>능력단위</th><th>능력단위코드</th></tr>
<tr><td colspan="2">이용·숙박·여행·오락·스포츠</td><td>이·미용</td><td>이·미용서비스</td><td>피부미용</td><td>피부미용 고객상담</td><td>1201010201_17v3</td></tr>
<tr><th colspan="2">능력단위요소</th><td>3</td><td colspan="4">고객응대하기</td></tr>
<tr><th colspan="2" rowspan="3">수행준거</th><td>3.1</td><td>단정한 용모와 친절한 예의로써 고객을 응대할 수 있다.</td><td colspan="3" rowspan="3">[지식]
• 예의와 예절이론
• 상담·심리학
• 공중위생관리법
[기술]
• 고객심리파악 능력
• 일정관리수립 능력
• 고객응대서비스 능력
[태도]
• 고객이 편하고 안정적인 분위기를 조성하려는 태도
• 쾌적한 작업장 환경을 만들려는 태도
• 친절한 서비스를 제공하려는 태도</td></tr>
<tr><td>3.2</td><td>고객의 방문목적에 따라 상담실과 작업실을 구분하여 안내할 수 있다.</td></tr>
<tr><td>3.3</td><td>고객의 피부관리에 대한 일정관리를 수립할 수 있다.</td></tr>
</table>

<table>
<tr><th rowspan="2">수행준거</th><th rowspan="2">상세 수행준거</th><th rowspan="2">평가항목</th><th colspan="2">척도</th></tr>
<tr><th>YES</th><th>NO</th></tr>
<tr><td rowspan="2">3.1</td><td>3.1.1</td><td>고객응대를 위한 복장 체크리스트를 준비할 수 있다.</td><td></td><td></td></tr>
<tr><td>3.1.2</td><td>체크리스트에 따른 복장으로 친절하게 고객을 응대할 수 있다.</td><td></td><td></td></tr>
<tr><td rowspan="3">3.2</td><td>3.2.1</td><td>상담실과 작업실을 구분할 수 있다.</td><td></td><td></td></tr>
<tr><td>3.2.2</td><td>편하고 안정적인 분위기로 고객을 상담실로 안내할 수 있다.</td><td></td><td></td></tr>
<tr><td>3.2.3</td><td>편하고 안정적인 분위기로 고객을 작업실로 안내할 수 있다.</td><td></td><td></td></tr>
<tr><td rowspan="2">3.3</td><td>3.3.1</td><td>고객관리카드 작성 결과에 따른 피부관리 일정을 고객에게 안내할 수 있다.</td><td></td><td></td></tr>
<tr><td>3.3.2</td><td>안내한 피부관리 일정에 대해 고객 동의 유무를 최종 확인할 수 있다.</td><td></td><td></td></tr>
<tr><td colspan="2">총계</td><td>7</td><td></td><td></td></tr>
</table>

4. 고객정보처리하기

학습 목표

- 고객관리차트와 상담에 따른 내용을 분류한다.
- 수집된 관련 정보를 분류하여 정리한다.
- 분류된 각 정보를 목적에 따라 활용할 수 있도록 한다.

사전 진단평가 체크리스트					
대분류	중분류	소분류	세분류(직무)	능력단위	능력단위코드
이용·숙박·여행·오락·스포츠	이·미용	이·미용서비스	피부미용	피부미용 고객상담	1201010201_17v3
능력단위요소	4	고객정보처리하기		척도	
				YES	NO
수행준거별 평가항목	4.1	고객관리카드와 상담에 따른 내용을 분류한다.			
	4.2	수집된 관련 정보를 분류하여 정리한다.			
	4.3	분류된 각 정보를 목적에 따라 활용할 수 있도록 관리한다.			
	합계	3			

1. 고객정보처리의 정의

정보 처리情報處理, Information processing란 자료화된 정보를 가공 처리하여 부가 가치가 높은 정보로 활용하는 것을 말하며, 피부미용에서의 고객정보처리는 상담을 통해 얻게 된 고객 관련 정보를 컴퓨터나 관련 소프트웨어에 입력시켜 업무의 효율성을 높이기 위해 활용하는 과정이다.

2. 고객관계관리CRM, Customer Relationship Management

고객관계관리는 기업이 고객과의 관계를 형성하고 지속적으로 강화하기 위한 목적으로 수행하는 마케팅 활동을 의미한다. 고객관계관리를 통해 고객에 대한 정보자료를 정리 및 분석함으로써 고객유형에 적합한 마케팅 전략을 수립할 수 있다.

<table>
<tr><th colspan="6">수행준거별 평가 체크리스트</th></tr>
<tr><th>대분류</th><th>중분류</th><th>소분류</th><th>세분류(직무)</th><th>능력단위</th><th>능력단위코드</th></tr>
<tr><td>이용·숙박·여행·오락·스포츠</td><td>이·미용</td><td>이·미용서비스</td><td>피부미용</td><td>피부미용 고객상담</td><td>1201010201_17v3</td></tr>
<tr><td>능력단위요소</td><td>4</td><td colspan="4">고객정보처리하기</td></tr>
<tr><td rowspan="3">수행준거</td><td>4.1</td><td>고객관리카드와 상담에 따른 내용을 분류한다.</td><td colspan="3" rowspan="3">[지식]
• 예의와 예절이론
• 상담·심리학
• 공중위생관리법
[기술]
• 고객심리파악 능력
• 일정관리수립 능력
• 고객응대서비스 능력
[태도]
• 고객이 편하고 안정적인 분위기를 조성하려는 태도
• 쾌적한 작업장 환경을 만들려는 태도
• 친절한 서비스를 제공하려는 태도</td></tr>
<tr><td>4.2</td><td>수집된 관련 정보를 분류하여 정리한다.</td></tr>
<tr><td>4.3</td><td>분류된 각 정보를 목적에 따라 활용할 수 있도록 관리한다.</td></tr>
</table>

<table>
<tr><th rowspan="2">수행준거</th><th rowspan="2">상세 수행준거</th><th rowspan="2">평가항목</th><th colspan="2">척도</th></tr>
<tr><th>YES</th><th>NO</th></tr>
<tr><td rowspan="2">4.1</td><td>4.1.1</td><td>작성된 고객관리카드를 수집하여 준비할 수 있다.</td><td></td><td></td></tr>
<tr><td>4.1.2</td><td>준비된 고객관리카드를 목적에 따라 분류할 수 있다.</td><td></td><td></td></tr>
<tr><td rowspan="2">4.2</td><td>4.2.1</td><td>분류된 고객관리카드의 목록을 작성할 수 있다.</td><td></td><td></td></tr>
<tr><td>4.2.2</td><td>작성된 목록에 따라 고객관리카드를 보관할 수 있다.</td><td></td><td></td></tr>
<tr><td rowspan="3">4.3</td><td>4.3.1</td><td>고객정보를 컴퓨터에 입력시킬 수 있다.</td><td></td><td></td></tr>
<tr><td>4.3.2</td><td>고객마케팅을 위한 방법에 대해 목록화 할 수 있다.</td><td></td><td></td></tr>
<tr><td>4.3.2</td><td>마케팅 목적에 따라 고객정보를 활용할 수 있다.</td><td></td><td></td></tr>
<tr><td colspan="2">총계</td><td>7</td><td></td><td></td></tr>
</table>

Chapter 3

피부미용 피부분석

1. 피부상태 분석평가하기
2. 피부관리계획 작성하기

Chapter. 3

피부미용 피부분석

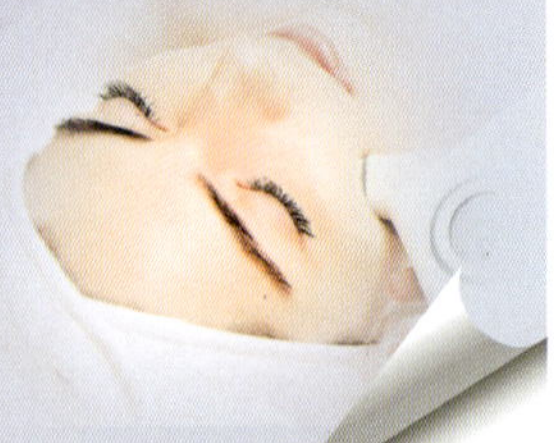

피부미용 피부분석이란?

클렌징을 한 후에 견진 · 문진 · 촉진을 통해서 피부의 두께, 탄력감과 질감각질정도와 상태, 모공 크기, 유분과 수분의 분비상태, 색소침착, 주름 등을 평가하고 피부미용기구도구와 기기를 사용하여 피부상태를 분석하는 것이다.

Open Thinking

- **Client** : 피부를 올바르게 관리하려면 어떻게 해야 하나요?
- **Beauty Therapist** : 먼저 피부유형을 분석하고, 피부에 적합한 기초화장품을 선택하여 사용해야 합니다.
- **Client** : 어떻게 피부유형을 분석하여 피부관리 계획을 세우는가요?
- **Beauty Therapist** : 견진, 문진, 촉진과 피부미용기구를 사용하여 유분, 수분, 탄력감과 질감, 모공크기, 색소침착, 주름 등을 평가하여 피부상태를 파악한 후에 피부관리계획을 세웁니다.

1. 피부상태 분석평가하기

학습 목표

- 고객정보 결과에 따른 피부의 상태를 파악할 수 있다.
- 견진, 문진, 촉진을 통해 피부의 두께, 탄력감과 질감, 모공 크기, 유분과 수분의 분비 상태, 색소침착, 주름 등을 파악할 수 있다.
- 스파츌라spatula로 앞가슴 부위 또는 이마 부위에 +자 를 그어서 민감성 여부를 파악할 수 있다.
- 피부미용 도구와 기기를 사용하여 피부상태를 파악할 수 있다.
- 피부상태를 평가하고 유형별로 구분할 수 있다.

사전 진단평가 체크리스트					
대분류	중분류	소분류	세분류(직무)	능력단위	능력단위코드
이용·숙박·여행·오락·스포츠	이·미용	이·미용서비스	피부미용	피부미용 피부분석	1201010202_16v2
능력단위요소	1	피부미용 피부분석		척도	
				YES	NO
수행준거별 평가항목	1.1	고객정보 결과에 따른 피부부위와 상태를 파악할 수 있다.			
	1.2	문진, 견진, 촉진을 통해 피부의 탄력감이나 매끄러운 정도, 조직의 두께, 유분 함량, 수분보유량, 각질화 상태 등을 파악할 수 있다.			
	1.3	이마와 목에 스파츌라로 그어서 민감성 여부를 파악할 수 있다.			
	1.4	피부미용기구를 사용하여 피부상태를 파악할 수 있다.			
	1.5	파악 결과에 따라 평가하고 유형별로 구분할 수 있다.			
	합계	5			

1. 피부분석의 목적

고객의 피부유형과 상태를 관찰하여 그 특징에 적합한 피부관리 계획을 수립하고, 홈케어 관리를 조언하며, 피부관리 과정에서 발생될 수 있는 문제를 최소화하는 데 활용한다.

(1) 피부분석 방법

1) 견진見診 또는 시진

① 클렌징 후에 얼굴의 피부색이 동일한가를 정면과 옆면에서 육안으로 살펴본다.

② 피부 표면의 질감(피부결, 각질화 진행)을 살펴본다.

③ 수분과 유분 분비 상태를 건조한 정도와 번들거림으로 살펴보고 모공의 크기를 관찰한다.

④ 이마, 미간, 입가, 목에서 주름의 깊이와 길이를 살펴본다.

⑤ 색소침착, 모세혈관 확장 및 여드름(면포, 구진, 농도 등) 등이 있는가를 살펴본다.

2) 문진問診

① 고객에게 질문하고 답변에 의한 자료를 바탕으로 평가하는 방법이다.

② 가족관계, 직업, 복용하고 있는 약, 병력 등에 대해서 고객이 직접 차트에 작성하게 하고 환경, 생활습관, 스트레스 요인, 다이어트 등은 문진하여 기록한다.

3) 촉진觸診

① 손가락으로 부드럽게 쓰다듬어 피부의 질감(피부결의 거친 정도)을 파악한다.

② 손가락으로 만져서 묻어나는 유분기를 확인한다.

③ 엄지와 검지로 눈 밑, 볼 근육을 살짝 위로 밀어 올리거나 잡아당겨 피부의 두께와 탄력 상태를 파악한다.

④ 스파츌라로 앞가슴 부위 또는 이마 부위에 +자를 그어서 민감도를 파악하며, 이때 고객이 불편함을 느끼지 않도록 주의한다.

4) 기기를 이용한 분석

① 확대경Magnifying lamp

피부를 3.5~5.0 배율로 확대하여 모공 크기, 면포, 잔주름, 색소침착 등을 관찰하는데 사용되는 기기이다. 특히 여드름을 압출할 때 염증 부위를 확대하여 볼 수 있다는 장점이 있다.

② 우드램프Wood lamp

미국의 물리학자인 로버트 윌리엄 우드Robert William Wood가 개발한 피부 상태를 분석하는 기기이다. 인공 자외선(산화니켈이 들어 있는 365nm 이상의 자외선 램프)을 조사하면 피부의 상태에 따라 청백색, 암갈색, 오렌지색, 흰색, 암적색 등으로 색상이 다르게 나타난다(표 2-1 참조).

표 3-1 우드램프 관찰 시 피부 상태에 따른 색상

피부상태	인공자외선 파장으로 보이는 색상
정상부위	푸른빛을 띠는 흰색 형광(청백색)
건성부위	밝은 보라색
피지	오렌지색
색소침착(점)	암갈색
각질 부위	흰색
민감한 부위	짙은 보라색

③ 피부 pH 측정기Skin pH-meter

피부 표면의 pH (수소이온농도 : 산성도와 알칼리도)를 지수로 나타내는 기기이다. 피부의 정상 pH(약산성 4.5~6.5)를 기준으로 산성 또는 알칼리성인가를 파악하는데 사용된다. (그림 3-1 참조)

확대경 우드램프 pH측정기

그림 3-1 피부분석에 사용하는 기기

④ 수분측정기Corneometer

표면에 접촉하는 프로브Probe를 통해 전달되는 미미한 전류의 정전부하 용량을 계측하여 피부 표면 수분량의 상대적 크기를 수치로 표시하는 기기이다. (그림 3-2 참조)

⑤ 유분측정기Sebumeter

피부 표면에 반투명 지질 흡수 테이프를 부착시켜서 묻어나오는 피지를 광학기기로 반사시켜 나타나는 값을 측정하는 기기이다. (그림 3-2 참조)

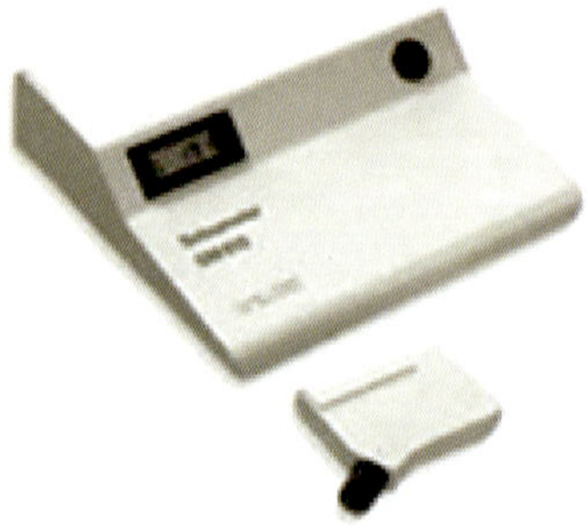

그림 3-2 유분측정기

⑥ 피부·두피진단기Skin & Hair microscope

피부와 두피의 상태를 20~800배로 확대하여 현미학적으로 관찰하고 피부질감(결), 모공 크기, 색소침착 등을 객관적인 수치로 파악하는 기기이다. 육안적 관찰보다 더 정확하게 피부·두피를 분석할 수 있다. (그림 3-3 참조)

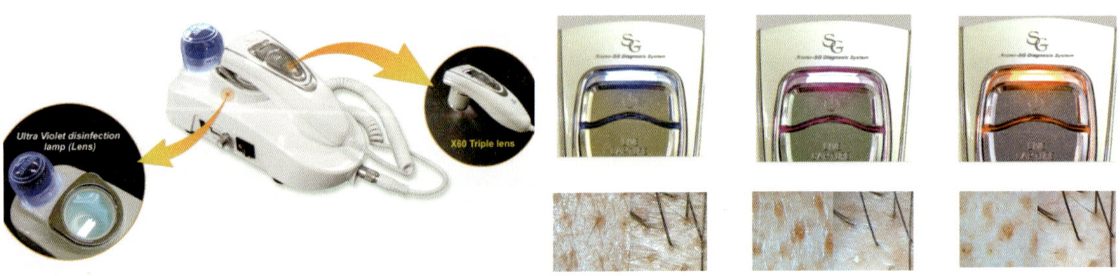

그림 3-3 피부·두피진단기 〈출처 : AramHuvis 홈페이지〉

⑦ 얼굴 피부 진단기Apparatus of skin diagnosis

고해상도의 카메라와 멀티센서를 이용하여 얼굴 피부를 진단하는데 사용하는 기기이다. 일반광, 자외선(UV)광, 편광을 이용하여 사진 촬영한 후에 얼굴에서 모공의 크기와 개수, 색소침착, 주름의 면적 등을 분석할 수 있다. (그림 3-4 참조)

안면진단기

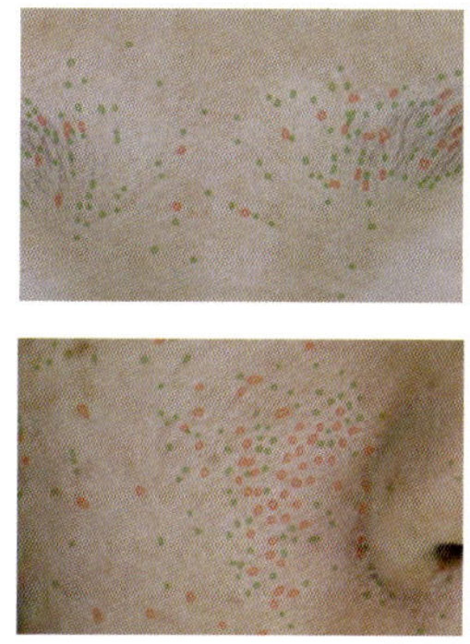

T 존과 U 존의 모공

눈가와 입가 주름

그림 3-4 피부진단기

(2) 피부분석 진행순서 Procedure for skin analysis

전문적으로 피부유형과 상태를 결정하는 과정으로 피부관리 계획수립과 사용할 제품, 미용도구와 기기, 홈케어 조언을 결정하는 기준이 된다.

① 피부분석이 진행되는 과정에 대해 고객에게 설명한다.

② 클렌저로 닦아내고 화장수로 피부를 정돈한 후에 눈을 화장솜으로 덮고 얼굴피부를 확대경이나 우드램프로 주름, 색소침착, 피부 이상과 질환 등을 관찰한다.

③ 검지와 중지로 피부의 일부분을 살짝 당겨 올려서 피부의 탄력도와 모공의 크기를 관찰한다. 숙련된 피부관리사는 깨끗한 모공과 막힌 모공의 차이를 구분할 수 있어야 한다.

④ 고객에게 피부유형, 피부상태 및 관리목적과 방법에 대하여 자세하게 설명한다.

2. 피부 평가지표와 판단기준

피부평가 지표는 유분(피지), 수분, 피부결, 모공, 여드름, 색소침착, 각질, 탄력도, 주름, 민감도, 혈색 등이 있고 이러한 피부평가 지표는 피부 상태를 분석하고 파악하는데 활용된다.

(1) 유분

피지선에서 분비되는 유분은 피부유형 결정에 있어서 수분과 함께 가장 중요한 평가 지표이다. 확대경이나 육안으로 피지를 관찰하거나 유분측정기로 피지량을 측정하여 피부유형을 결정한다.

표 3-2 유분(피지) 상태의 판단기준

유분 상태	판단기준
정상피부Normal skin	• 피부표면에 잡티나 뾰루지 등이 없으며 유·수분의 분비가 적당하다. • T존에 각질이 일어나거나 번들거림이 없다. • 유분과 수분이 적절한 상태로 표면이 매끄럽고 촉촉하다. • 메이크업이 잘된다.
지성 피부Oily skin	• 피지가 과분비되어 피부표면이 번들거리고 끈적거리며 피부결이 거칠다. • 흑색면포, 백색면포가 동반되어 보일 수 있고 관리를 잘하지 못하면 여드름피부로 전화되기 쉬운 피부유형이다. • 손으로 만지면 기름이 묻어난다. • 메이크업이 잘 지워진다.
건성 피부Dry skin	• 피부표면에 유·수분이 부족하여 윤기가 없고 당겨 보인다. • 세안 직후 바로 건조함을 느끼고 제품을 바르면 바로 제품이 흡수된다. • 심한 경우 피부 통증을 느끼기도 한다. • 메이크업이 들뜬다.
예민성 피부Sensitive skin	• 피부가 얇고 붉으며 피지가 부족하고 건조하다. 일반 화장품에 민감하게 반응한다.
복합성 피부 Combination skin	• 건성과 중성, 건성과 지성, 중성과 지성 등과 같이 2 가지 이상의 피부유형이 혼합되어 있다. • T존은 피지분비가 많아 번들거리고 U존은 윤기가 없고 건조하다.
모세혈관 확장피부 Telangiectasis skin	• 혈관이 확장되어 외부 온도 변화에 쉽게 얼굴이 붉어지는 피부 유형이다. • 건조와 자극에 민감하게 반응하고, 피부표면이 투명하여 모세혈관이 드러나 보인다. • 피부가 쉽게 건조해지고, 피부 당김이 심하며, 색소침착이 생기기 쉽다.

(2) 수분

수분은 유분과 함께 피부유형을 평가하는 가장 중요한 지표이다. 수분상태는 육안이나 손으로 만져 봐서 파악할 수 있고, 수분측정기Moisture analyser를 이용하면 수분량을 확실하게 알 수 있다. 수분 부족으로 건성과 복합성 피부유형에서 표피 건성이 나타나고, 노화피부에서는 진피 건성이 나타난다.

표 3-3 수분 상태의 판단기준

수분상태	판단기준
표피수분 부족피부 Superficial dehydration skin	• 외관상 건조해 보이고 탄력이 없으며 예민해 보인다. • 각화현상이 있고 당김과 가려움이 있다. • 유연성이 부족하고 잔주름이 있다. • 피부 당김과 늘어짐 현상이 급격히 진행된다.
진피수분 부족피부 Deep dehydration skin	• 피부조직에 탄력이 없고 깊은 주름살이 많이 나타난다. • 눈꺼풀, 눈, 뺨, 턱, 입가 등에 당김과 늘어짐이 심하게 나타난다. • 외관상 피부노화현상이 나타난다. • 피부 색소침착 현상이 고착된다.

(3) 피부결(피부질감)

피부결은 손으로 만져 봐서 거친지 촘촘한지를 판단할 수 있으나 현미학적(피부진단기)으로 관찰하는 것이 더 정확하고 객관적이다. 건성 피부는 얇고 섬세하며, 지성 피부는 두껍고 거칠다.

표 3-4 피부결 상태의 판단기준

피부결	판단기준
얇은 피부Fine texture	• 피부조직이 얇아 투명해 보인다. • 모공이 잘 보이지 않고 피부결이 섬세하다. • 전체적인 느낌이 매우 예민해 보이며 실핏줄이 비쳐 보인다.
정상피부Normal texture	• 모공이 작고 결이 고르고 부드럽다. • 피부가 투명하지 않다. • 외관상 매끄럽고 탄력이 있어 보인다. • 일반적으로 좋은 피부조직이다.
두꺼운 피부Thick texture	• 피부결이 거칠고 고르지 못하다. • 모공이 눈에 보인다. • 과각화 현상으로 각질층이 두껍고 딱딱해 보이며 매끄럽지 않다.

(4) 모공

모공은 털, 피지와 대한선에서 땀이 배출되는 통로로서의 역할 뿐만 아니라 피부 분석 평가지표로서 활용된다. 확대경으로 얼굴의 모공을 T존과 U존 순서로 관찰하거나 피부 진단기로 작은 모공Fine pore과 큰 모공Large pore의 개수와 크기를 관찰하여 모공의 상태를 파악한다. 주로 모공은 건성 피부에서는 작게, 지성 피부에서는 크게 관찰된다.

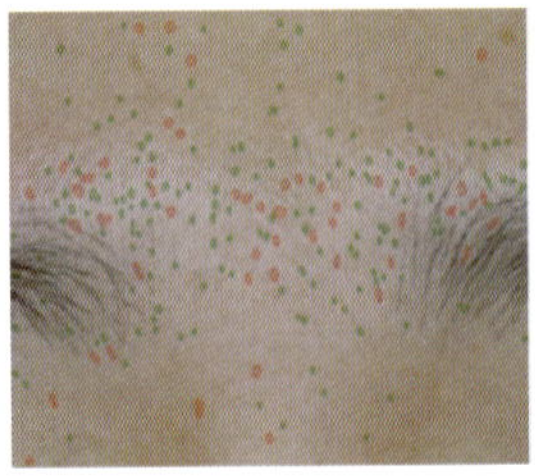

T–존

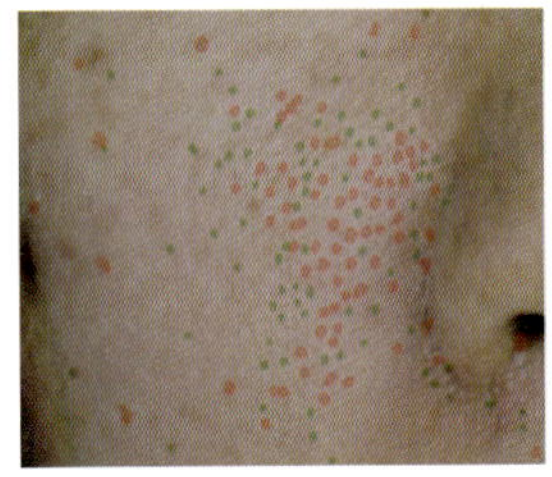

U–존

그림 3–5 얼굴 피부진단기를 이용한 T 존과 U 존의 모공
(초록색 원 : 작은 모공, 빨강색 원 : 큰 모공)

(5) 여드름

여드름은 주로 지성 피부에서 발생한다. 육안적으로 흑색 면포, 백색 면포, 구진, 농, 결절 등을 관찰하거나 여드름 부위에서 미생물을 조사하여 원인균을 찾아낼 수 있다.

① 여드름 피부에서 나타나는 징후

육안으로 관찰할 수 있는 여드름은 비염증성과 염증성으로 구분되고 면포, 농포, 결절, 반흔 등의 징후가 나타난다.

표 3–5 여드름 피부에서 나타나는 징후

징후	판단기준
면포	• 백면포White comedo : 여드름의 기본 증상으로 죽은 피부세포와 피지덩어리가 피부 표면으로 노출되지 않고 하얗게 모공속에 있다. • 비염증성 여드름으로 모공이 피지와 죽은 각질세포로 막혀 있어 폐쇄면포Closed comedo라고도 한다.
	• 흑면포Black comedo : 여드름의 기본증상으로 넓어진 모공입구에 죽은 피부세포와 피지덩어리가 피부 표면으로 올라와 공기중의 산소와 반응하여 검게 보인다. • 비염증성 여드름으로 개방면포Open comedo라고도 한다.
구진	• 1cm 이하의 작고 딱딱한 붉은색의 병변으로 표피성과 진피성이 있으며 경미한 염증을 동반해 붉게 보이나, 안에 농Pus은 없는 상태이다.
농포	• 구진과 비슷한 크기로 작고 둥근 모양 안에 농을 포함하고 있다. 세균이 있는 것은 아니며 피지 내에 있는 유리지방산 등의 성분에 의한 화학적 자극에 의해 염증 반응이 일어난 결과로 나타난다.
결절	• 모낭의 염증이 진피층 깊은 곳에서 파괴되어 발열과 통증을 동반하며 붉게 부풀고, 누르면 딱딱하다. 혹처럼 튀어나온 돌출부에 농이 들어 있는 상태이다.
낭포	• 감염이 진피층 깊은 곳까지 확대되어 심한 통증을 동반하며 피부정상 조직이 파괴되어 흉터를 남기게 된다. 화농상태가 가장 크고 깊다.

② 여드름의 등급Grade 분류

여드름은 병변의 수와 형태에 따라 분류한다.

Dr. Burton 등급Grade은 0~7등급으로 구분하며, Dr. Cunliffe 등급의 경우는 소수의 매우 작은 염증성 병변이 관찰되는 0.1등급부터 얼굴 전체에 심한 염증성 여드름 병변이 존재하고 다수의 결절, 심재성의 농포가 관찰되는 8등급까지 분류를 해놓고 있다. Dr. Hulton은 5가지[백면포White head, 흑면포Black head, 구진Papules, 농포Pustules, 결절Nodule, 낭포Cyst]를 평가 지표로 하여 4등급으로 분류하였고, 한국형 여드름 중증도 평가시스템KAGS, Korean Acne Grading system은 얼굴에 발생한 병변(구진, 결절, 반흔 등)의 개수 그리고 형태에 따라 6등급으로 나누었다(표 3-6, 7 참조).

표 3-6 Dr. Hulton의 여드름 등급 분류

등급 분류	특 징
1등급	화이트헤드와 블랙헤드가 복합적으로 분포되어 있는 초기 단계 (예: 사춘기 여드름)
2등급	주로 화이트헤드가 많으며 모공 입구가 폐쇄되어 안에서 점점 커지거나 염증 상태로 진행되는 단계
3등급	성숙된 화이트헤드와 블랙헤드, 염증성 여드름인 구진과 농포가 혼합되어 나타나며 약간의 결절도 보이는 단계
4등급	구진, 농포, 큰 결절, 낭포가 혼합되어 피부가 울긋불긋하고 부어있는 단계

표 3-7 한국형 여드름 중증도 평가시스템에 따른 여드름의 등급 분류

등급 분류	구진	결절	흉터
1등급	지름 5㎜ 이내, 10개 이하		
2등급	구진 11~30개 사이		
3등급	구진 31개 이상	지름 5㎜ 이상, 10개 이하	
4등급		11~20개 사이	진행성 흉터(가벼운 흉터)
5등급		21~30개 사이	중증도의 진행성 반흔
6등급		31개 이상	심한 진행성 반흔

(6) 색소침착

호르몬, 자외선, 스트레스 등에 의해 멜라닌 합성이 국소적으로 증가하여 멜라닌색소가 과다하게 침착되는 기미, 주근깨와 같은 과색소 침착, 선천적 신체 내부기관 이상, 스트레스 등에 의해 합성이 저하되어 나타나는 다양한 크기와 형태의 백색반점백반증, 알비니즘 같은 저색소침착으로 구분된다.(표 3-8 참조) 특히 과색소침착은 과도한 자극 및 강한 자외선에 노출될 때 후천적인 색소침착의 현상이 발생한다. 과도한 자외선은 일광화상, 피부암, 광독성 또는 광알레르기 반응, 피부노화 및 색소침착의 원인이 된다.

색소침착은 육안적으로 관찰하거나 홍반과 멜라닌 측정 또는 측색계를 이용하여 피부색도를 측정하여 평가한다. 육안적 관찰은 자외선 노출에 따른 피부변화를 설문으로 조사하여 Fitzpatrick의 6가지 피부유형으로 구분한다.(표 3-9 참조)

표 3-8 색소침착의 종류와 판단기준

색소침착의 종류	판단기준
과색소 침착 Hyper pigmentation	• 주근깨Freckles : 눈 주위부터 뺨에 걸쳐 좁쌀 크기부터 쌀알 크기 정도의 담갈색 또는 갈색의 색소반점이 나타난다. • 기미Chloasma : 눈 밑이나 광대뼈 부위에 대칭을 이루면서 분포한다. • 검버섯Seborrheic keratosis : 노화로 인하여 발생하는 반점으로 얼굴피부, 어깨, 등, 손등에 갈색반점 형태로 나타난다.
저색소 침착 Hypo pigmentation	• 백피증albinism : 선천적으로 피부나 머리카락, 눈을 포함한 신체에 멜라닌 색소가 부족하여 나타나는 증상으로 머리카락은 은빛이거나 하얀색, 피부는 핑크빛이 감도는 하얀색이며 검게 그을리지 않는다. • 백반증vitiligo : 스트레스 등의 원인으로 여러 가지 크기 및 형태의 백색반점들이 얼굴 피부, 손등, 팔 등에 나타난다.

표 3-9 Fitzpatrick의 6가지 피부유형

피부유형	자외선에 의한 피부 변화
Ⅰ형	항상 심하게 붉고 검게 되지 않는다.
Ⅱ형	쉽게 붉어지고 거의 검게 되지 않는다.
Ⅲ형	보통으로 붉어지고 중간 정도로 검게 된다.
Ⅳ형	약간 붉어지고 쉽게 검게 된다.
Ⅴ형	약간 붉어지고 반드시 검게 된다.
Ⅵ형	전혀 붉어지지 않고 매우 검게 된다.

(7) 각질

각질은 피부 거칠기를 평가하는 지표로 사용되고, 손으로 만져보거나 현미학적(피부분석기)으로 관찰할 수 있다. 현미학적으로는 20~200 배율에서 각질 정도와 거칠기를 관찰하고 수치로 계산할 수 있다(그림 3-6).

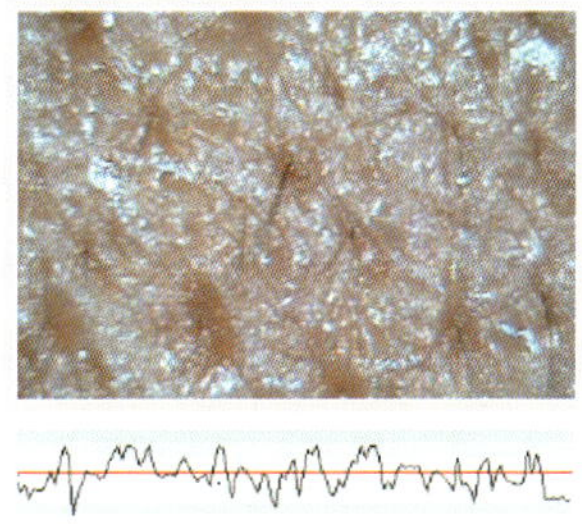

그림 3-6 피부분석기로 관찰한 각질

(8) 탄력도

탄력도는 진피의 망상층에 존재하는 엘라스틴(탄력) 섬유에 의해 결정된다. 엘라스틴 섬유의 양이 감소하고 변성이 일어나면 탄력도는 낮아진다. 탄력도는 손으로 만져보는 촉진법과 탄력도 측정기로 측정할 수 있다. 손가락으로 탄력도를 판단할 때는 낮음에서 보통 사이일 때 낮음 → 보통, 낮음 ← 보통으로 표시하고 탄력도 측정기는 정량적으로 계산하여 퍼센트(%)로 수치화한다. (그림 3-7 참조)

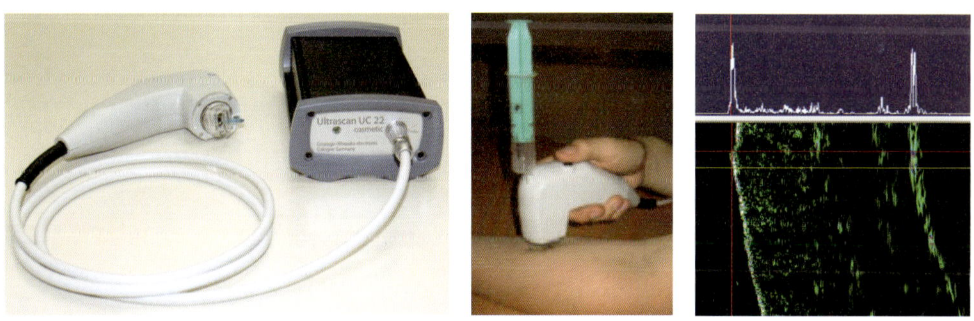

그림 3-7 탄력도 측정기와 관찰한 피부탄력도

(9) 주름

주름은 엘라스틴(탄력) 섬유의 감소와 콜라겐(교원섬유)의 변성으로 인하여 피부의 팽창력이 저하될 때 발생하며, 피부장력과 피하지방층 두께의 감소로 탄력도 저하 및 피부 처짐 현상이 나타난다. 주름은 눈가주름과 입가주름으로 구분되고 주름의 깊이에 따라 표정주름, 표면주름, 노화주름으로 분류된다. 육안으로 관찰하거나 피부 진단기로 면적과 깊이를 측정할 수 있다. (표 3-10, 그림 3-8 참조)

표 3-10 주름의 종류와 판단기준

종 류	판단기준
표면주름	• 내인성 노화, 광노화에 의해 35세 이후 흔히 나타나는 눈가, 눈꼬리 주름 등이다.
표정주름	• 반복적인 행동으로 얼굴 표정근의 만성적인 수축과 이완에 의해 나타나는 미간의 川자 주름, 눈가표정주름 등이다.
노화주름	• 진피 내 물질 변성에 의해 깊게 자리 잡은 눈 밑, 입가, 목 등의 주름이다.

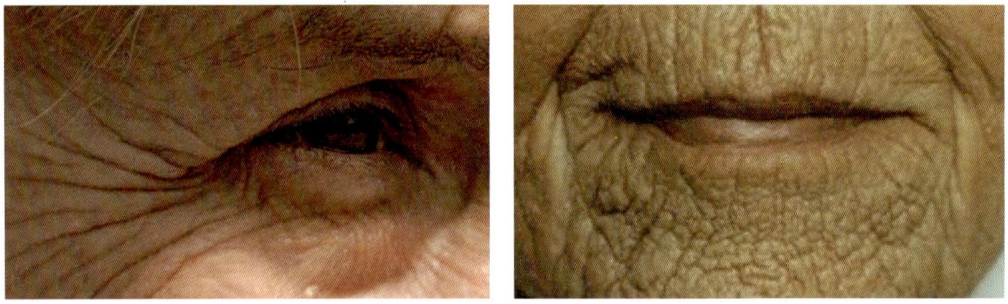

그림 3-8 피부진단기로 관찰한 눈가주름과 입가주름의 면적

(10) 민감도

민감도는 민감성 피부를 판단하는 지표로서 스파츌라를 이용해 이마와 목의 아랫부분앞가슴을 +자로 그어서 붉어지거나 팽창되는 반응을 파악한다. 민감한 피부는 피부장벽의 기능저하로 자극에 대한 회복력이 약하고 소양증, 홍반, 모세혈관 확장, 여드름, 알레르기 등을 동반하기도 한다. 피부에 자극을 주었을 때 붉어짐이 바로 회복되면 정상으로 체크하며 붉어짐의 부위가 넓고 지속되면 민감Senstive, 부어오름을 동반한 붉어짐이 지속되면 과민감Hypersenstive으로 표시한다.

(11) 혈액순환

혈액순환은 피부 혈색을 평가하는 지표로 견진見診으로 평가할 수 있다. 일반적으로 건강해 보이면 좋음으로 표시하고, 얼굴 전체 혈색이 균일하지 못하거나 회색빛을 띄며 질식되어 보이거나 창백하고 윤기가 없어 보이면 나쁨으로 표시한다. 피부혈색이 낮음에서 보통 사이인 경우에는 낮음 → 보통, 낮음 ← 보통으로 체크한다. 여드름 등 트러블이 있는 피부도 혈액순환이 좋지 않다고 볼 수 있다.

표 3-11 연령으로 평가한 피부상태 분석

구분	정상 피부 Nomal skin	지성 피부 Oily skin	복합성 피부 Combination skin	건성 피부 Dry skin
연령대	20대 초반까지	20세 전·후	20대 초반 ~30대 전반	30대 중반 이후
피부 트러블	없다.	여드름의 발생률이 높다. 면포형성이 생길 수 있다.	뾰루지, 면포형성, 여드름으로 발전할 수 있다.	각질이나 버짐이 생길 수 있다.
피부결	부드럽고 촉촉하며 윤기가 난다.	거칠고 질기며 번들거린다. 피부가 두꺼워질 수 있다.	T존 부위는 거칠다. U존 부위는 얇고 윤기가 없다.	거칠고 윤기가 없다. 까칠하다.
주름	없다.	별로 없다.	눈가에 잔주름이 많이 발생한다.	주름이 쉽게 생긴다.
혈색	전체적으로 연한 핑크색으로 혈색이 좋다.	붉은 색을 띤다.	얼굴 부위에 따라 다르게 보일 수 있다.	혈액순환의 저하로 인해 창백하게 보일 수 있다.
모공상태	모공이 섬세하다.	모공이 넓다.	T존 부위에는 모공이 넓다. U존 부위에는 별로 보이지 않는다.	모공이 작거나 별로 보이지 않는다.
유분과 수분관계	수분이 많고 유분은 적다.	유분이 많다.	T존 부위에는 유분과 수분이 많고 U존 부위에는 유분과 수분이 적다.	수분도 적고 유분도 적다.
색소	없다.	색소침착이 생길 수 있다.	광대뼈 부위에 색소침착이 생길 수 있다.	색소침착이 생길 수 있다.

피부 분석·평가할 때 관찰하는 부위(그림 3-9 참조)

Check Point

① 이마 부위는 지성인지, 건성인지를 판단하기 용이한 곳이다.
② 눈꼬리 부분은 가장 건조하기 쉬운 곳으로 주름이 있으면 건성이고 없으면 중성 또는 지성이다.
③ 눈밑 볼 부위: 모세혈관의 상태를 관찰할 수 있고, 알레르기를 일으키기 쉬운 피부와 스테로이드제를 연용할 경우에 표피가 얇아져 모세혈관 확장이 관찰되고, 붉은 빛을 띠게 되며 부기가 생기기 쉽다.
④ 콧망울 부위는 흑색 면포의 여부와 세안이 적당히 되어 있는지를 확인하기 좋은 곳이다.
⑤ 코옆 볼은 피부 조직 상태를 파악하기에 좋은 부위로 모공의 크기가 크면 조직이 거칠고 늘어짐을 관찰할 수 있다.
⑥ T존 부위는 지성인지 건성인지를 판단할 수 있다.

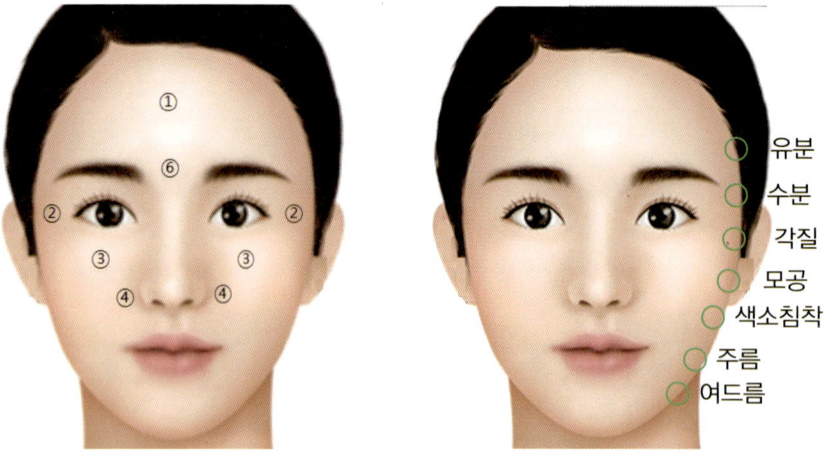

그림 3-9 피부유형을 분석하기 위해 관찰하는 주된 부위와 평가지표

3. 피부유형과 특징

피부유형은 일반적으로 크게 9가지 유형(정상, 건성, 지성, 복합성, 민감성, 모세혈관확장, 문제성(여드름), 색소침착, 노화)으로 분류한다. 그러나 바우만Dr. Baumann은 유분량, 수분량, 민감성, 색소침착, 주름을 평가지표로 하여 16가지 유형으로 분류하였다.

(1) 정상피부Normal skin

피부의 피지선과 한선(땀샘)의 생리기능이 정상적이며 유분과 수분이 적절하게 균형을 이루고 있는 가장 이상적인 피부유형이다. 정상피부는 연령, 계절, 환경, 심리적 스트레스, 영양상태, 운동상태 등에 따라 수시로 변할 수 있으므로 꾸준한 유지관리와 노화예방관리가 중요하다.

특징

① 피지가 적절하게 분비되는 피부라서 표면이 윤기가 있고 매끄럽다.
② 한선에서 수분을 적절하게 분비하기 때문에 피부가 촉촉하다.
③ 세안 후 당기거나 번들거리지 않는다.
④ 화장이 잘 지워지지 않고 오랫동안 지속된다.
⑤ 소구가 얕고 종횡으로 뻗어있어 피부결이 섬세하다.
⑥ 모공이 작고 눈에 띄지 않는다.
⑦ 탄력성이 좋다.

⑧ 혈액순환이 양호하여 혈색이 좋다.

⑨ 피부저항력이 있다.

⑩ 과색소침착, 면포, 구진 등이 없다.

⑪ 24~25세 이후에는 피부가 건조해지며 노화증상이 다른 피부유형에 비해 빨리 시작된다.

(2) 건성 피부 피지분비 부족피부, Dry skin

피지선과 한선에서 피지와 수분의 분비가 저하된 피부유형이다. 표피에서 항상 수분이 부족한 상태이다. 피지선과 한선 활동이 둔해지면 피부 노화가 급속하게 진행된다.

세안 후 조금만 건조한 환경에 놓이면 피부가 심하게 당긴다. 적절한 화장품으로 보습관리를 해주면 정상상태를 유지할 수 있다.

1) 일반 건성 피부

피지선과 한선의 기능 저하로 인해서 수분과 유분이 부족한 피부 유형이다.

특징

① 각질층의 수분이 10% 이하로 부족하다.

② 피부표면이 항상 건조하며 윤기가 없다.

③ 세안 후 손질을 하지 않으면 피부가 심하게 당긴다.

④ 파운데이션이 잘 받지 않고 발라도 들뜬다.

⑤ 현미학적으로 피부결을 관찰하면 소구가 극히 얇고 대부분 한쪽 방향으로 향하고 소릉은 얕아시 선명하지 않다.

⑥ 피부가 얇고 피부결이 섬세해 보인다.

⑦ 모공이 작다.

⑧ 표성 주름이 살 생기고, 피부노화가 다른 피부유형보다 빨리 신행되어 피부 처심과 주름살이 생긴다.

⑨ 피부 저항력이 저하되어 약한 자극이나 상처에도 쉽게 아물지 않는다.

⑩ 면포, 구진, 농포 등의 여드름 징후가 거의 없다.

⑪ 로션이나 크림을 바르면 바로 흡수된다.

2) 표피 수분부족 건성 피부Dehydrated skin

환경적 요인(자외선, 찬바람, 일광욕, 과도한 냉난방, 잘못된 피부관리 습관, 부적절한 화장품 사용)에 의해 많이 발생하며, 피지와 땀 분비와는 관련이 없다. 일반 건성 피부와 유사하게 표피가 건성화되는 경향이 있다.

특징

① 피부조직이 별로 얇게 보이지 않는다.
② 표정 원인성 주름이 쉽게 나타나지 않는다.
③ 피부조직에 표피성 잔주름이 형성된다.
④ 피지분비가 많은 지성 피부도 피부관리를 소홀히 하거나 관리를 잘못했을 경우에 유발된다.
⑤ 연령에 관계없이 발생한다.

3) 진피 수분부족 건성 피부Deep dyhydrated skin

생리적 노화의 한 형태이며, 피부 내적인 요인에 의해 발생한다. 섬유아세포의 기능이 저하되어 콜라겐, 엘라스틴 섬유의 생성 감소와 기존 콜라겐의 변성이 나타난다.

특징

① 피부 당김이 내부에서부터 심하게 느껴진다.
② 눈 밑, 입가, 뺨, 턱 부위에 피부처짐이 심하다.
③ 굵은 주름살이 형성된다.
④ 피부 조직이 거칠고 생명력이 없어 보인다.
⑤ 과색소 침착이 발생되기 쉽다.

(3) 지성 피부Oily skin

피지선의 기능 항진으로 피지가 과잉 분비되어 피부 표면이 과도하게 번들거리며, 모공이 크고 각질층이 두껍다. 지성 피부는 유성 지루피부와 건성 지루피부로 구분된다.

1) 유성 지루피부Seborrhea oleosa

피지가 과잉 분비되어 유분 막이 두껍고 항상 번들거린다.

특징

① 피부결의 형태는 소구가 비교적 깊고 소릉이 크고 불규칙하다.
② 피부의 번들거림이 심하다.
③ 두피에도 유분이 많아서 기름기가 흐르며 비듬이 많아지고 귀지가 많이 생긴다.

④ 피부가 거칠고 모공이 넓으며 피부 표면이 귤껍질같이 보이기 쉽다.
⑤ 각질층이 비후하여 피부가 두껍게 보인다.
⑥ 피부가 투명해 보이지 않고 불투명해 보인다.
⑦ 화장이 잘 받지 않으며 잘 지워진다.
⑧ 외부의 자극에 대한 저항력이 건성 피부에 비해 비교적 강하며 쉽게 예민해지지 않는다.
⑨ 여성에 비해 남성에게서 더 많이 나타난다.
⑩ 햇빛에 의한 과색소 침착이 빠르게 나타난다.
⑪ 면포, 구진과 같은 여드름 발진현상을 일으키기 쉽다.

2) 건성 지루피부Seborrhea sicca

피지 분비가 항진되어 피지가 과분비되고, 윤기가 있음에도 한선기능 저하로 피부가 건조하다.

특징

① 각질이 비후해져서 피부가 두껍게 보인다.
② 피부표면이 건조하고 각질이 일어난다.
③ 피부표면이 매끈하지 않아 화장이 잘 받지 않는다.
④ 혈액순환 장애로 피부색이 창백하다.
⑤ 유성 지루성 피부에 비해 예민하고 자극에 의해 쉽게 붉어진다.
⑥ 유성 지루성 피부에 비해 저항력이 약해 여드름 발생의 위험성이 크다.
⑦ 여드름이 발생하면 치유하는데 시일이 걸린다.
⑧ 표피성 잔주름이 쉽게 생긴다.

(4) 복합성 피부Combination skin

얼굴에서 부위별 피지의 분비가 균형을 이루지 못하여 2가지 이상의 피부유형이 공존한다.

특징

① T-zone을 제외한 부위, 즉 눈 주위, 광대뼈, 볼 주위가 세안 후 심하게 당기는 느낌이 있다.
② T-zone 부위의 모공이 다른 부위의 모공보다 크고, 피부 표면이 번들거리며 면포, 구진 등이 발생하기 쉽다.

③ 광대뼈, 볼 부위(이마, 뺨, 입 주변 등)가 불투명해 보인다.

④ 피부조직(피부결)이 전체적으로 일정하지 않다.

⑤ 눈가에 잔주름이 쉽게 생긴다.

(5) 민감성 피부Sensitive skin

피부가 얇고 붉으며 피지는 부족하고 일반 화장품에 민감하게 반응한다.

특징

① 외관상 피부결은 섬세하여 깨끗해 보이나 건조되기 쉽다.

② 외부 온도와 자극에 민감하다.

③ 정상피부보다 면역기능이 저하되어 있다.

④ 외부 환경에 의해 쉽게 거칠어진다.

⑤ 과색소침착이 빠르게 나타난다.

⑥ 외부 자극이나 변화에 의해 가렵거나 붉은 반점이 생긴다.

⑦ 화장품을 바꾸어 사용할 경우에 예민하게 반응한다.

⑧ 외부 자극에 의해 주름형성, 수포, 두드러기, 알레르기 등이 발생한다.

⑨ 표피 수분부족 현상이 쉽게 나타난다.

(6) 모세혈관 확장피부Telangiectasis skin

생리적 요인과 환경적 요인에 의해 표피층 아래에 있는 모세혈관이 약해지거나 파열 혹은 확장되어 붉은 실핏줄이 보이는 피부이다.

피부가 외부 자극(날씨와 온도의 급격한 변화, 자외선 등)에 민감하게 반응하여 피부건조, 당김, 과색소침착 등이 생기기 쉽다. 또한 피부표면이 투명하여 모세혈관이 드러나 보인다.

특징

① 표피 가까이 모세혈관이 파열되거나 확장되어 붉게 보인다.

② 표피가 얇고 섬세하다.

③ 피부 상태가 예민하다.

④ 기온차에 의한 피부색 변화가 심하다.

⑤ 피부가 건조하여 잔주름이 많이 생긴다.

⑥ 과색소침착이 쉽게 일어난다.

(7) 여드름 피부

1) 여드름의 정의

여드름은 모피지낭Pilosebaceous follicle에 발생하는 만성 염증성 질환이며 면포comedones, 구진, 농포, 낭종, 결절, 반흔 등의 증상이 얼굴, 등, 어깨, 목 등의 신체의 중심부에 주로 나타난다. 여드름의 진단 시에 면포는 원발진이 된다. 사람의 85%가 12~25세 사이에 여드름을 경험하며, 남성은 16~19세에, 여성은 14~16세에 가장 많이 발생한다.

2) 여드름의 유형

① **면포성 여드름** : 지성 피부 위에 면포만 보이는 가벼운 여드름이다.

면포는 백면포와 흑면포로 나누어진다. 흑면포open comedone : black head는 모공이 비교적 열려있는 형태이며 손으로 짜도 비교적 쉽게 피지덩어리가 빠져 나온다.

② **염증성 여드름** : 면포와 구진이 넓게 퍼져있고 농포도 관찰되며 대체적으로 피부가 거칠다. 지성 피부인 남성에게서 많이 발생한다.

3) 원인 및 발생 기전

여드름의 발생원인으로 남성 호르몬Androgen 과도한 생성, 과각화, 염증, 세균 증식, 영양 불균형, 자외선 노출, 스트레스, 화장품 오남용 등을 들 수 있다.

정상피부의 모낭에도 존재하는 0.3~0.4mm 크기 이하의 모낭충Demodex folliculorum은 스테로이드 성분으로 인해서 비정상적으로 증식할 경우에는 적색 구진 · 농포 · 혈관 확장의 증상을 야기한다.

4) 여드름의 진행과정

① 남성호르몬인 안드로겐Androgen은 피지 분비를 자극한다.

② 과도한 피지(유분)와 과잉의 각질세포들은 모낭을 막아 면포를 형성한다.

③ 닫혀진 모낭 안에서 박테리아여드름 간균, Propionibacterium acne가 증식한다.

④ 여드름 간균이 증식하게 되면서 염증이 발생한다.

⑤ 부신피질에서 스트레스 호르몬Glucocorticoids이 분비된다.

⑥ 스트레스 호르몬이 Androgen 분비를 촉진시킴으로써 피지선의 분비를 자극한다.

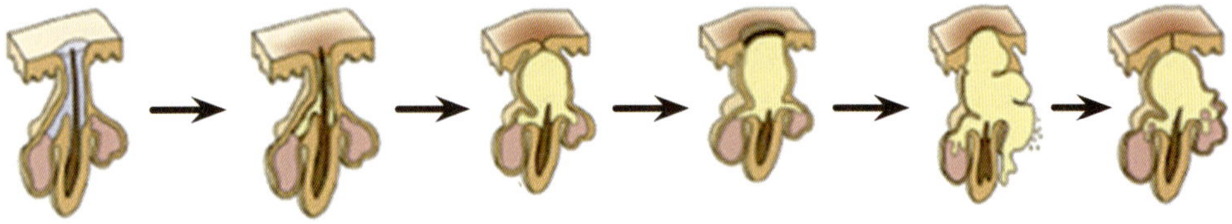

그림 3-10 여드름의 진행 시 피지선의 변화

Check Point

여드름

여드름은 정신적인 스트레스로 작용할 뿐만 아니라 대인기피증, 자아만족감 결여 등의 사회적 부작용을 동반한다. 여드름이 발생하는 부위인 얼굴, 등, 가슴에는 피지선이 대체적으로 많이 존재한다. 사춘기에 남성 호르몬(안드로겐) 증가, 스트레스, 소화장애, 잘못된 식습관과 화장품의 오남용, 기후, 물리적 자극 등에 의해 피지 분비가 활성화되어 피지선이 팽창하게 된다. 피지가 모낭의 개구부를 통해 피부 표면으로 배출되지 못하고 축적될 경우, 모낭의 내벽을 자극하여 내벽 세포가 더 빨리 탈락되게 하고 탈락된 세포들이 엉겨서 모낭이 폐쇄되어 여드름 간균, 염증균인 포도상구균과 표피균 등이 증식하게 된다.

특징

① 표피 표면이 두껍고 울퉁불퉁하다.

② 모공이 눈에 띄게 크고 피지가 많아서 번들거린다.

③ 피부의 곳곳에 면포, 구진, 농포 등이 있다.

④ 얼굴색이 칙칙하며 과색소 침착이 쉽게 일어난다.

⑤ 과색소 침착과 구진 농포로 인해서 잡티와 반흔이 생긴다.

⑥ 대체적으로 사춘기에 많이 발생하고 얼굴, 등, 가슴에 많이 생긴다.

(8) 색소침착 피부

1) 색소침착의 정의

표피의 기저층에 존재하는 멜라닌세포는 내적 요인생리적과 외적 자극자외선으로부터 피부를 보호하고자 멜라닌 색소를 합성한다. 멜라닌 색소가 과도하게 합성이 되면 기미, 주근깨와 같은 과색소침착이 발생하고, 멜라닌 합성이 저하되면 백반증, 알비니즘과 같은 저색소침착이 일어난다.

2) 자외선의 종류와 자외선이 피부에 미치는 영향

자외선은 파장범위가 200~400nm이고 자외선 A, B, C로 구분된다. (표 3-12 참조)

자외선 A는 피부진피층까지 침투하여 피부 흑화를 유도하고, 자외선 B는 표피층에 침투하여 수포와 홍반을 유발시킨다. 자외선 C는 살균효과가 있고 장시간 노출 시에는 피부암을 초래한다. 또한 체내에서 비타민 D 합성과 인, 칼슘의 흡수를 도와 구루병 예방과 뼈, 치아를 단단하게 하여 골다공증 예방에 기여한다.

표 3-12 빛의 종류

빛의 종류	파장의 범위	피부에 미치는 영향
UV-C	200~290nm	오존층에서 흡수되므로 피부에 실제적으로 영향은 매우 약하게 미친다. 살균효과가 있고 장시간 노출 시 피부암을 유발시킨다.
UV-B	290~320nm	표피층까지 침투하며, 에너지가 풍부하여 수포 형성과 피부 화상Sun-burn을 유발시킨다.
UV-A	320~400nm	낮은 에너지나 진피 깊숙이 침투하고 색소침착Sun-tan이 강하다. 각질층을 두껍게 하여 자외선으로부터 피부를 보호하지만, 피부를 거칠게하고 노화를 촉진시킨다.
가시광선 (visible Ray)	400~600nm	세포에는 유해하나 일광에 의한 효과는 없다.
적외선 (infrared Ray)	600~3000nm	열선으로 피부에 온열효과를 주지만 장시간 사용은 피부에 해를 준다.

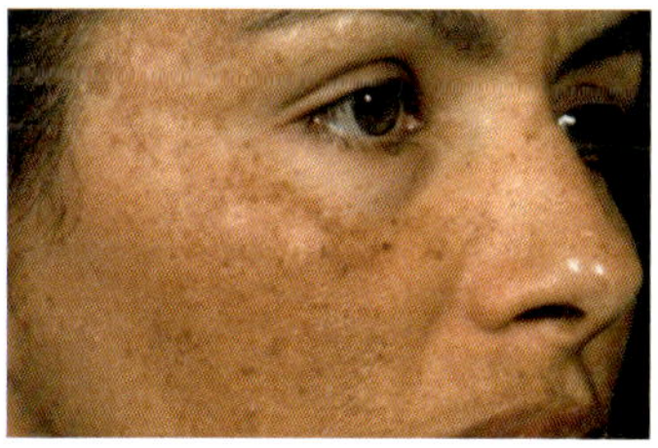

주근깨

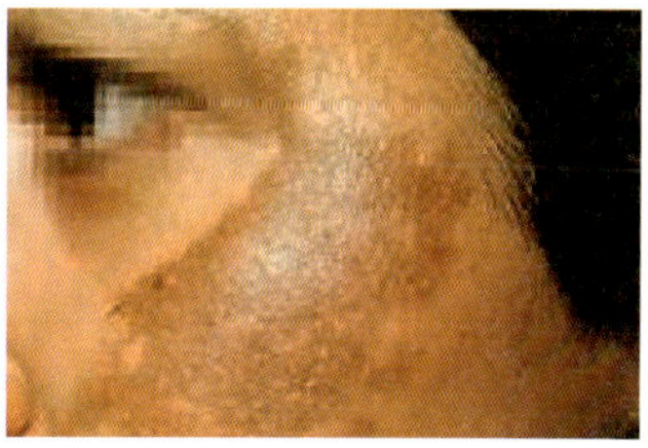

과색소침착 피부기미

그림 3-11 과색소 침착 피부

3) 홍반Erythema

홍반은 자외선에 의해 일시적으로 붉어지는 현상으로, 발생 초기에는 자외선에 노출된 부분에 붉은 반점이 생기며 시간이 지나면서 서서히 엷어진다. 그러나 자외선에 지속적으로 노출되면 피부에 색소침착이나 화상을 초래할 수 있다. 관리방법은 홍반이 발생하면 즉시 진정시켜 주고 자외선을 차단하는 것이 중요하다.

4) 일광화상

광화상은 햇볕에 노출된 피부의 화상을 의미한다. 피부가 자외선에 노출되고 48시간 정도 지나면 가렵고 붉어지며, 심한 경우에는 물집을 동반하기도 한다. 시간이 경과하면서 기미, 검버섯, 수포, 염증, 주근깨 등이 발생하며 지속적인 햇볕노출은 피부암을 일으키기도 한다. 피부화상을 입었을 때는 빠른 시간 내에 얼음찜질 등을 통해 피부의 열을 떨어뜨려 2차 감염이 되지 않도록 한다.

그 밖에 장기간 자외선 노출은 콜라겐분해효소collagenase의 활성을 증가시키고, 엘라스틴Elastin 섬유를 변성시킴으로써 피부노화를 촉진시킨다.

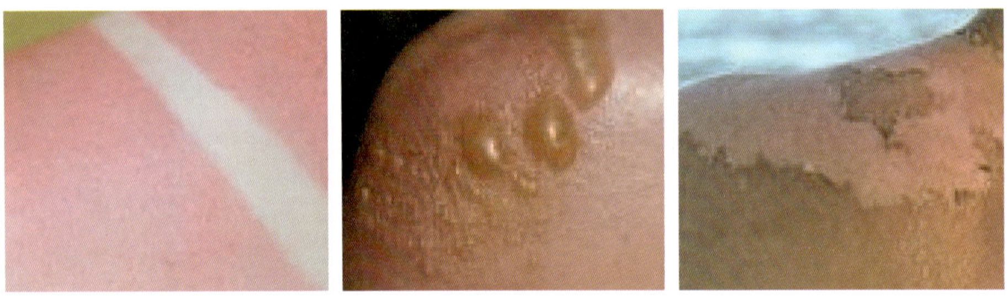

홍반 수포 표피 탈락

그림 3-12 화상 피부

(9) 노화피부

피부는 생리적 요인과 환경적 요인에 의해서 노화가 진행된다. 노화 피부에서는 칙칙한 피부색, 유분과 수분의 분비 저하, 과색소침착, 탄력도 감소, 주름형성과 각화주기가 길어지는 등의 특징이 나타난다.

1) 노화의 원인

피부의 생리적 기능저하는 내인성 요인Intrinsic factor에 기인하는 노화를 초래하고, 표피층의 위축이 나타나며, 표피와 진피의 경계가 얇아지는Epidermal-dermal junction flattening 현상이 나타난다. 외인성 요인Extrinsic factor은 환경적 요인이라고도 하며 대표적으로 광노화Photo aging를 예로 들 수 있다. 광노화는 장시간 자외선에 노출됨으로써 피부건조, 탄력도 저하, 주름 생성, 과색소 침착 등이 나타난다. 이러한 노화는 한편으로는 산화적 스트레스Oxidative stress에 의해서 과도한 활성산소Reactive oxygen species인 유리기Free radical(OH−, O_2

등)가 생성되고, 이 과정에서 피부세포와 조직이 손상된다. 다른 한편으로는 결합조직을 구성하는 세포와 기질Extracellular matrix 단백질인 콜라겐Collagen, 비콜라겐성 당단백질Noncollagenous glycoprotein, 프로테오글리칸Proteoglycan, 엘라스틴Elastin의 양적인 변화로 기질ECM의 위축이 초래된다.

2) 노화의 종류

① **내인성 피부노화** : 생리적인 원인으로 인하여 신진대사를 조절하는 각종 호르몬 분비의 감소, 피부의 구조적 변화 및 세포활성의 저하가 발생한다.

- 증상 : 주름, 수축성 저하, 양성종양

② **환경적 노화** : 지속적이고 과도한 자외선 노출에 기인하는 광노화Photo aging, 심리적 스트레스와 불규칙한 수면, 과도한 운동, 야외 활동, 잘못된 식습관과 생활습관, 계절, 기후, 공해, 환경호르몬 등에 의해 발생한다.

- 증상 : 건조한 피부, 얼룩진 과색소 침착, 굵고 깊은 주름, 모세관 확장, 자반과 주위의 가성 반흔, 이완, 피지선 과형성, 일광 각화증, 피부암

노화피부의 조직학적 특징

Check Point

① 표피에서 각질형성세포의 크기와 형태가 불규칙해지고, 멜라닌세포와 랑거한스세포 수가 감소하여 표피의 두께가 얇아진다.

② 한선과 모낭의 수가 감소되며, 유·수분 조절 기능 저하와 각질층의 수분 결핍현상이 심화되고, 세포간 지질 감소로 인하여 피부 건조와 불규칙한 색소침착이 발생한다.

③ 피부탄력 감소와 주름살은 각질층에서의 수분 부족과 진피에서 표피를 지지하고 수분과 탄력을 유지시키는 콜라겐, 엘라스딘, 레티큘린Reticulin, 간충물질인 뮤코다당질Mucopolysaccharide의 감소로 인해서 나타난다. Matrix metallo proteinases(MMPs)는 세포외기질Extracellular matrix의 분해와 조직 수복에 관여하며, 특히 진피의 망상층에서 콜라겐 합성과 콜라겐과 엘라스틴 분해효소인 MMP의 증가는 탄력저하와 주름살 생성을 초래하는 것으로 알려져 있다.

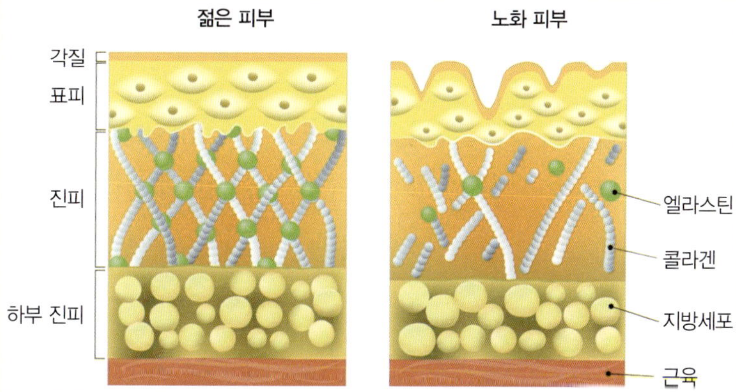

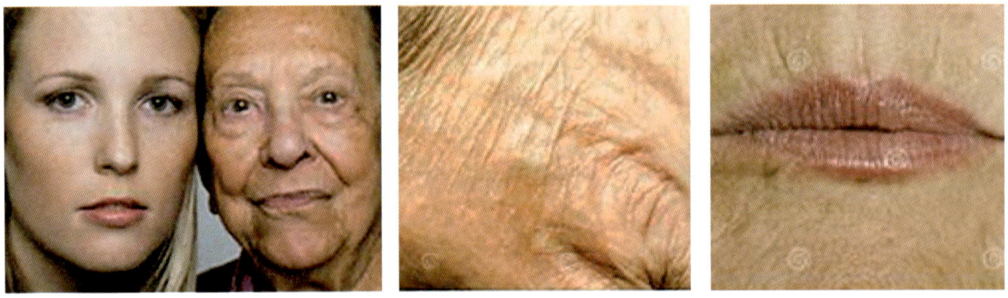

그림 3-13 노화 피부와 주름

4. 피부상태 분석 시 그 밖의 유의할 사항

(1) 다모 부위

제모가 필요한 부위를 파악하여 피부분석카드에 적는다.

(2) 피부 이상skin disorder 또는 질환의 징후

비립종, 주사비, 모세혈관 확장, 거미줄, 혈관종, 섬유종, 사마귀, 흉터, 켈로이드, 모반(점) 등의 발생유무와 부위를 피부분석카드에 표시한다.

표 3-13 피부 이상 또는 질환의 징후와 특징

종 류	특 징
비립종	눈 주위 또는 이마, 뺨에 발생하는 모래알 크기의 작은 황백색 낭포로서 모공 입구의 표피 바로 아래에 존재한다.
주사비	모세혈관 확장증이 코에 발생한 상태이며 피부가 위축되면서 실핏줄이 확장되어 나타나게 된다. 향신료, 술, 고온의 식품, 담배, 외부기온변동, 모낭충, 소화기장애 등이 원인이다.
모세혈관확장	진피층에 있는 모세혈관들이 선천적 혹은 외부 환경적 요인으로 약화되거나 확장 또는 파열되어 코와 뺨 부위의 피부가 항상 붉거나, 붉은 실핏줄이 보이는 상태이다.
거미줄	얼굴, 팔, 다리 등 노출부위에 모세혈관이 별 모양, 거미다리와 거미몸체 같은 모양으로 나타나고 주로 간경화, 임신 시에도 많이 발생한다.
혈관종	대부분 선천적인 붉은 반점으로 해면상 혈관종은 표면이 선명한 과립상으로 딸기 모양을 띠고 있다. 단순성 혈관종은 주로 얼굴 중앙부위인 미간, 눈꺼풀, 코에 나타나고, 윗 입술과 목덜미에 나타나는 적색반은(포도주를 떨어뜨린 모양) 포도주양 혈관종이라고도 한다.

(계속)

종 류	특 징
섬유종	쥐젖이라고도 하며 연한 섬유종은 진피 유두층에 자리잡고 색소침착으로 인해 피부색보다 진한색으로 주름이 있는 것도 있다. 단단한 섬유종은 진피내 망상층 결합조직 안에 생기며 외관상 단단하고 매끄럽고 점차 커지기도 한다.
사마귀	피부를 통한 바이러스 감염에 의해 피부에서 과각질화 현상이 발생한 것이다. 얼굴에 주로 발생하는 편평사마귀는 피부색 또는 황갈색의 납작하고 둥근 형태의 융기된 구진으로 나타난다.
흉터	창상 또는 다른 병변치유 후에 남는 흔적으로 반흔이라고도 한다.
피부암	피부암은 우리나라를 비롯한 아시아 권역에서도 종종 발생한다. 오존층의 파괴 및 과도한 자외선 노출이 원인으로 알려져 있다.
켈로이드	상처가 치유되면서 진피의 교원질(콜라젠)이 과다 생성되어 흉터가 굵고 크게 표면 위로 융기한 흔적이다.
다크서클	자외선 장시간 노출, 스트레스, 수면부족, 메이크업 후 클렌징 소홀, 생리 중, 신장이나 간 등에 이상이 있을 때 발생한다. 다른 피부보다 얇고 피지선이 적은 눈가 피부에 모세혈관이 파열되어 혈액순환이 원활하지 못하거나 멜라닌 색소 침착으로 눈 아래가 검게 보이게 된다.
모반점	점은 흑자Lentigo라고도 하며 색소가 과량으로 침착된 색소모반이다. 모반은 표피와 진피 경계부분에 갈색이나 흑갈색을 띠는 색소성 모반과 모세혈관의 비정상적 확장과 새로운 혈관의 발생에 의해 생긴 피부 혈관종인 혈관성 모반으로 나타난다.

[피부분석 카드]

고객피부의 평가 지표에 따라 피부유형을 분석하고, 피부상태, 이상과 질환의 징후 등을 파악하고 기록하는 카드이다.

고객번호 :	관리자 성명 :	일자 : 20 년 월 일
피부유형	피지상태	이마 [ ] 코[ ] 턱[ ] 볼[ ] 목[ ]
	수분상태	낮음 □ 보통 □ 높음 □
	피부결	거침 □ 보통 □ 섬세함 □
	모공상태	넓음 □ 보통 □ 좁음 □
	피부유형평가	정상 □ 건성 □ 지성 □ 복합성 □
피부상태	혈액순환	부족 □ 보통 □ 좋음 □
	민감도	정상 □ 민감 □ 과민감 □
	탄력도	부족 □ 보통 □ 좋음 □
	여드름	백색면포 □ 흑색면포 □ 구진 □ 농포 □ 결절 □ 낭포 □
	주름상태	표면주름 □ 표정주름 □ 노화주름 □
	색소침착	기미 □ 주근깨 □ 검버섯 □ 기타 □
	UV민감도	
	다모부위	없음 □ 있음 □ 부위 :

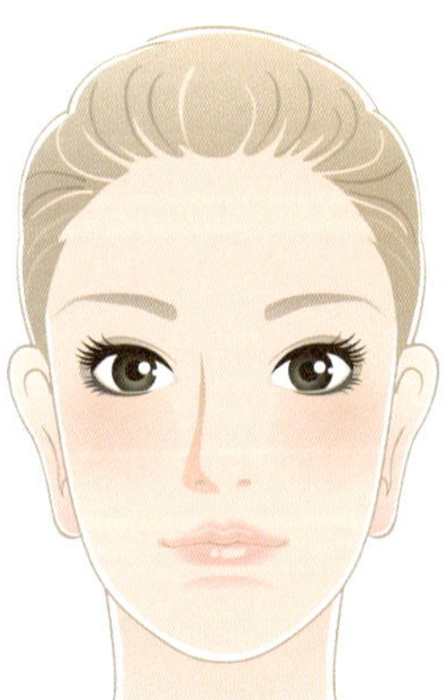

〈피부상태를 항목별로 표시〉

증상	모양	증상	모양
건성, 각질화	▩	사마귀	∴
구진	∞	흉터	▤
농포	¤	켈로이드	Σ
한진	☆	과색소	▣
주사	▲	저색소	◐
모세혈관확장	▥	검버섯	■
블랙헤드	●	화이트헤드	◎

5. 피부상태 분석 실기

피부분석의 필요성

피부분석은 효과적인 피부관리를 위하여 고객의 피부상태를 올바르게 파악하는 단계이다.

- 문진 : 물어보기
- 견진 : 눈으로 확인하기
- 촉진 : 손이나 기타 도구로 만져보기

준비물

- 피부분석기
- 분석용 컴퓨터
- 클렌징제품
- 마사지용 침대 베드
- 의자
- 정리대웨건
- 타올
- 터번
- 마스크
- 보울유리볼, 고무볼
- 스파츌라
- 미용솜
- 해면일회용
- 붓
- 티슈
- 냉·온습포
- 화장수

TIP

- 대부분 많은 피부분석용 피부미용기기가 있으나 현실적으로는 분석용 컴퓨터를 이용한 피부분석기를 주로 사용하고 있다.
- 피부분석용 피부미용기기에는 피부분석기, 우드램프, 확대경, 현미경, 유·수분 측정기, ph측정기, 모공측정기, 피부색도 측정기, 주름측정기 등이 있다.

수행순서 1 피부상태 분석 순서

1. 피부상태를 분석하기 위한 기기 및 제품을 위생적으로 준비한다.
2. 고객의 머리를 터번으로 감싼다.
3. 피부관리사의 손을 소독한다.
4. 피부에 있는 화장과 먼지를 클렌징한다.
5. 일회용 해면으로 닦아낸다.
6. 온습포를 사용하여 닦아낸다.
7. 토닉으로 피부를 정돈한다.
8. 문진, 견진, 촉진으로 피부상태를 파악한다.
9. 피부분석기(기기)를 활용해 분석한다.

Check Point

- 고객을 심리적으로 안정시킨다.
- 피부상태를 파악할 수 있는 전문지식을 갖춘다.
- 분석기기에 대한 설명을 할 수 있어야 한다.

수행준거별 평가 체크리스트

대분류	중분류	소분류	세분류(직무)	능력단위	능력단위코드
이용·숙박·여행·오락·스포츠	이·미용	이·미용서비스	피부미용	피부미용 피부분석	1201010202_16v2

능력단위요소	2	피부상태 분석평가하기	
수행준거	2.1	고객정보 결과에 따른 피부부위와 상태를 파악할 수 있다.	[지식] • 피부생리학 • 피부미용기기학 • 상담·심리학 [기술] • 문진, 견진, 촉진을 통한 피부분석 능력 • 피부미용기기를 사용하여 피부상태 측정 및 판독 능력 [태도] • 고객을 편안하게 배려하는 태도 • 고객이 심리적 부담을 갖지 않게 배려하는 태도 • 고객에게 신뢰감을 주려는 태도
	2.2	문진, 견진, 촉진을 통해 피부의 탄력감이나 매끄러운 정도, 조직의 두께, 유분함량, 수분보유량, 각질화 상태 등을 파악할 수 있다.	
	2.3	이마와 목에 스파츌라로 그어서 민감성 여부를 파악할 수 있다.	
	2.4	피부미용기구를 사용하여 피부상태를 파악할 수 있다.	
	2.5	파악 결과에 따라 평가하고 유형별로 구분할 수 있다.	

수행준거	상세 수행준거	평가항목	척도	
			YES	NO
2.1	2.1.1	나는 T–존 부위의 유분과 수분 분비 상태를 파악할 수 있다.		
	2.1.2	나는 U–존 부위의 유분과 수분 분비 상태를 파악할 수 있다.		
2.2	2.2.1	나는 문진으로 생활습관, 피부관리 습관, 화장품 사용, 피부 트러블 유무 등에 대해서 파악할 수 있다.		
	2.2.2	나는 견진으로 유분 분비, 각질화 상태, 모공 상태를 파악할 수 있다.		
	2.2.3	나는 촉진으로 피부탄력감, 매끄러운 정도, 조직의 두께, 유분 함량, 수부 보유량, 각질화 상태 등을 파악할 수 있다.		
2.3	2.3.1	나는 이마에 스파츌라로 +를 그어서 민감성 여부를 파악할 수 있다.		
	2.3.2	나는 목 아래쪽 앞가슴 위쪽 부위에 스파츌라로 +를 그어서 민감성 여부를 파악할 수 있다.		
2.4	2.4.1	확대경을 사용하여 각질화 상태, 모공상태, 면포 유무 등을 파악할 수 있다.		
	2.4.2	우드 램프를 사용하여 각질, 유분, 색소 침착 등을 파악할 수 있다.		
	2.4.3	수분 측정기와 유분 측정기의 사용 방법을 이해하고 피부 유형을 파악할 수 있다.		
	2.4.4	피부진단기를 사용하여 각질정도, 모공상태, 주름 정도를 측정하고 평가할 수 있다.		
2.5	2.5.1	수분과 유분 상태에 따라 피부 유형의 특징을 이해하고 피부 유형을 구분할 수 있다.		
	2.5.2	노화 피부의 특징을 이해하고 구분할 수 있다.		
	2.5.3	문제성 피부의 단계별 특징을 이해하고 구분할 수 있다.		
종계		14		

2. 피부관리계획 작성하기

학습 목표

- 고객의 피부상태에 따라 유형별 피부관리 계획을 작성할 수 있다.
- 피부관리계획에 따라 적합한 기초 화장품을 결정할 수 있다.
- 고객에게 적합한 기초 화장품에 대해서 설명하고 추천할 수 있다.

<table>
<tr><th colspan="7">사전 진단평가 체크리스트</th></tr>
<tr><th>대분류</th><th>중분류</th><th colspan="2">소분류</th><th>세분류(직무)</th><th>능력단위</th><th>능력단위코드</th></tr>
<tr><td>이용·숙박·여행·오락·스포츠</td><td>이·미용</td><td colspan="2">이·미용서비스</td><td>피부미용</td><td>피부미용 피부분석</td><td>1201010202_16v2</td></tr>
<tr><td rowspan="2">능력단위요소</td><td rowspan="2">3</td><td colspan="3" rowspan="2">피부관리계획 작성하기</td><td colspan="2">척도</td></tr>
<tr><td>YES</td><td>NO</td></tr>
<tr><td rowspan="4">수행준거별 평가항목</td><td>3.1</td><td colspan="3">고객의 피부상태에 따라 유형별 피부관리 계획을 작성할 수 있다.</td><td></td><td></td></tr>
<tr><td>3.2</td><td colspan="3">피부관리계획에 따라 적합한 피부관리 제품을 결정할 수 있다.</td><td></td><td></td></tr>
<tr><td>3.3</td><td colspan="3">고객의 상품선택을 위하여 피부관리 상품을 설명하고 추천할 수 있다.</td><td></td><td></td></tr>
<tr><td>합계</td><td colspan="3">3</td><td></td><td></td></tr>
</table>

1. 피부유형별 관리계획

(1) 관리목적

고객피부유형과 피부상태에 따른 전체 피부관리의 주요 목적을 기록한다.

(2) 클렌징Cleansing

고객의 피부유형에 맞는 클렌저의 제형(크림, 로션, 오일 등)과 주요 성분을 적는다.

(3) 딥 클렌징Deep Cleansing

딥 클렌징은 엑스폴리에이션Exfoliation 또는 필링Peeling이라고도 하고, 그 종류는 물리적 딥 클렌징, 화학적 딥 클렌징, 생물학적 딥 클렌징으로 분류된다. 필링은 얕은 필링, 중간 필링, 깊은 필링으로 3가지 단계로 구분되고, 주로 TCAtricholoroacetic acid, 페놀과 같은 의약품, 레이저 기기를 사용하여 표피 뿐 아니라 진피까지도 박피시키는 것을 말한다.

1) 화장품을 이용한 딥클렌징

① **스크럽제** : 살구씨, 아몬드, 곡물류의 작은 입자를 혼합한 크림 형태의 딥클렌저이다. 혼합된 작은 입자를 피부에 바르고 부드럽게 문질러 주는 연마작용을 통하여 각질, 모공속의 피지와 노폐물 등이 제거되고 혈액순환이 촉진되어 피부가 매끄럽고 피부색이 밝아진다. 그러나 예민성 피부와 염증이 있는 피부에 사용을 금한다.

② **고마쥐** : 고무성분을 함유하는 크림형태의 딥클렌저로 피부에 도포하고 마르면 근육의 결을 따라 밀어서 떼어낼 때 각질과 피지 산여물 등이 제거된다.

③ **효소** : 각질이나 지방을 분해하는 효소(프로테이나제, 리파제 등)를 함유하는 분말 또는 크림형태의 모든 피부유형에 적합한 딥클렌저이다. 따뜻한 온도(30~40℃)와 습기가 있는 조건에서 각질과 피지가 잘 분해된다.

④ **AHA 또는 BHA** : 알파하이드록시산α-hydroxy acid 또는 베타하이드록시산β-hydroxy acid은 천연 과일 유기산으로 주로 사탕수수, 사과, 포도, 감귤류에서 추출하며 10% 이하의 농도를 사용한다. 지성 피부에 효과적이지만 염증이 있는 경우에는 사용 시 주의해야 한다.

2) 피부미용기기를 이용한 딥클렌징

① **이온토포레시스(디스인크러스테이션)** : 직류(갈바닉 전류)의 전기를 이용하여 피부 방어막을 통과할 수 없는 수용성의 물질을 침투시키는 원리로 음극봉(−극)에서 발생하는 알칼리성 물질(수산화나트륨, NaOH)이 피지를 유화 및 용해시키고 각화된 각질세포 제거와 모공속의 노폐물을 제거시킨다.

② **브러시** : 피부자극이 적은 천연모(염소털 또는 산양털)로 만든 다양한 크기의 브러시를 기기에 연결하여 적당한 회전속도로 클렌징한다.

③ **스티머** : 스티머에서 분출되는 미온의 증기는 모공을 막고 있는 피지 산화물과 쌓인 각질의 박리를 돕고 모공을 확장시킨다.

(4) 매뉴얼 테크닉

고객의 피부유형에 맞는 매뉴얼 테크닉용 화장품 제형(오일, 크림, 젤 등), 주요 성분과 관리 목적을 적는다.

(5) 피부미용기기 관리

기기를 사용하기 전에 고객의 몸에 인플란트, 인공 관절 등 금속류와 귀걸이, 팔찌 등의 금속류 악세서리의 착용 여부를 확인한다.

① **진공흡입기** : 캐리어 오일을 도포한 후에 컵 모양의 벤토즈를 적당한 압력으로 조절하여 피부에 밀착시킨 후 부드럽게 림프 방향에 따라 이동한다. 혈액순환과 림프순환 개선, 신진대사 촉진, 피지선의 활성화 효과가 있다.

② **초음파기기** : 초음파의 진동은 분자간의 마찰이 열을 발생시키는 원리를 이용하는 기기이다. 도자에 초음파 젤을 바르고 얼굴근육 방향으로 도자를 가볍고 부드럽게 이동시킨다. 한부위에 오래 머물지 않도록 하고 관절 부위에 사용을 피하는 것이 좋다.

③ **직접 고주파기기** : 피부와 닿는 유리 전극봉 내의 공기와 가스가 이온화 되어 전류가 유리관을 통하여 피부로 전달되는 원리를 이용하는 것으로 혈액순환 증진, 살균소독 효과가 있다.

④ **간접 고주파기기** : 고객의 손에 전극봉을 잡게 하고, 고객의 얼굴에 크림을 바른 후 피부관리사의 손으로 마사지 한다. 기기의 도자열이 피부를 통해 신체조직 속으로 침투되고, 전해질이 조직의 온도를 상승시키기 때문에 주로 온열 목적으로 사용한다.

(6) 마스크

고객의 피부유형에 맞는 상품제형(필오프, 워시오프, 시트, 석고, 모델링 등)과 주요 성분 및 관리 목적을 적는다. 복합성 피부의 경우 부위별로 구분하여 작성한다.

(7) 향후 관리계획

향후 피부관리샵에서 진행될 관리프로그램과 횟수(총 몇 회, 주 몇 회) 등에 관해서 구체적으로 관리계획을 적는다.

(8) 피부관리 조언

피부상태, 피부문제 해결을 위한 세안방법, 피부관리방법, 화장품 사용법 등과 메이크업, 네일, 두피 관리 등에 관한 다양한 미용정보를 고객에게 조언한다

(9) 홈케어 조언

고객이 스스로 관리할 수 있도록 주기별(낮, 밤, 주간) 피부관리 방법과 화장품의 제형과 성분을 조언해주고 식생활습관, 운동법 등 자가관리에 대해서 조언한다.

피부분석상태카드

1) 개인신상정보　　　　　　상담일자 :　　/　　/

고 객 명		관 리 자	
생년월일		연 락 처	
주 소			

2) 고객피부타입

피부유형	☐ 정상	☐ 건성	☐ 지성	☐ 복합성	
피부결	☐ 곱다	☐ 거칠다	☐ 복합		
주름	☐ 노화주름	☐ 표정주름	☐ 표면주름		
피부의 탄력성	☐ 좋다	☐ 보통	☐ 나쁘다		
피부의 민감도	☐ 정상	☐ 민감	☐ 과민하다		
저외선 민감도	☐ 상관없다	☐ 민감	☐ 예민하다		

3) 병력과 부적용증

병력	☐ 심장병	☐ 갑상선	☐ 고혈압	☐ 당뇨	
알러지 여부	☐유　☐무	현재 임신여부	☐유　☐무		
화장품부작용 여부	☐유　☐무	현재 복용약 여부	☐유　☐무		
기타					

2. 피부유형별 관리방법

(1) 정상피부Normal skin

구 분	내 용
특징	• 피부조직의 모든 상태, 피부 생리기능들이 모두 정상적으로 활동한다. • 각질층의 수분함유량이 10~20%로 정상인 경우 • 혈액순환이 순조롭고, 각질형성세포의 신진대사가 원활한 경우이다.
관리방법	• 현재의 피부상태를 유지하기 위해 수분과 유분의 밸런스에 중점을 둔다. • 피부의 노폐물을 제거하기 위해 부드러운 밀크타입의 클렌저를 사용한다. • 크림타입이나 효소타입의 딥클렌저를 주 1회 시행하여 묵은 각질과 모공 속 노폐물을 제거한다. • 클렌저, 딥클렌저, 마스크 등과 같은 피부관리 화장품의 오·남용을 금한다. • 균형잡힌 식생활, 충분한 물 섭취, 적당한 수면이 필요하다. • 천연보습인자Natural moisturizing factor, 비타민 E, 콜라겐, 레티노이드, 히알루론산 등 노화방지와 보습성분이 많이 함유된 화장품을 사용한다.

(2) 건성 피부Dry skin

구 분	내 용
특징	• 모공이 작아 눈에 잘 보이지 않는다. • 표피가 심하게 건조하지만 처지는 현상이 심하지 않다. • 피부가 늘 건조하고 조직이 얇지만, 거칠어 보인다. • 피부노화가 쉽게 진행되어 얼굴에 표정주름이 많이 생긴다.
관리방법	• 알칼리성 비누로 세안은 가급적 피하고, 부드러운 밀크 타입이나 유분이 함유된 크림타입으로 세정한 후에 미지근한 물로 세안한다. • 보습 성분이 있는 오일이나 에센스를 선택한다. • 유분이 많은 영양크림을 과하게 사용하면 피지선의 기능이 저하되어 오히려 건성화를 가속화시킬 수 있다. • 물을 충분히 마시고 비타민 A, E가 함유된 음식을 섭취한다. • 직사광선, 잦은 사우나, 지나친 스팀기의 사용으로 피부 자극을 자제하고, 피부가 건조되지 않도록 한다. 외출할 때는 자외선 차단제를 꼭 발라 준다. • 무알코올에 보습기능이 강화된 제품의 토너를 사용한다. • 혈액순환과 신진대사를 도와주는 마사지와 팩을 주 1회 실시한다. • 아보카도유Avocado oil, 올리브유Olive oil, 아몬드유Almond oil, 살구씨유Apricot kernel oil 등이 함유된 화장품과 히아루론산, 세라마이드, 알로에 베라, 콜라겐 등의 성분이 함유된 고보습과 영양 제품을 사용한다. • 건조로 인한 잔주름 형성에 유의하고, 잔주름이 많이 생기는 눈가에는 아침, 저녁으로 아이크림을 발라준다.

(3) 지성 피부Oily skin

구 분	내 용
특징	• 피지분비가 과다하여 피부표면이 번들거린다. • 각질층이 두껍고, 모공이 넓으며, 피부가 거칠다. • 피부가 투명하지 않고 칙칙해 보인다. • 콧망울 주위와 T존에 과도한 피지분비로 인해서 블랙헤드가 많이 있다. • 과잉의 피지분비로 인해서 면포나 여드름이 생기기 쉽다.
관리방법	• 주 1~2회 고마쥐 타입Gommage type이나 효소를 이용하여 모공을 막고 있는 묵은 각질과 피지를 분해시킨다. • 38℃ 정도의 따뜻한 물로 세안을 하여 피지를 제거한다. • 주1회 정도 수분공급 마스크나 피지 흡착 기능이 뛰어난 클레이 마스크를 한다. • 멘톨, 캄퍼, 레몬, 유황, 사이프러스, 카모마일, 알란토인 등 수렴 성분과 소염성 분을 함유하는 화장품을 사용한다. • 알코올이 함유된 수렴화장수(아스트리젠트)를 사용하여 피지를 제거하고 모공을 수축시킨다. • 동물성 지방, 초콜릿, 콜라 등의 섭취를 피하고 비타민 B2, B6 등을 함유하는 과일, 채소를 충분히 섭취한다.

(4) 복합성 피부Combination skin

구 분	내 용
특징	• T존에 피지 분비가 많아 번들거리고 면포가 형성되기 쉽다. • T존을 제외한 다른 부분은 건조하여 세안 후 심하게 당긴다. • 눈가는 건조하여 잔주름이 생긴다. • 광대뼈 부분에 기미가 나타나는 경우가 많다.
관리방법	• U존의 피지분비 정상화시키고, 유 · 수분의 균형 유지를 주목적으로 한다. • 기초화장품류(크림, 팩 등)는 부위별로 두 가지 타입을 사용한다. • T존은 주 1~2회 딥클렌징을 한다. • U존은 민감하므로 2주에 1회 정도 딥클렌징을 한다. • 화장솜에 수렴화장수(아스트린젠트)를 묻혀서 T존에 올리고 유분을 함유한 마스크를 도포하여 피부유연 및 수분공급을 돕는다. • 화장솜에 유연화장수(스킨소프너)를 묻혀서 U존에 올리고 유분을 함유한 마스크를 도포하여 피부유연 및 수분공급을 돕는다. • T존은 각질제거 기능이 강한 클렌징 팩을 해주고, U존은 수분팩이나 영양팩을 해준다.

(5) 여드름 피부

구 분	내 용
특징	• T존에 피지 분비가 많아 번들거리고 면포가 형성되기 쉽다. • T존을 제외한 다른 부분은 건성화 되어 세안 후 심하게 당긴다. • 눈가는 건조하여 잔주름이 생긴다. • 광대뼈 부분에 기미가 나타나는 경우가 많다.
관리방법	① 청결 피부 타입에 맞는 세안과 두피관리로 여드름이 발생하거나 악화되지 않도록 주의한다. 손으로 뾰루지를 절대로 건드리거나 쥐어짜지 않는다. ② 음식 여드름은 음식에 의해 발생되거나 식습관의 제한 그 자체로 피부를 깨끗하게 할 수는 없다. 반면 어떤 사람들은 자신의 여드름을 악화시키는 특정 음식을 발견하기도 하는데 그러한 경우에 그 음식은 피하는 것이 좋다. 그러나 여드름은 호전되었다가 악화되는 반복적인 현상을 보인다. ③ 자외선 자외선이나 뜨거운 사우나 등은 피지선을 자극하여 여드름이 더 악화될 수 있다. 그러므로 일광화상이나 선탠 등은 피해야 하며 여드름 환자는 기름기 없는fat-free 젤 타입의 자외선 차단제를 사용하는 것이 좋다. ④ 화장품 리퀴드 파운데이션이나 모이스처라이저를 사용할 경우 유분기가 적은 제품을 선택해야 한다. 또한 '비면포성'(면포를 발생하지 않음) 또는 '비여드름성'(여드름을 일으키지 않음)이라고 표기된 제품을 선택하고 매일 밤 비누와 물로 화장을 제거해야 한다. 머리도 밤에 감고 청결하게 잠자리에 드는 것이 좋다. 헤어 스프레이나 젤, 헤어린스를 사용할 때는 얼굴에 닿지 않게 주의한다. ⑤ 관리 및 치료 만약 6~8주 동안 여드름 관리나 치료를 진행해도 좋아지지 않는다면 치료 방법을 바꿔 볼 필요가 있다. 여드름 유형에 따라 치료방법이 달라지는데 메이크업이나 로션 또는 복용약 등에 의해 여드름으로 보이는 발진이 생길 수 있다. 드물게는 호르몬 불균형에 의해 여드름이 생길 수도 있으므로 피부과 전문의에게 기존에 사용했던 화장품과 복용약 등의 정보를 알려 주어야 한다.

3. 피부유형별 화장품 적용하기

(1) 정상피부용 화장품

보습과 노화방지 효과가 있는 성분을 함유하는 화장품을 사용한다.

성 분	효능 및 효과
히아루론산 Hyaluronic acid	• 당단백질(글리코스아미노글리칸)의 일종으로 보습력이 높고 피부 건조 방지와 유연 효과 • 뮤코다당류와 함께 진피의 망상층을 구성하는 성분 • 동물 또는 식물에서 추출
알로에 베라 Aloe vera	• 보습, 유연, 치료, 항미생물 • 화상치료, 진정작용 • 미네랄, 다당류, 아미노산, 탄수화물, 물 함유 • 알로에의 잎에서 추출
콜라겐 Collagen	• 동물의 뼈, 연골, 피부 등을 구성하는 결합조직으로 단백질의 일종 • 섬유진피를 구성하는 교원섬유로 피부의 탄력을 좋게 하여 주름 생성 방지 • 수화 능력이 탁월하여 수분 손실 감소 • 동물, 식물, 어류에서 추출
엘라스틴 Eelastin	• 콜라겐과 함께 진피의 망상층을 구성하는 탄력섬유로 피부 조직의 유연성, 신축성(탄력도)을 증강시켜 피부처짐, 주름생성 방지 • 동물의 혈관, 어류에서 추출
시트릭산 Citric acid	• 수렴작용, 항산화효과 • 염증피부에는 자극을 줄 수 있음 • 레몬, 오렌지, 라임 등의 과일에서 추출
알란토인 Allantoin	• 세포 재생을 촉진하여 상처치유 효과가 탁월 • 피부표피의 보습과 피부각질 유연효과 • 소염 및 진정효과가 우수 • 다양한 식물(컴프리, 상수리나무 등)의 뿌리에서 추출한 천연 물질(고분자 유기물의 이화작용에 의해 생성된 요산 산화물을 정제)

(2) 건성 피부용 화장품

보습, 유분공급 및 노화방지 성분을 함유하는 화장품을 사용한다.

성 분	효능 및 효과
비타민 E 아세테이트 Vitamin E acetate	• 혈행촉진, 노화억제, 유해산소제거 • 순수비타민 E는 쉽게 산화되어 분해되므로 에스테르 타입인 비타민 E 사용
아보카도유 Avocado oil	• 비타민A, B가 함유되어 피부친화성이 좋음 • 살균효과, 민감피부에 진정효과, 수분공급, 유연효과, 피부 침투율 높음 • 클렌징크림, 에몰리엔트크림, 립스틱, 메이크업베이스, 목욕용 오일, 선탠제품 등에 사용 • 아보카도의 열매를 냉동 압착하여 추출
맥아유 Wheat germ oil	• 비타민 E를 함유하여 항산화 작용과 혈액순환 촉진효과 우수 • 기초 화장품, 메이크업 제품, 모발 화장품에 광범위하게 사용됨 • 밀 배아에서 추출
올리브유 Oilve oil	• 에탄올에 잘 용해되고 식물유 중에서 비교적 피부흡수가 좋음 • 선탠오일, 에몰리엔트 크림 등에 사용되나 알레르기를 유발할 수 있음 • 올리브의 열매를 냉동압착하여 추출
살구씨유 Apricot kernel oil	• 감촉이 우수하여 에몰리엔트제로 사용 • 살구씨(행인)에서 추출
아몬드유 Almond oil	• 캐리어 오일로 사용 • 피부느낌을 좋게 함 • 크림, 로션, 목욕용 오일의 퍼짐성을 좋게 함 • Sweet almond oil과 Bitter almond oil이 있고 화장품에 사용된 것은 Sweet almond oil을 사용
로즈오일 Rose oil	• 방부효과, 살염방지, 진정작용 • 보습효과, 피부재생, 항염증효과 • 장미꽃잎에서 추출
프로필렌글라이콜 Propylenglycol	• 습도가 낮은 상태에서 휘발하기 때문에 보습성이 좋음 • 크림, 유액, 치약 등에 사용 • 식물계에 널리 분포, 해조류에 13%, 감귤류에 1~10% 함유, 동물계에도 존재, 산딸기와 마가목의 열매에서 추출
해조 추출물 Algae extract	• 보습, 피지분비 억제 작용 • 미역, 다시마, 우뭇가사리와 같은 해조에서 추출

(3) 지성 피부용 화장품

유분 감소, 항균, 수렴작용이 있는 성분을 함유한 화장품을 사용한다.

성 분	효능 및 효과
카올린 Kaolin	• 차이나 클레이China clay라고도 함 • 피부에서 분비되는 땀과 오일의 흡수제 • 여드름을 유발하지 않음 • 고령토에서 추출
클로로필 Chlorophyll	• 탈취효과, 피부세포에 산소공급 효과 • 일광 알레르기 유발 우려 있음 • 식물의 엽록소
하마멜리스 Harmamelis	• 살균, 소독 및 수렴작용 • 여드름과 피부염 치유 • 유해 산소 제거, 진정작용, 약간의 방부작용이 있어 화장품 부패 방지효과 • 하마멜리스 껍질에서 추출
자몽추출물 grapefruit extract	• 방부작용 • 산성으로 피부에 고농도 사용 시 강한 자극 • 자몽 열매즙에서 추출
호스테일 추출물 Hosetail extract	• 유연효과, 피부 방어 작용 • 풍부한 미네랄 함유 • 규산Silicic acid 함유로 결합조직 강화 • 항염, 지혈, 항알레르기, 칼슘 흡수 촉진 • 사포닌 함유로 여드름 피부에 좋음 • 쇠뜨기(속새) 줄기에서 추출
키위 추출물 Kiwi extract	• 수렴, 항염, 지혈작용 • 키위 열매에서 추출
호스 채스트넛 Horse chestnut extract	• 주성분은 에스신Escin으로 사포닌 성분의 일종 • 항염 작용, 일광과 화상 방지제로도 사용 • 열을 내리게 하며 수렴 효과 • 마로니에Marronnier 열매 잎에서 추출
레몬 추출물 Lemon extract	• 수렴, 보습, 세포부활작용 • 레몬 열매에서 추출

4. 피부문제별 화장품 적용하기

(1) 여드름 피부용 화장품

보습, 항균, 수렴성분을 함유하는 화장품을 사용한다.

성 분	효능 및 효과
위치하젤 추출물 Witch hazel extract	• 홍반, 썬번, 피부자극, 타박상, 곤충물린 데 항염증, 상처 치유효과 • UV A, B 흡수제로 선제품, 애프터선제품, 재생크림에 사용
비사보롤 Bisabolol	• 항염증, 진정작용 • 일광화상에 의한 피부염 치유에 효과, 홍반 감소
사포닌 Saponin	• 유화작용, 가용화작용, 세정작용, 기포작용, 항염증 작용 • 대표적으로 대두와 인삼 사포닌이 있음
비타민 B_2 Riboflavine	• 입술 주변의 염증, 지루성 피부염 등을 예방 • 과다사용 시 광과민증 유발할 수 있음
멘톨 Menthol	• 상쾌한 냄새와 청정한 느낌 • 통증과 가려움을 완화 • 방부, 살균작용 • 박하에서 추출
글리실리친산 Glycyrrhizinic acid	• 소염, 항알레르기 작용 • 감초에서 추출
알로에 추출물 Aloe extract	• 보습, 미백 • 자외선 차단, 화상, 상처 치유 촉진, 항알레르기 작용
은행잎 추출물 Ginkgo extract	• 수면 부족한 피부에 혈색 부여 • 유해산소 제거, 혈행촉진 작용 • 은행잎에서 추출
유칼립투스 추출물 Eucalytus extract	• 피부에 청정감 부여 • 항균, 혈행촉진, 수렴 및 냄새제거 효과 • 유칼립투스 나무의 잎에서 추출

(2) 민감성 피부용 화장품

보습과 진정성분을 함유하는 화장품을 사용한다.

성 분	효능 및 효과
아줄렌 Azulene	• 함염증, 진정제로 민감한 피부에 우수한 효과 • 항류마티스 및 정맥류, 울혈로 고통 받는 사람에게 효과가 좋으며 요실금 치료에 이용 • 탄닌 성분 함유로 수렴작용과 혈관수축 작용, 진정 작용 • 카모마일 꽃머리 부분을 증류 정제하여 추출
디판테놀 d-Panthenol	• 세포증식과 보습기능 • 피부 진정효과로 선탠 제품에 사용 • 피부자극이 판토텐산보다 적고 피부흡수가 용이한 장점 있음 • 비타민 B_5
재스민 Jasmin	• 건성, 지성, 민감성 피부 모두 효과적임 • 호르몬 밸런스 조절로 피부 상태 정상화 • 정신적 안정, 긴장완화 효과 • 재스민 꽃에서 용매나, 수증기 증류법으로 추출
서양박하 추출물 Pepammint extract	• 신경 안정, 경련 완화 • 피부진정 효과가 있어 민감성 피부에 효과적임
사이프러스 Cypress	• 약리작용으로 항경련제, 항류마티스 및 정맥류, 울혈로 고통 받는 사람에게 효과가 좋으며 요실금 치료에 이용 • 탄닌 성분을 함유하고 있어 수렴 작용, 혈관 수축 작용, 진정 작용이 있음 • 과잉 세포액을 조절하므로 셀룰라이트, 부종, 발한에 좋음 • 체액 밸런스를 유지하여 수분 손실 막음 • 편백나무 열매에서 추출

5. 기능성 화장품 적용하기

기능성 화장품은 화장품 중에서 다음의 어느 하나에 해당되는 것으로서 총리령으로 정하는 화장품을 말한다.(기능성 화장품법)

① 피부에 멜라닌색소가 침착하는 것을 방지하여 기미·주근깨 등의 생성을 억제함으로써 피부의 미백에 도움을 주는 기능을 가진 화장품

② 피부에 침착된 멜라닌색소의 색을 엷게 하여 피부의 미백에 도움을 주는 기능을 가진 화장품

③ 피부에 탄력을 주어 피부의 주름을 완화 또는 개선하는 기능을 가진 화장품

④ 강한 햇볕을 방지하여 피부를 곱게 태워주는 기능을 가진 화장품

⑤ 자외선을 차단 또는 산란시켜 자외선으로부터 피부를 보호하는 기능을 가진 화장품

⑥ 모발의 색상을 변화[탈염(脫染)·탈색(脫色)을 포함한다]시키는 기능을 가진 화장품. 다만, 일시적으로 모발의 색상을 변화시키는 제품은 제외한다.

⑦ 체모를 제거하는 기능을 가진 화장품. 다만, 물리적으로 체모를 제거하는 제품은 제외한다.

⑧ 탈모 증상의 완화에 도움을 주는 화장품. 다만, 코팅 등 물리적으로 모발을 굵게 보이게 하는 제품은 제외한다.

⑨ 여드름성 피부를 완화하는 데 도움을 주는 화장품. 다만, 인체세정용 제품류로 한정한다.

⑩ 아토피성 피부로 인한 건조함 등을 완화하는 데 도움을 주는 화장품

⑪ 튼살로 인한 붉은 선을 엷게 하는 데 도움을 주는 화장품

(1) 미백화장품

미백화장품은 크게 2가지 범위로 분류된다.

① 피부에 멜라닌 색소가 침착하는 것을 방지하여 기미·주근깨 등의 생성을 억제함으로써 피부의 미백에 도움을 주는 기능을 가진 화장품

② 피부에 침착된 멜라닌색소의 색을 엷게 하여 피부의 미백에 도움을 주는 기능을 가진 화장품

2가지 중에서 미백화장품이라 하면 일반적으로 멜라닌 생성과 축적을 억제하거나 저해하는 화장품(멜라닌 합성에 관여하는 효소 억제, 멜라닌 합성 저해 성분)을 사용한다.

성 분	효능 및 효과
비타민 C 팔미테이트 Vitamin C palmitate	• 콜라겐 합성촉진, 피부 미백 효과 • 비타민 C 자체는 수용성으로 쉽게 산화되어 분해되며, 피부 흡수를 촉진하기 위해 에스테르 타입인 비타민 C 팔미테이트가 주로 사용
상백피 추출물 Mulberry extract	• 항균, 여드름 치유, 미백작용 • 뽕나무 껍질에서 추출

(계속)

성 분	효능 및 효과
우엉 추출물 Burdock root extract	• 보습, 기미예방, 혈행촉진 효과 • 땀이 나게 하는 발한 작용 • 우엉 뿌리에서 추출
퀸스시드 추출물 Quince extract	• 피부 자극 완화, 수렴, 보습 • 일광화상 예방, 기미·주근깨 예방에 효과 • 알레르기성 있음 • 마르멜로 열매에서 추출
감마-오리자놀 γ-oryzanol	• 혈액순환, 피부의 대사촉진 • 미백작용, 약간의 자외선 차단 효과 • 쌀겨에서 추출
안젤리카 추출물 Angelica extract	• 진정, 진통, 미백작용 • 안젤리카의 잎 또는 줄기에서 추출

(2) 주름개선 및 노화방지용 화장품

주름개선 화장품은 피부에 탄력을 주어 피부의 주름을 완화 또는 개선하는 기능을 가진 화장품으로 기능성 화장품법에 범위가 정해져 있다. 노화방지용 화장품이란 보습, 탄력개선, 피부색 개선, 색소침착 방지 기능이 있는 화장품이다.

성 분	효능 및 효과
레티놀 Retinol	• 잔주름 개선효과 • 피부에 대한 자극이 레틴산에 비해 적음 • 쉽게 산화되어 불안정해지므로 잘 밀봉해서 보관해야 함 • 레틴산Retinoic acid의 전구물질
세라마이드 Ceramide	• 가장 위쪽 피부층에 일차적으로 작용함 • 보호막 형성, 피부 천연 수분증발 감소 • 피부나 모발세포의 응집력 강화 • 세포간 지질의 하나로 동물과 식물 모두에서 추출
로얄젤리 추출물 Royal jelly extract	• pH 3.5~4.5이며 주성분은 비타민 B 복합체, 아미노산 등 • 보습, 피부면역강화, 세포호흡증진 작용 • 피부재생촉진, 노화지연 • 여왕벌의 먹이즙인 로얄젤리 (일벌의 분비물)에서 추출

(3) 자외선 차단용 화장품

자외선 차단제는 자외선을 차단 또는 산란시켜 자외선으로부터 피부를 보호하는 기능을 가진 화장품이라고 기능성 화장품 법에서 범위가 정해져 있다.

1) 물리적 자외선 차단제

성 분	효능 및 효과
이산화티탄 TiO_2	• 백색 안료로 피부에 도포하면 자외선 산란에 의해 자외선 차단 • 파운데이션, 선크림, BB 크림과 CC 크림에 사용
산화아연 ZnO	• 가벼운 백색 분말(백색안료), 파운데이션, 선크림, BB 크림과 CC 크림에 사용

2) 화학적 차단제

성 분	효능 및 효과
글리세릴파바 드로메트리졸 벤조페논 유도체 시녹세이트 이소아밀-p-메톡시신나메이트	• 화학적인 흡수작용에 의해 자외선의 침투 방지 • 피부에 도포하면 투명하기 때문에 물리적 화학제보다 미관상 좋음 • 많이 배합하면 접촉성 피부염, 일광에 의한 독성을 일으킬 수 있음

(4) 관리계획카드

고객의 피부유형과 피부상태 분석에 따른 관리 목적과 관리 프로그램을 계획하고 실제적인 관리의 진행과정을 기록하는 카드이다.

<table>
<tr><th colspan="3">고객번호 :   관리자 성명 :   일자 : 20   년   월   일</th></tr>
<tr><td>주요 관리목적</td><td colspan="2"></td></tr>
<tr><td>클렌징</td><td colspan="2">상품제형 [ ] 주성분 [ ]</td></tr>
<tr><td>염색과 눈썹정리</td><td colspan="2">눈썹색상 [ ] 속눈썹색상 [ ] 눈썹수정색상 [ ]</td></tr>
<tr><td>딥클렌징</td><td colspan="2">스크럽 □ 고마쥐 □ 효소 □ AHA □
전기세정 □ 브러시 □ 스티머 □ 기 타 □</td></tr>
<tr><td rowspan="2">피부상태</td><td>기기종류</td><td>이온토포레시스 □ 석션기 □ 파라딕 □
고주파직접법 □ 고주파간전법 □ 기타 □</td></tr>
<tr><td>관리목적</td><td></td></tr>
<tr><td rowspan="3">매뉴얼테크닉</td><td>상품제형</td><td>Oil □ Cream □ Gel □</td></tr>
<tr><td>주요성분</td><td></td></tr>
<tr><td>관리목적</td><td></td></tr>
<tr><td rowspan="3">마스크</td><td>상품제형</td><td></td></tr>
<tr><td>주요성분</td><td></td></tr>
<tr><td>관리목적</td><td></td></tr>
<tr><td>향후관리 계획</td><td colspan="2"></td></tr>
<tr><td>피부관리조언</td><td colspan="2"></td></tr>
</table>

홈케어 조언					
구분		낮	밤	주간	화장품 주요성분
클렌징	눈/입				
	클렌저				
	물세안				
	토너/로션				
딥클렌징					
보습	얼굴				
	눈				
	목				
	특수크림				
마스크/팩	얼굴				
	눈				
	목				
기타 조언					

<table>
<tr><th colspan="6">수행준거별 평가 체크리스트</th></tr>
<tr><th>대분류</th><th>중분류</th><th>소분류</th><th>세분류(직무)</th><th>능력단위</th><th>능력단위코드</th></tr>
<tr><td>이용·숙박·여행·오락·스포츠</td><td>이·미용</td><td>이·미용서비스</td><td>피부미용</td><td>피부미용 피부분석</td><td>1201010202_16v2</td></tr>
<tr><td>능력단위요소</td><td>3</td><td colspan="4">피부관리계획 작성하기</td></tr>
<tr><td rowspan="3">수행준거</td><td>3.1</td><td>고객의 피부상태에 따라 유형별 피부관리계획을 작성할 수 있다.</td><td colspan="3" rowspan="3">[지식]
• 식품영양학
• 화장품학
• 피부관리학
• 문서작성
[기술]
• 상담 능력
• 고객관리 기획 능력
[태도]
• 고객과의 충분한 의사소통을 하려는 태도
• 고객에게 심리적으로 부담을 주지 않으려는 태도
• 고객에게 신뢰감을 줄 수 있는 정직한 태도</td></tr>
<tr><td>3.2</td><td>피부관리계획에 따라 적합한 피부관리 제품을 결정할 수 있다.</td></tr>
<tr><td>3.3</td><td>고객의 상품선택을 위하여 피부관리 상품을 설명하고 추천할 수 있다.</td></tr>
</table>

<table>
<tr><th rowspan="2">수행준거</th><th rowspan="2">상세 수행준거</th><th rowspan="2">평가항목</th><th colspan="2">척도</th></tr>
<tr><th>YES</th><th>NO</th></tr>
<tr><td rowspan="2">3.1</td><td>3.1.1</td><td>나는 피부 유형에 따라 피부관리계획을 작성 할 수 있다.</td><td></td><td></td></tr>
<tr><td>3.1.2</td><td>나는 피부 유형에 적합한 제품을 선택할 수 있다.</td><td></td><td></td></tr>
<tr><td rowspan="4">3.2</td><td>3.2.1</td><td>나는 피부 유형별 적합한 화장품의 성분과 종류를 열거할 수 있다</td><td></td><td></td></tr>
<tr><td>3.2.2</td><td>나는 피부 유형별 적합한 화장품의 종류별 사용법을 설명할 수 있다.</td><td></td><td></td></tr>
<tr><td>3.2.3</td><td>나는 피부 유형별 적합한 화장품의 종류별 제품을 적용하여 사용할 수 있다.</td><td></td><td></td></tr>
<tr><td>3.2.4</td><td>나는 피부관리계획에 따라 화장품 적용 시 주의사항을 알고 있다.</td><td></td><td></td></tr>
<tr><td rowspan="3">3.3</td><td>3.3.1</td><td>나는 고객에게 피부관리 제품을 설명하고 추천할 수 있다.</td><td></td><td></td></tr>
<tr><td>3.3.2</td><td>나는 기기·기구를 적용할 수 있다.</td><td></td><td></td></tr>
<tr><td>3.3.3</td><td>나는 기기·기구 적용 시 주의사항을 알고 있다.</td><td></td><td></td></tr>
<tr><td colspan="2">총계</td><td>9</td><td></td><td></td></tr>
</table>

Chapter 4

피부미용 얼굴 각질관리

1. 얼굴 클렌징하기
2. 얼굴 딥클렌징하기

Chapter. 4

피부미용 얼굴 각질관리

피부미용 얼굴 각질관리란?

얼굴 부위의 화장이나 먼지를 닦아내고 눈썹을 정리하여 표정을 밝게 하며 딥클렌징을 통하여 묵은 각질과 모공 속에 남아있는 노폐물을 제거하는 능력이다.

Open Thinking

- **Client** : 메이크업 화장을 어떻게 하면 깨끗이 지울 수 있나요?
- **Beauty Therapist** : 먼저 전용 메이크업 리무버로 포인트 메이크업(눈, 입술 등)을 자극없이 잘 닦아내고 피부에 맞는 클렌징 제품으로 얼굴 전체를 가볍게 문질러 제거하면 돼요.
- **Client** : 클렌징과 딥클렌징의 차이는 뭐예요?
- **Beauty Therapist** : 클렌징은 피부 표면에 있는 먼지나 오염물, 메이크업을 제거하는 것이라서 가볍고 신속하게 닦아내는 게 좋아요.
그리고 딥클렌징은 묵은 각질을 제거하고 모공속까지 청소를 하는 것이라 피부타입에 맞는 제품으로 사용방법을 잘 확인해서 사용해야 해요.

1. 얼굴 클렌징하기

학습 목표

- 얼굴 피부유형별 상태에 따라 클렌징 방법과 제품을 선택할 수 있다.
- 눈, 입술 순서로 포인트 메이크업을 클렌징 할 수 있다.
- 얼굴 피부유형에 맞는 제품과 테크닉으로 클렌징 할 수 있다.
- 온습포 또는 경우에 따라 냉습포로 닦아내고 토닉으로 정리할 수 있다.

사전 진단평가 체크리스트					
대분류	중분류	소분류	세분류(직무)	능력단위	능력단위코드
이용·숙박·여행·오락·스포츠	이·미용	이·미용서비스	피부미용	얼굴 각질관리	1201010212_17v4
능력단위요소	1	얼굴 클렌징하기		척도	
				YES	NO
수행준거별 평가항목	1.1	얼굴 피부유형별 상태에 따라 클렌징방법과 제품을 선택할 수 있다.			
	1.2	눈·입술 순서로 포인트 메이크업을 클렌징 할 수 있다.			
	1.3	얼굴 피부유형에 맞는 제품과 테크닉으로 클렌징 할 수 있다.			
	1.4	온습포 또는 경우에 따라 냉습포로 닦아내고 토닉으로 정리할 수 있다.			
	합계	4			

1. 클렌징의 이해

(1) 정의

클렌징은 얼굴관리에서 첫 번째 단계이며 매우 중요한 작업이다. 일상생활에서의 미세먼지 등 오염물, 땀과 피지 등 신체에서 분비되는 분비물, 메이크업 화장물 등을 피부유형에 맞는 클렌징 제품과 테크닉을 적용하여 깨끗하게 제거하는 작업이다.

(2) 목적

얼굴의 피부위생을 유지하고 다음 단계의 관리효율을 높이기 위하여 깨끗하고 촉촉한 피부를 만들기 위한 기초 작업으로 피부표면의 노폐물을 제거하는 것이다.

2. 클렌징의 순서

얼굴 피부유형 확인 → 클렌징 방법과 제품 선택 → 포인트 메이크업 클렌징하기 → 얼굴 클렌징하기 → 해면 및 습포 처리하기 → 토닉 마무리하기

3. 얼굴 피부유형에 따른 클렌징

피부관리에서 고객의 피부유형을 정확히 파악하고 그에 맞는 제품과 관리방법을 선택하는 것은 매우 중요하다. 피부유형은 기본적으로 피부에 함유된 유·수분의 양에 따라 결정되며 정상·지성·건성·복합성·민감성 피부로 분류된다.

(1) 정상피부Normal Skin

① 특징

유·수분 밸런스가 적정한 이상적인 피부상태로 피부결은 섬세하고 부드러우며 매끄럽고 촉촉하다. 세안 후 당김이나 각질이 일어나지 않으며, 번들거리거나 끈적임이 없고 피부에 탄력이 있고 피부 생리 기능이 정상적이며 세균에 대한 면역력도 높다.

② 관리방법

피부관리에서 클렌징은 메이크업 정도에 따라 제품을 선택하는데 보통 자극이 없는 클렌징로션을 주로 사용하며, 딥클렌징으로 묵은 각질을 제거하고 기초화장품으로 보습과 영양공급 및 보호를 할 수 있도록 한다.

현재 상태를 유지하기 위해 유·수분의 균형을 이루도록 음식 조절 및 수분 섭취와 규칙적인 생활습관에 신경을 쓰도록 한다. 계절이나 환경, 연령 등의 요인에 피부가 민감하게 변화되기 쉬우므로 손상요인에 대한 예방과 균형관리에 유의한다.

(2) 지성 피부Oily Skin

① 특징

피지분비의 과다로 유분기가 많은 피부로 여드름 발생률이 높다. 모공이 넓고 피부표면이 다소 거칠고 두꺼우며 번들거리지만 피부조직이 두꺼워 잔주름이 잘 생기지 않으며 쉽게 노화되지 않고 피부 저항력이 강하여 비교적 외부환경의 영향을 덜 받는다.

② 관리방법

피부관리에서 클렌징은 피지흡착성이 우수하며 유분기 제거에 효과적인 유성 클렌징젤 등을 주로 사용하여 닦아낸 후, 모공을 막을 수 있는 유성성분 제거를 위해 클렌징 폼으로 2차 세안을 한다. 딥클렌징으로 묵은 각질을 제거하여 모공을 깨끗이 하고 피지제거 기능과 모공수축 효과가 있는 에탄올 성분을 함유한 화장수와 오일프리 기초화장품을 사용하여 보습 및 보호를 할 수 있도록 한다.

한선과 피지선의 정상화 유지 및 음식조절 등으로 과다 피지분비를 조절하고 모공속 각질과 피지를 제거하여 염증성 병변으로 전이되는 것을 예방하고 모공 확장을 막는다.

지성 피부 관리방법 *Check Point*

피지 제거를 위해 세성력이 지나치게 강한 알칼리 제품을 사용하여 잦은 세안 시 피지선의 자극으로 피지분비량이 증가할 수 있으며, 피부의 보호막을 손상시킬 수 있으므로 노폐물 제거 효과가 우수하면서도 자극이 적은 클렌징 제품을 사용하도록 한다.

(3) 건성 피부Dry Skin

① 특징

수분과 유분이 부족한 피부로 각질이 일어날 수 있고 피지선의 기능저하로 모공이 작아 외관상 피부결이 곱고 좋아 보이나, 피부표면은 건조하고 당김과 주름이 생기기 쉬우며 윤기와 탄력이 없다. 피부저항력이 약하여 알레르기 반응 등 민감한 반응을 보이기 쉽고, 색소침착이나 염증반응을 보이기도 한다.

② 관리방법

피부관리에서 클렌징은 부족한 수분과 피지가 제거되지 않도록 피부자극이 없고 보습력이 있는 클렌징 제품을 사용하고 효소 등 자극이 적은 딥클렌징을 통해 건조에 의한 각질을 제거하고 충분한 보습과 영양을 공급한다.

신체 내·외적으로 충분한 수분공급과 피지분비의 정상화가 우선 되어야 하므로 보습 효과가 우수한 화장품 사용과 음식물 섭취를 통하여 유·수분 공급을 충분히 할 수 있도록 한다. 다른 피부유형에 비해 노화가 빨리 시작되기 때문에 일찍부터 지속적인 관리가 필요하며 수분 부족으로 인해 피부가 예민해질 수 있으므로 부드럽게 관리해야 한다.

건성 피부 관리방법 Check Point

- 화장수는 보습기능이 강화된 제품이 좋으며, 세라마이드, 콜라겐, 히아루론산 등의 보습효과가 높은 성분과 유분막을 형성하여 보습효과를 오래 유지할 수 있는 호호바오일 등의 유성성분이 함유된 화장품을 사용하여 부족한 유분과 수분을 공급해 주는 것이 좋다.
- 지나치게 유분이 많은 화장품의 사용은 피부의 항상성을 저해하여 피지선의 기능을 퇴화시켜 오히려 피부의 건조화를 가속화시킬 수도 있으므로 주의해야 한다.
- 잦은 사우나, 지나치게 더운 열과 건조한 공기는 피부의 건조를 가속화시키므로 이러한 환경에 노출을 피하고, 미지근한 물로 세안하고 찬물로 마무리 하는 습관을 가지는 것도 피부관리에 도움이 된다.

(4) 복합성 피부Combination Skin

① 특징

얼굴 부위에 따라 유분과 수분의 양이 다르고 두 가지 이상의 피부유형이 같이 존재한다. 피지분비량이 많은 T존은 여드름이 발생할 수 있으며, 유·수분이 적은 U존과 눈가는 건조하고 주름이 생기기 쉽고 광대부위는 색소침착이 되는 등 피부결은 부위에 따라 달라 보인다.

② 관리방법

적당한 수분과 유분을 공급할 수 있는 영양 화장수와 로션 등을 사용하며 영양크림의 사용 시 T존 부위는 양을 조절하고, pH 밸런스에도 신경을 쓰도록 한다. 모공이 넓어지기 쉬운 부위는 수렴화장수를 이용하여 관리한다.

(5) 민감성 피부Sensitive Skin

① 특징

각질층이 얇아 피부보호 기능이 떨어지고 수분 부족으로 피부가 당기고 건조하기 쉬우며 피부결은 조직이 얇아 섬세하나 피부질환에 감염될 확률이 높다. 계절이나 환경변화, 물리적·화학적 자극에 민감하게 반응하며 화장품 성분에도 민감하여 쉽게 붉어지고 가려움증이 잘 나타난다.

② 관리방법

피부자극을 최소로 줄이고 진정 효과가 있는 아줄렌Azulen, 판테놀Panthenol, 알란토인Allantoin과 같은 성분이 함유된 제품을 사용하고, 향이나 알코올, 자외선 차단 지수가 높은 자외선차단제 등 자극을 줄 수 있는 제품이나 물건은 피하며 보습과 피부진정에 신경을 쓰고 외부환경의 변화에도 주의한다.

4. 클렌징 방법(테크닉)

클렌징 테크닉은 일반적인 매뉴얼테크닉 동작과는 구분되어야 한다. 클렌징 제품을 데콜테에서 이마까지 골고루 도포하고 매뉴얼테크닉 중 주로 손바닥과 손가락을 이용하여 "쓸어서 펴 바르기" 테크닉을 적용하여 가볍고 신속하게 처리한다.

Check Point

클렌징의 다음 단계인 딥클렌징에서 모공속의 노폐물이나 묵은 각질을 제거할 수 있으므로 강한 테크닉과 오랜 시간 관리는 용해된 노폐물이 모공 속으로 흡수되거나 피부에 자극을 줄 수 있다.

5. 클렌징 제품의 종류

(1) 포인트 메이크업 리무버

다른 부위에 비해 예민하고 얇은 조직인 눈과 입술의 메이크업아이섀도우, 아이라이너, 마스카라, 립 제품 등 제품을 제거하는 데 사용하는 전용 클렌징 제품이다.

(2) 클렌징 제품과 피부유형

제형	클렌징 제품	특징	피부유형
씻어내는 타입 계면활성제형	클렌징 폼	거품을 내서 사용하는 수성 세안제로 2차 세안제로 많이 사용되며 피부 자극이 적다	모든 피부
	클렌징 젤	계면활성제를 함유한 클렌징 젤로 가볍게 문질러 물로 씻어 내는 제품으로 피부자극이 적다	모든 피부
닦아내는 타입 용제형	클렌징 워터	오일성분이 없는 제품으로 가벼운 화장을 제거하는데 사용되며 끈적임이 없어서 산뜻하나 유성성분의 세정력은 약하다	건성 피부 민감성 피부
	클렌징 로션	세정력은 클렌징 크림에 비해 떨어지나 수분함유량이 높고 사용감이 가벼우며 피부자극이 적어 보편적으로 많이 사용된다	모든 피부 건성 피부 민감성 피부
	클렌징 크림	친유성제형으로 두꺼운 메이크업이나 유성노폐물이 많을 때 적당하다. 유분에 의한 끈적임과 유성의 잔여물이 모공을 막을 수 있으므로 이중 세안이 필요하다	건성 피부 정상피부
	클렌징 오일	유성성분이 많은 메이크업 제거에 적합하나 오일성분으로 인한 미끈거림이 있다. 최근에는 수용성오일 배합으로 오일 잔여물도 물 세안으로 자극없이 쉽게 제거할 수 있다	건성 피부 민감성 피부
	클렌징 젤 유성	피지흡착성이 우수하며 두꺼운 메이크업에 효과적이다	지성 피부
	클렌징 젤 수성	유성타입보다 세정력이 떨어지지만 오일성분이 함유되지 않아 산뜻하다	민감성 피부

제품 유형(작용원리)

Check Point

계면활성제형 : 유성의 오염물에 계면활성제의 친유기가 붙어 미셀을 형성하고 친수성기는 물과 결합하여 물 세안으로 씻어내는 형태이다.

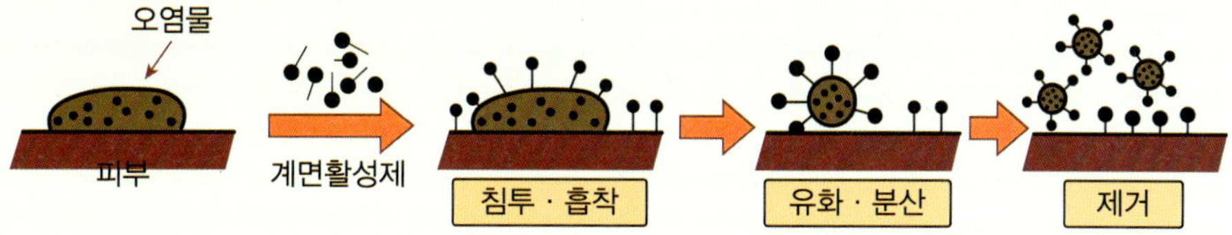

용제형 : 유성의 오염물을 로션이나 크림, 오일 등에 녹여서 같이 닦아내는 형태이다.

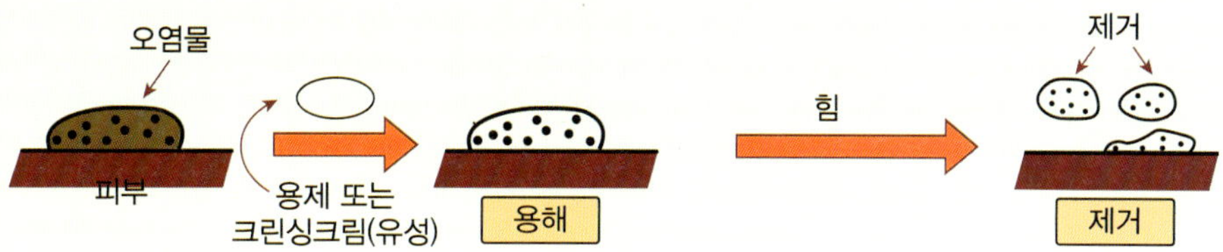

6. 포인트 메이크업 클렌징

(1) 포인트 메이크업 클렌징의 목적

포인트 메이크업을 많이 하는 눈과 입술은 다른 피부부위에 비해 얇고 민감하므로, 세정효과와 보습효과가 있으며 자극없이 부드럽게 잘 제거할 수 있는 메이크업 전용 리무버로 깨끗이 제거하여, 색소침착이 될 수 있는 잔여물이 피부에 남지 않도록 한다.

(2) 포인트 메이크업 클렌징 순서

포인트 메이크업 클렌징은 눈부위(아이섀도 → 아이브로 → 아이라이너 → 마스카라), 입술 순으로 작업한다.

포인트 메이크업 클렌징

Check Point

포인트 메이크업 클렌징 시 한 손은 작업의 시작부위(눈썹 앞머리, 입술 끝 부위)를 가볍게 눌러서 고정시켜 피부가 당겨지지 않게 하고 용이하게 작업한다.

7. 얼굴 클렌징

일반적인 매뉴얼테크닉과는 구별되어야 한다. 피부유형에 적합한 클렌징 제품을 선택하여 데콜테에서 이마까지 제품을 도포하고, 손바닥과 손가락을 이용하여 "쓸어서 펴 바르기Effleurage" 와 "밀착하여 펴 바르기Friction" 동작을 가볍게 적용하여 신속하게 작업한다. 오랜 작업이나 강한 테크닉을 적용하여 피부에 자극을 주거나 용해된 노폐물이 모공으로 흡수되지 않도록 주의하고 신속하게 닦아낸다.

8. 해면 및 습포처리

(1) 해면처리

클렌징 후 경우에 따라 1차적으로 티슈로 가볍게 눌러 유분기를 제거하거나 해면으로 닦아낼 수 있다. 해면은 흡착성이 좋아 잔여물 제거에 용이하나 민감피부나 트러블피부에 자극을 줄 수 있으며, 사용 시에는 건조한 해면을 물에 충분히 불려 부드럽게 하여 사용해야 한다.

해면 사용 시에는 물기상태를 확인하여 피부에 물이 흘러내리지 않도록 하고 자극없이 깨끗이 닦아낸다. 해면은 간편하게 사용할 수 있어 편리하나 세척 및 소독에 신경을 써야 하며, 사용 후 중성세제로 바로 세척하여 자외선 살균기에 보관한다. 최근에는 개인위생 및 감염병 등을 고려하여 해면보다는 일회용 티슈의 사용이 늘어나고 있다.

(2) 습포처리

습포처리는 클렌징 후 잔여물을 닦아내는 용도로 사용되며, 사용 시에는 물기와 온도상태를 확인하여 피부에 자극을 주지 않도록 해야 한다. 일반적으로 온습포를 사용하며, 피부유형에 따라 지성 피부는 약간 뜨겁게, 정상피부는 따뜻하게, 건성 피부는 뜨거운 습포를 피하고, 피부가 심하게 예민하거나 트러블이 심할 경우에는 냉습포를 사용한다.

사용한 습포는 세척하고 소독하여 햇빛에 말려 건조상태로 보관한다.

9. 토닉 마무리

토닉은 피부에 남은 잔여물을 제거하고 피부의 pH 밸런스를 맞춰주는 동시에 피부에 보습을 준다. 이때 손동작은 가볍게 하여 피부의 결방향으로 얼굴 안쪽에서 바깥쪽으로 꼼꼼히 작업한다.

클렌징 작업 준비사항

Check Point

① 재료

- 클렌징 제품, 토닉, 기초화장품
- 피부미용 소모품 일체 : 화장솜, 면봉, 티슈, 해면, 타월(온습포, 냉습포), 터번, 타월, 스파출라, 붓, 볼 등

② 기기 : 장비, 공구

- 피부관리용 베드
- 피부관리용 의자
- 제품 정리용 왜곤
- 온장고
- 자외선 소독기

③ 안전·유의사항

- 고객이 편안할 수 있도록 안정감 있고 쾌적한 실내 환경을 조성한다.
- 클렌징 수행 전에 기본 물품이나 기자재 등 고객이 불쾌감을 느끼지 않도록 위생관리 점검을 철저히 하고 청결유지에 주의한다.
- 클렌징 수행 시에 관리 이외 부위의 노출로 인해 고객이 불편함을 느끼지 않도록 유의하며, 타월 등으로 잘 감싸준다.
- 터번 착용 시 고객의 귀가 접히지 않도록 주의하면서 머리카락을 감싼다.
- 화장품은 스파츌라를 이용하여 덜어내고 뚜껑을 닫아 화장품의 오염을 막는다.
- 관리 전후에 피부관리사는 손을 깨끗이 씻거나 소독하여 고객에게 오염으로 인한 감염이 일어나지 않도록 안선에 유의한다.

10. 얼굴 클렌징 실기

준비물

- 면봉
- 클렌징제품피부유형별
- 베드
- 의자
- 정리대웨건
- 타올
- 터번
- 마스크
- 보울유리볼, 고무볼
- 스파츌라
- 미용솜
- 해면일회용
- 붓
- 티슈
- 냉·온습포
- 화장수

tip

- 클렌징의 테크닉은 매뉴얼 테크닉과는 다르므로 5가지 동작을 필요로 하지 않는다.
- 가볍고 신속하게 닦아내야 한다.
- 클렌징 잔여물이 남지 않도록 닦아내야 한다.
- 겔타입을 사용할 경우에는 손에서 거품을 충분히 내어 얼굴에 문질러 펴 바르기로 닦아낸다.
- 필요한 동작은 쓸어서 펴 바르기Effleurage, 밀착하여 펴 바르기Friction

수행순서

1. 터번으로 머리카락을 감싼다.
2. 손을 소독한다.(피부미용은 위생이 최우선이므로 깨끗이 소독하고 청결하여야 한다.)
3. 부분(포인트) 메이크업을 지운다.
   (특별한 순서는 없으나 보통 눈썹 → 아이섀도 → 마스카라 → 입술 순으로 지운다.)
4. 클렌징 제품을 적당량 볼에 덜어 손을 이용하여 클렌징 부위에 제품을 도포한다.
   (이때, 제품을 손바닥에 덜어 차가운 감을 없에고 사용한다.
5. 얼굴 전체에 클렌징 제품을 펴서 바른다. 가볍고 신속하게 펴 바르고 문질러서 닦아낸다.
6. 티슈로 가볍게 닦아낸다.
7. 일회용 해면으로 닦아낸다.
8. 온습포 또는 냉습포로 닦아낸다.
   (피부가 나타내는 반응을 확인 후 냉습포 또는 온습포를 구분하여 사용한다.)
9. 토닉으로 피부의 메이크업 잔여물을 닦아주고, 피부결을 정돈해 준다.

① 터번으로 머리카락을 감싼다.

② 손을 소독한다.

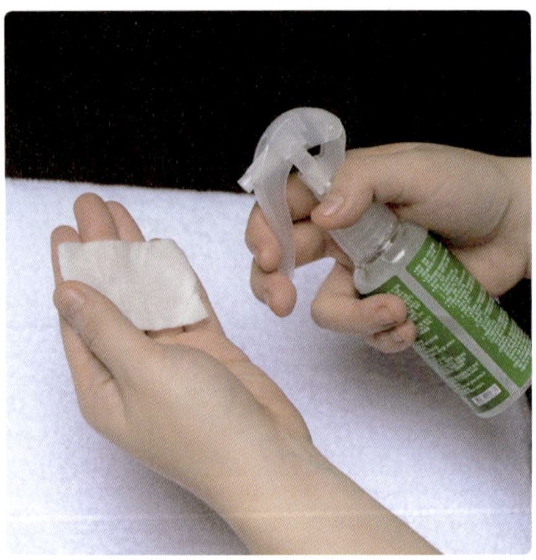

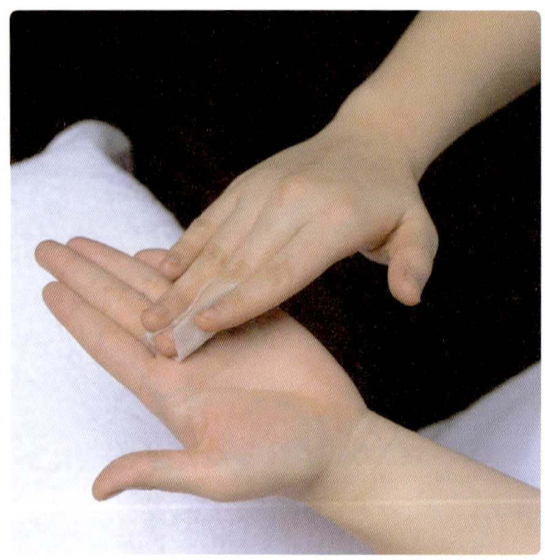

③ 포인트 메이크업 클렌징을 위한 준비를 한다.

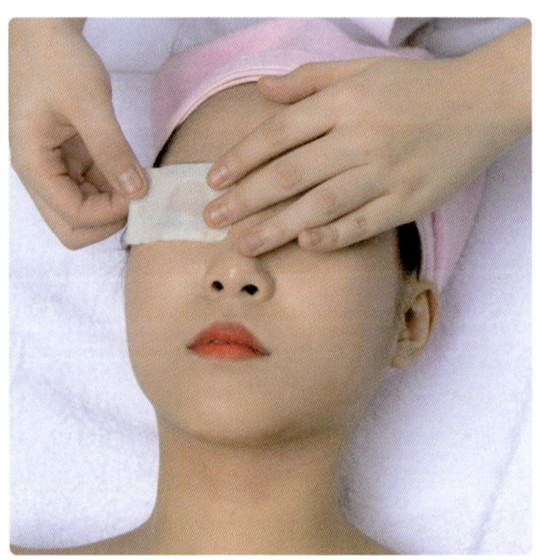

③-2 젖은 화장솜에 포인트 메이크업 리무버를 묻혀 부분 화장을 닦아낸다.

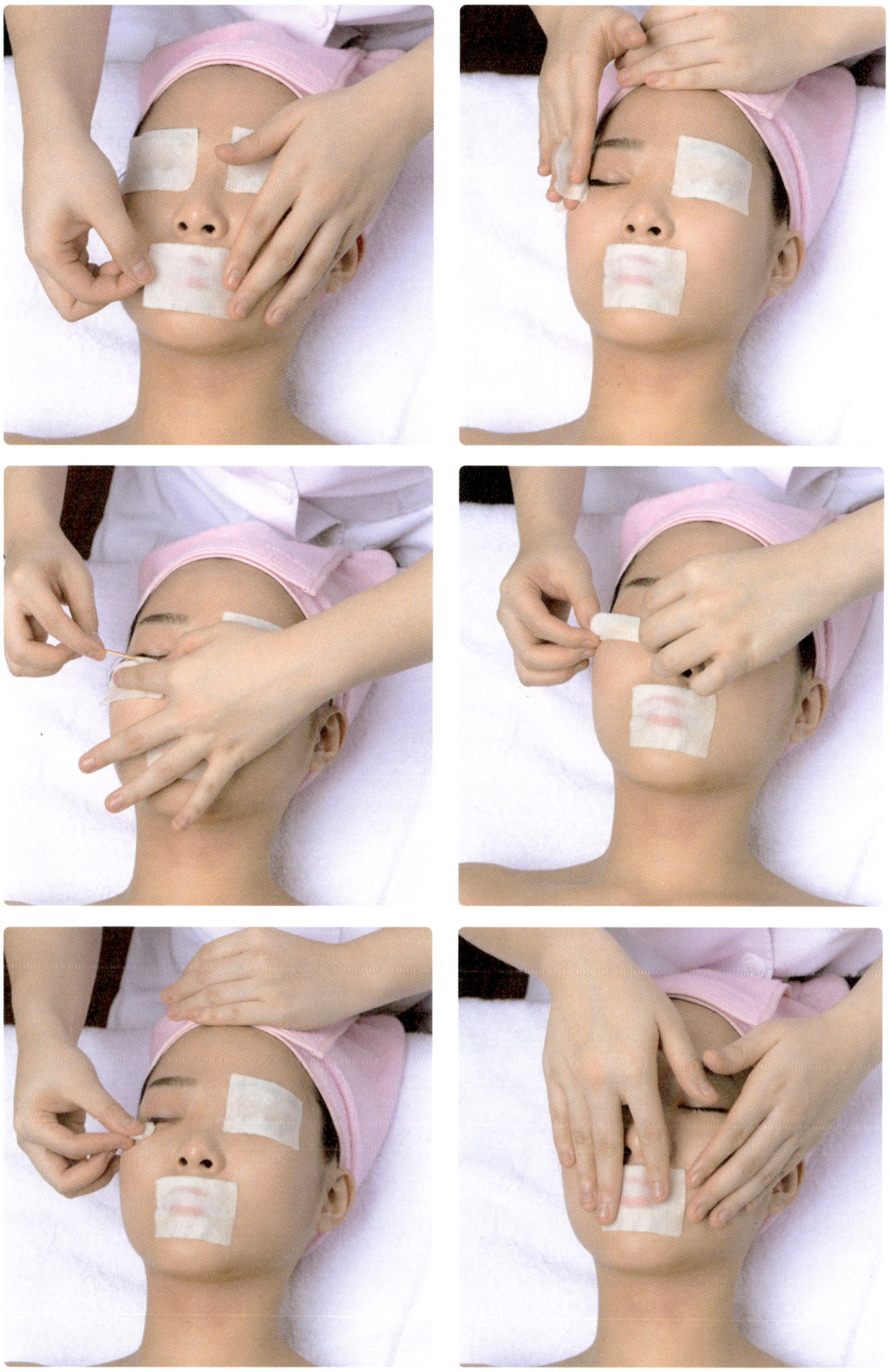

③-3 특별한 순서는 없으나 보통 눈썹-아이섀도-마스카라-입술 순으로 지운다.

④ 클렌징 제품을 적당량 볼에 덜어 손을 이용하여 클렌징 부위에 제품을 도포한다.

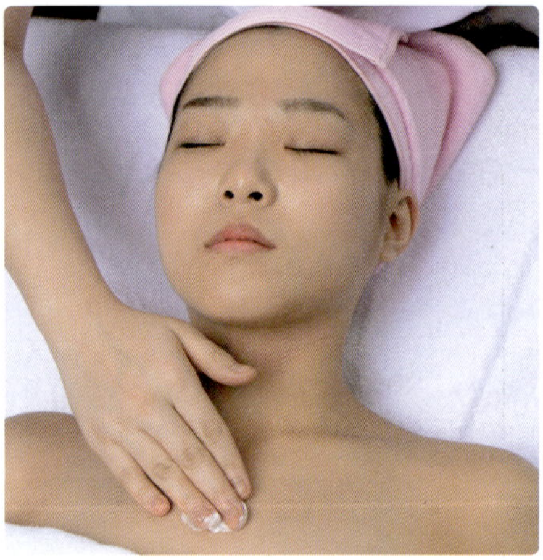

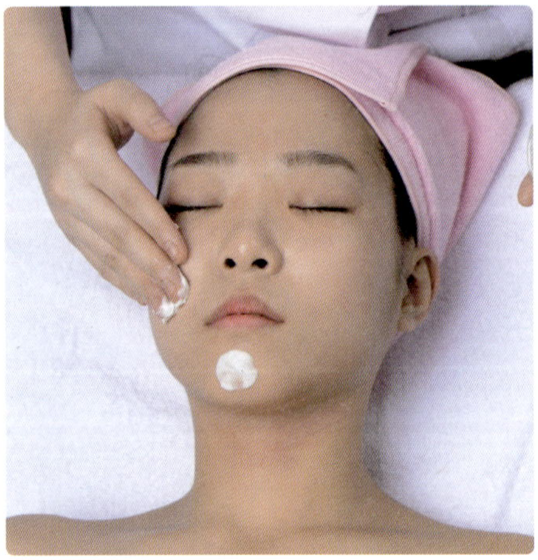

⑤ 가볍고 신속하게 펴 바르기 한다.

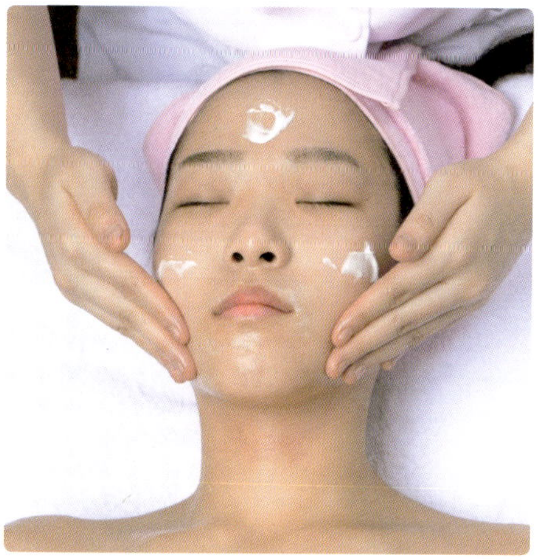

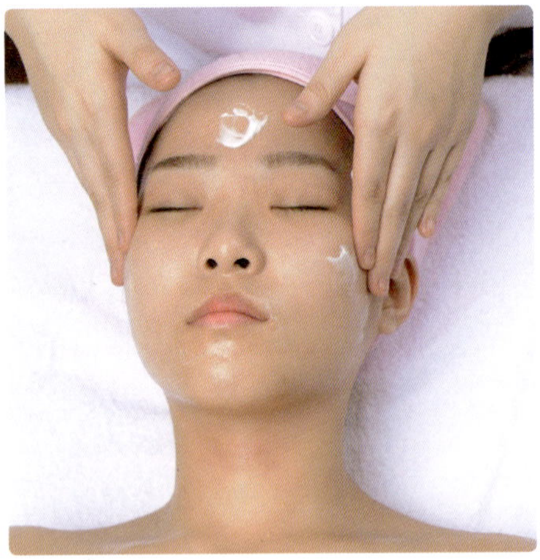
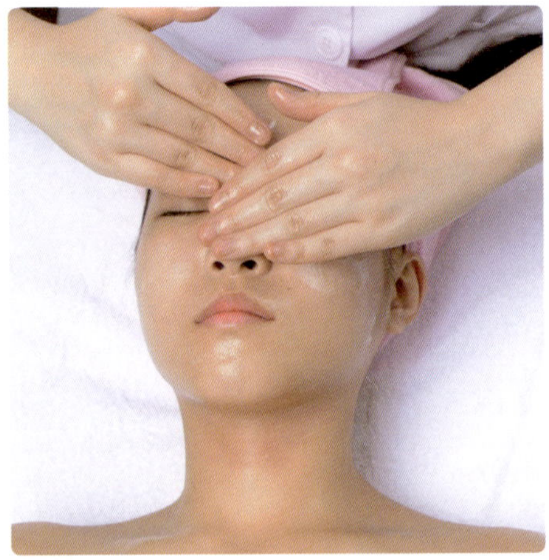

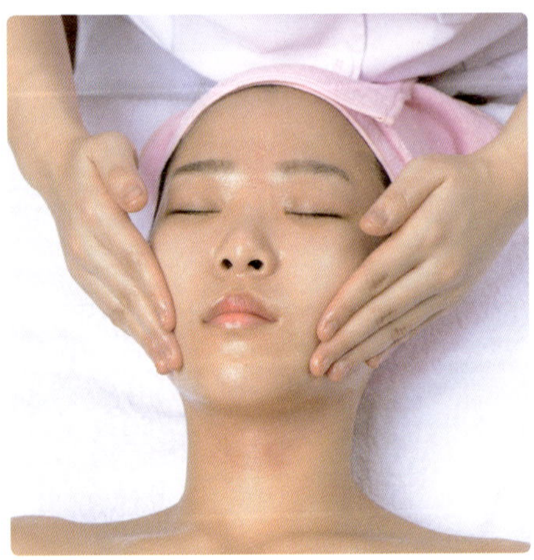

⑥ 티슈로 가볍게 닦아낸다.

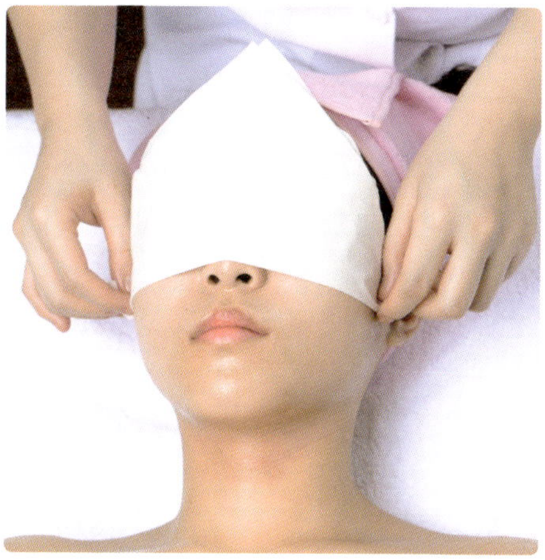

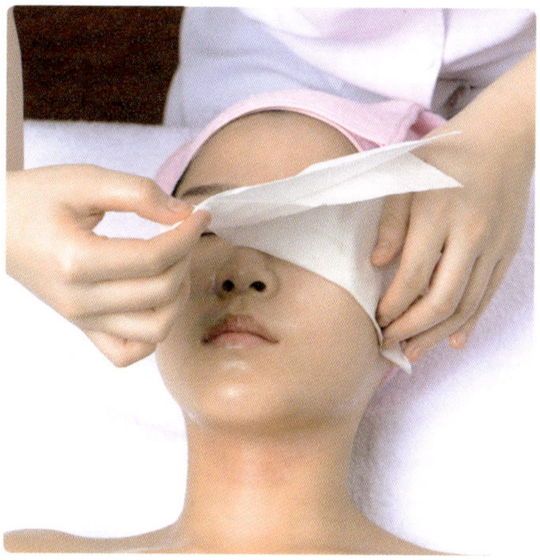

⑦ 일회용 해면으로 닦아 낸다.

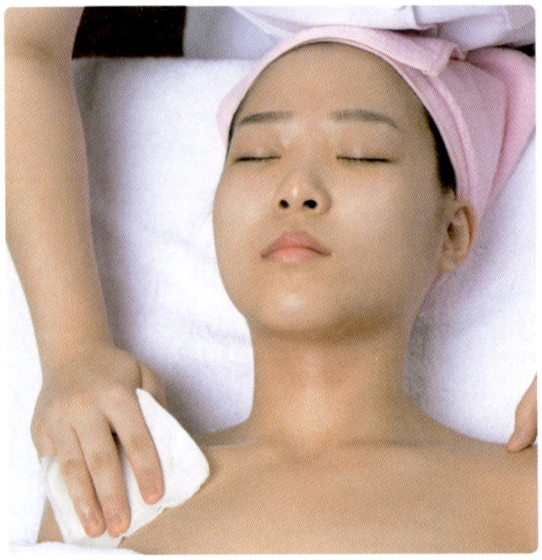

⑧ 습포사용동작

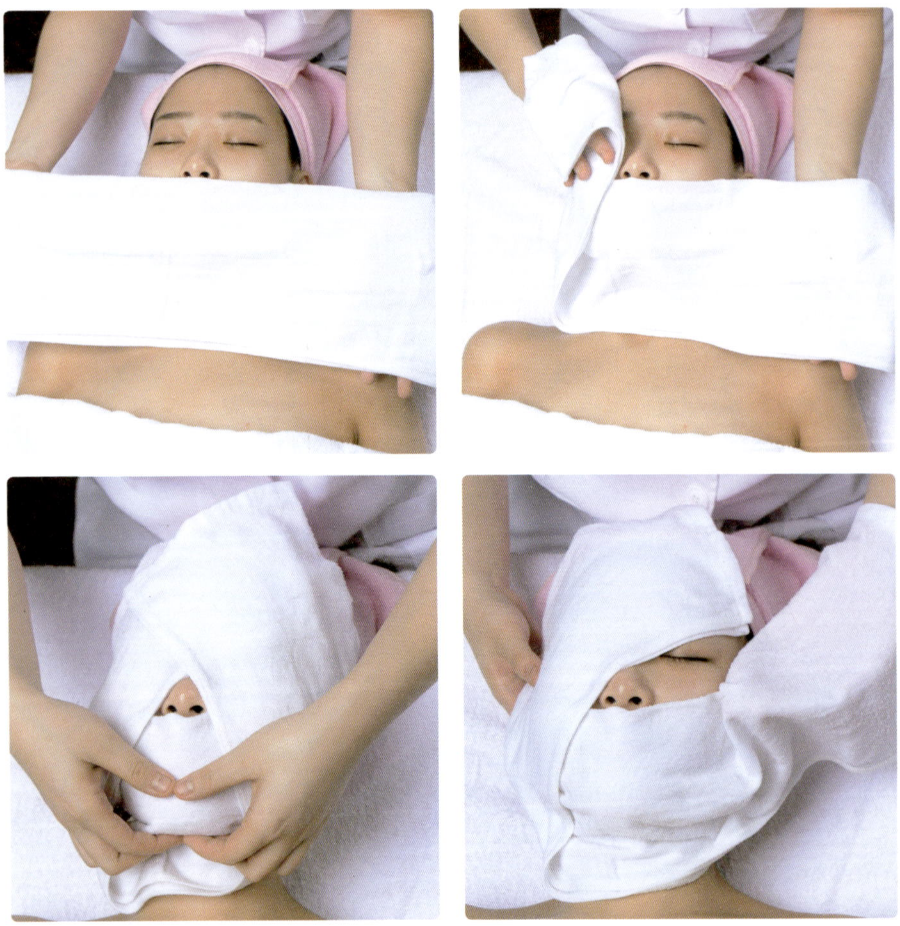

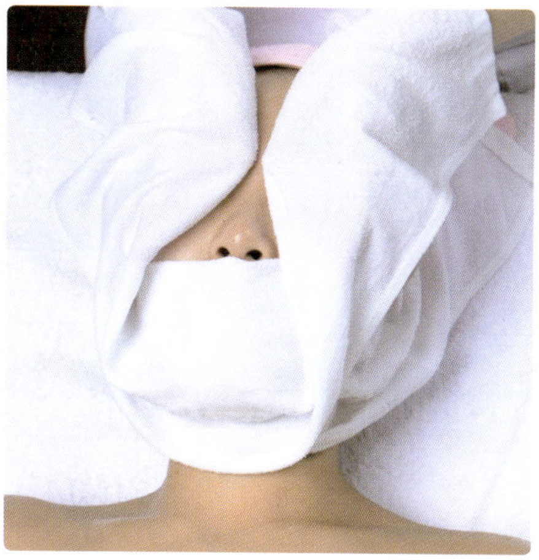

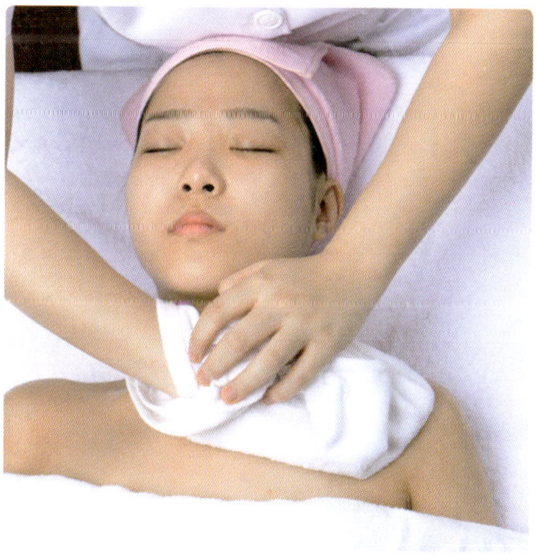

⑨ 토닉으로 피부의 메이크업 잔여물을 닦아주고, 피부결을 정돈해 준다.

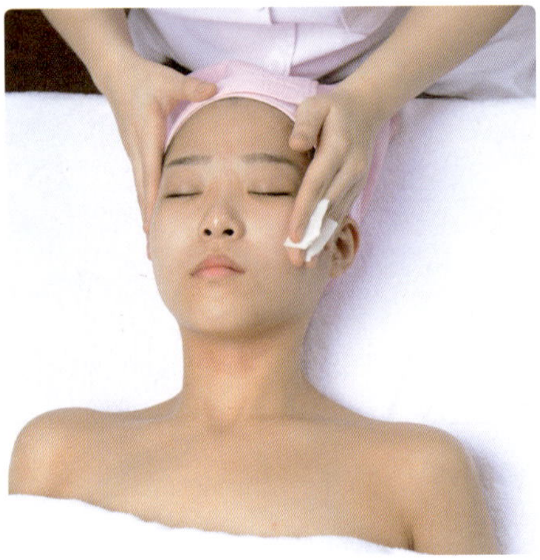

Tip

- 피부유형을 잘 파악하여 제품을 선택한다.
- 피지가 많은 지성 피부는 피지를 녹여주는 더운 타월이 좋다.
- 건성 피부는 수분이 부족하므로 미지근한 타월이 좋다.
- 피부의 수분과 유분이 적절한 정상피부도 약간 따뜻한 습포가 좋다.

(1) 포인트 메이크업 클렌징

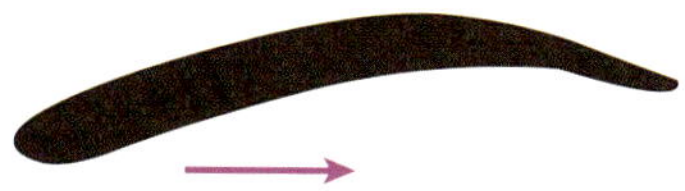

① **아이 섀도우** : 한 손은 눈썹 앞머리를 눌러 고정한 후 눈두덩이에서 눈썹꼬리 방향으로 2~3회 가볍게 눌러 닦아낸다.

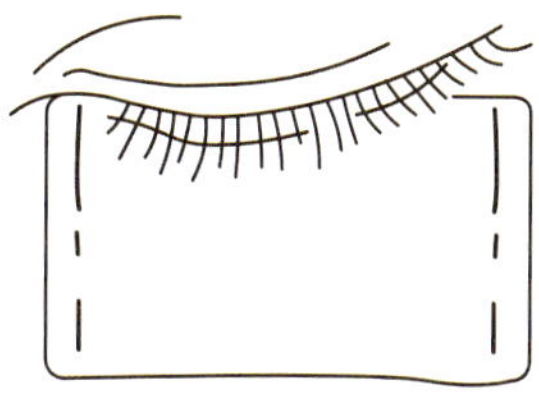

② **눈썹** : 한 손은 눈썹 앞머리를 눌러 고정한 후 눈썹머리에서 눈썹꼬리 방향으로 가볍게 눌러 닦아낸다.

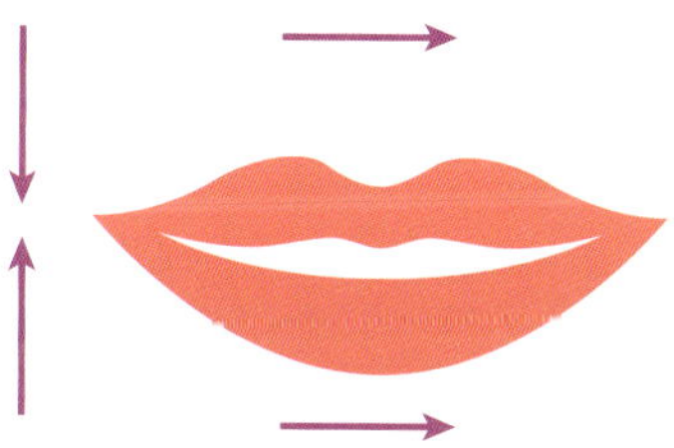

③ **아이라인** : 면봉을 이용하여 눈꼬리쪽으로 가볍게 닦아낸다.

④ **마스카라** : 눈밑에 젖은 미용솜을 받쳐놓고 면봉을 위에서 아래로 닦아낸 후 미용솜을 눈썹 쪽으로 접어올려서 눈꼬리 쪽으로 닦아낸다.

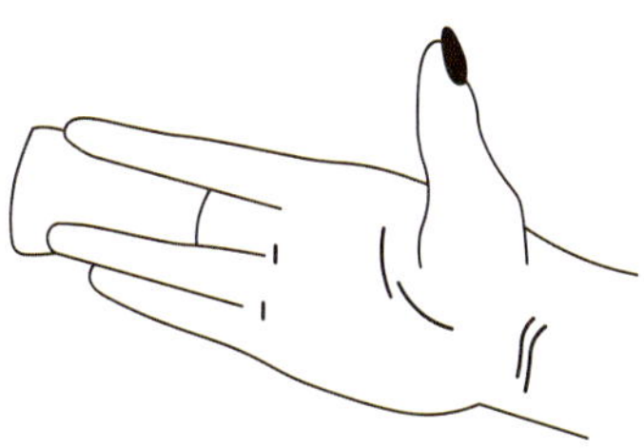

⑤ **입술** : 한 손으로 입술 끝을 가볍게 누르고 윗입술은 위에서 아래로 아랫입술은 밑에서 위로 닦아준다.

(2) 클렌징

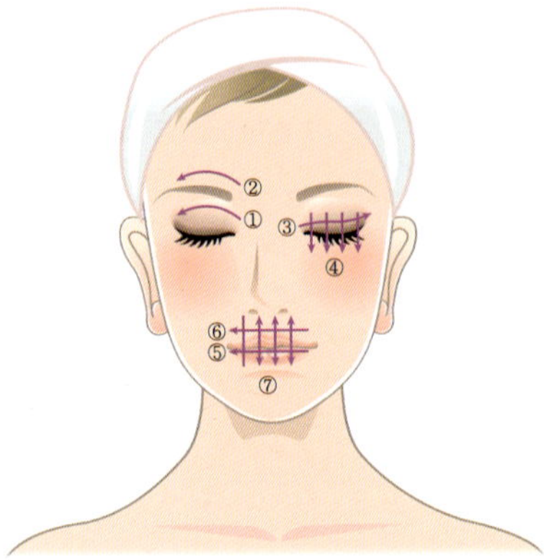

① 1차 클렌징 (포인트 메이크업 클렌징)

젖은 미용솜에 메이크업 리무버를 묻혀 아이섀도우→눈썹→아이라인→마스카라→립 메이크업 순서로 부분화장을 닦아낸다.

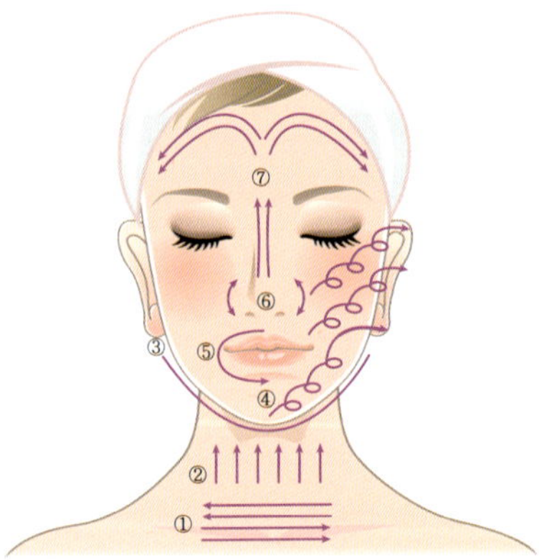

② 2차 클렌징 (얼굴전체 클렌징)

클렌징 로션 또는 크림을 손바닥에 덜어 따뜻하게 한다. 얼굴과 목에 펴 바른 후 가볍고 신속하게 순서대로 문질러서 지운다.

(3) 습포타월 사용방법

①

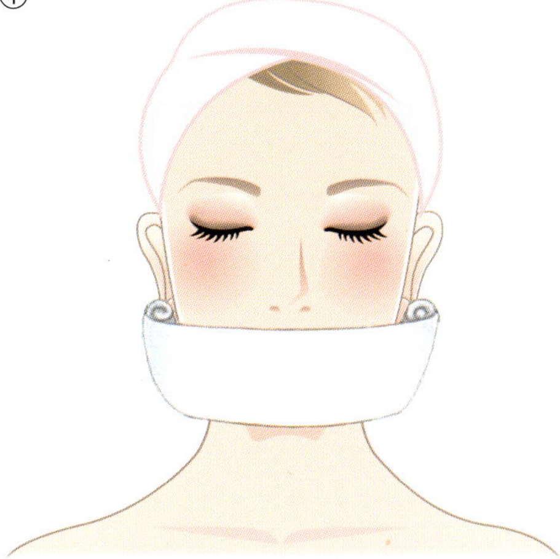

②

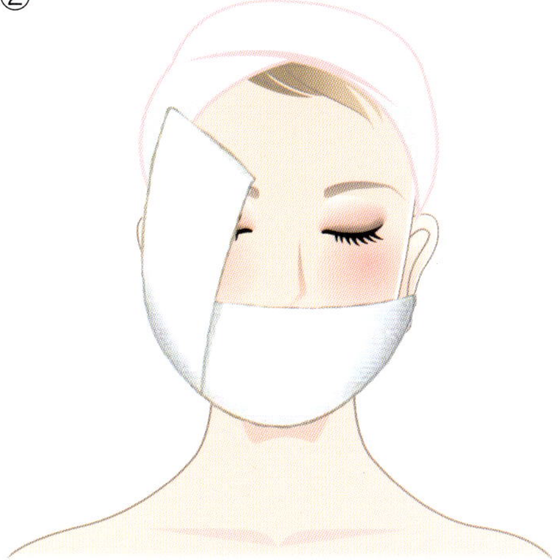

③

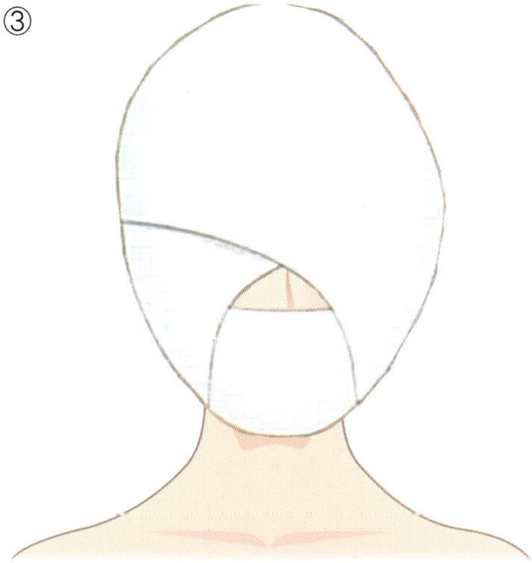

④

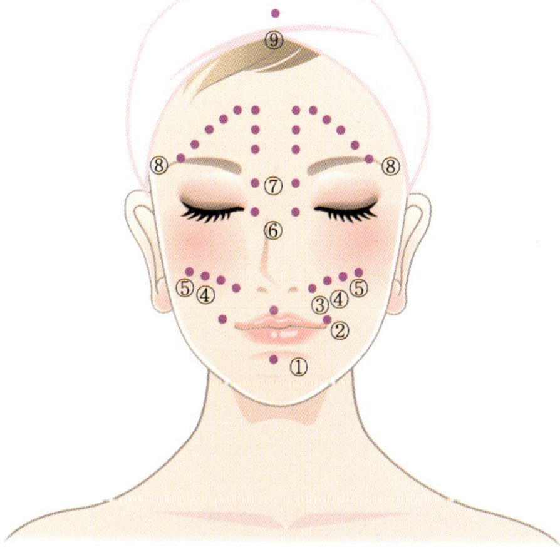

<table>
<tr><th colspan="7">수행준거별 평가 체크리스트</th></tr>
<tr><th>대분류</th><th>중분류</th><th>소분류</th><th colspan="2">세분류(직무)</th><th>능력단위</th><th>능력단위코드</th></tr>
<tr><td>이용·숙박·여행·오락·스포츠</td><td>이·미용</td><td>이·미용서비스</td><td colspan="2">피부미용</td><td>얼굴 각질관리</td><td>1201010212_17v4</td></tr>
<tr><td>능력단위요소</td><td>1</td><td colspan="5">얼굴 클렌징하기</td></tr>
<tr><td rowspan="4">수행준거</td><td>1.1</td><td>얼굴 피부유형별 상태에 따라 클렌징 방법과 제품을 선택할 수 있다.</td><td colspan="4" rowspan="4">[지식]
• 기초화장품 종류 및 성분
• 얼굴 피부미용관리 방법
• 공중위생과 소독 방법
• 얼굴 피부유형 및 관리
[기술]
• 색조화장 부위 특성에 맞는 테크닉 능력
• 클렌징 테크닉 능력
• 위생관리 능력
• 습포사용 능력
[태도]
• 고객이 편안히 이완할 수 있도록 배려하려는 태도
• 위생적으로 고객을 배려하려는 태도
• 고객의 반응을 살피려는 객관적 태도</td></tr>
<tr><td>1.2</td><td>눈·입술 순서로 포인트 메이크업을 클렌징 할 수 있다.</td></tr>
<tr><td>1.3</td><td>얼굴 피부유형에 맞는 제품과 테크닉으로 클렌징 할 수 있다.</td></tr>
<tr><td>1.4</td><td>온습포 또는 경우에 따라 냉습포로 닦아내고 토닉으로 정리할 수 있다.</td></tr>
</table>

<table>
<tr><th rowspan="2">수행준거</th><th rowspan="2">상세 수행준거</th><th rowspan="2">평가항목</th><th colspan="2">척도</th></tr>
<tr><th>YES</th><th>NO</th></tr>
<tr><td rowspan="3">1.1</td><td>1.1.1</td><td>얼굴 피부유형을 분류하고 특징을 설명할 수 있다.</td><td></td><td></td></tr>
<tr><td>1.1.2</td><td>클렌징 제품의 종류와 작용원리를 설명할 수 있다.</td><td></td><td></td></tr>
<tr><td>1.1.3</td><td>얼굴 피부유형에 적합한 클렌징 방법과 제품을 선택할 수 있다.</td><td></td><td></td></tr>
<tr><td rowspan="3">1.2</td><td>1.2.1</td><td>눈부위의 포인트 메이크업을 클렌징할 수 있다.</td><td></td><td></td></tr>
<tr><td>1.2.2</td><td>입술부위의 포인트 메이크업을 클렌징할 수 있다.</td><td></td><td></td></tr>
<tr><td>1.2.3</td><td>메이크업 잔여물을 모두 제거할 수 있다.</td><td></td><td></td></tr>
<tr><td rowspan="3">1.3</td><td>1.3.1</td><td>얼굴 피부 유형에 따른 클렌징 테크닉을 선택할수 있다.</td><td></td><td></td></tr>
<tr><td>1.3.2</td><td>재료의 온도를 적절하게 조절하여 제품을 도포할 수 있다.</td><td></td><td></td></tr>
<tr><td>1.3.3</td><td>적합한 테크닉을 적용하여 작업 시간을 준수하여 클렌징할 수 있다.</td><td></td><td></td></tr>
<tr><td rowspan="3">1.4</td><td>1.4.1</td><td>필요시 해면을 사용하여 닦아낼 수 있다.</td><td></td><td></td></tr>
<tr><td>1.4.2</td><td>피부유형에 맞게 습포를 사용하여 닦아낼 수 있다.</td><td></td><td></td></tr>
<tr><td>1.4.3</td><td>토닉을 사용하여 마무리 할 수 있다.</td><td></td><td></td></tr>
<tr><td colspan="2">총계</td><td>12</td><td></td><td></td></tr>
</table>

2. 얼굴 딥클렌징하기

얼굴 부위의 화장이나 먼지를 닦아내고 딥클렌징을 통하여 묵은 각질과 모공 속에 남아 있는 노폐물을 제거하는 능력이다.

학습목표

- 피부 유형별 딥클렌징 제품을 선택할 수 있다.
- 선택된 딥클렌징 제품을 특성에 맞게 적용할 수 있다.
- 피부미용기기 및 기구를 활용하여 딥클렌징을 적용할 수 있다.

사전 진단평가 체크리스트					
대분류	중분류	소분류	세분류(직무)	능력단위	능력단위코드
이용·숙박·여행·오락·스포츠	이·미용	이·미용서비스	피부미용	피부미용 얼굴각질관리	1201010212_17v4
능력단위요소	2	얼굴 딥클렌징하기		척도	
				YES	NO
수행준거별 평가항목	2.1	피부 유형별 딥클렌징 제품을 선택할 수 있다			
	2.2	선택된 딥클렌징 제품을 특성에 맞게 적용할 수 있다.			
	2.3	피부미용기기·기구를 활용하여 딥클렌징을 적용할 수 있다.			
	합계	3			

1. 딥클렌징Deep clensing의 정의

피부 개선을 위한 매우 중요한 과정으로 1차 클렌징으로 세안되지 않은 모공 속의 노폐물이나 죽은 각질을 피부유형에 맞는 딥클렌징 제품이나 피부미용기기를 사용하여 청결하게 해 주는 작업으로 각질층에만 직접적인 영향을 주며 다음 과정의 영양 물질의 침투를 용이하게 해 줄 수 있다.

2. 딥클렌징의 효과

① 모공 속의 잔여물질을 제거하여 피부안색을 맑고 밝게 한다.
② 각질층의 각질을 정리하여 피부결을 매끈하게 한다.
③ 각질을 제거하여 유효성분의 흡수를 촉진한다.

3. 딥클렌징의 종류

(1) 물리적 딥클렌징

스크럽이나 고마쥐 제품으로 가장 기본적으로 할 수 있는 딥클렌징의 한 부분이다. 피부관리실이나 홈케어로 가정에서도 사용할 수 있다.

1) 스크럽Scrubs

가장 일반적으로 사용되는 제품으로 죽은 세포를 마찰에 의해 제거한다. 스크럽에 사용되는 물질로는 천연곡물, 살구씨, 아몬드, 밀겨 등의 천연알갱이로 만든 제품 뿐만 아니라 첨단기술로 만들어진 폴리에틸렌 마이크로볼로 만들어진 제품도 있다.

자극없이 딥클렌징의 효과를 보기 위해 스팀을 사용하면서 스크럽을 하면 부드럽게 각질을 제거할 수 있다.

• 스크럽의 금기증

피부관리사에 의해 사용하여야 한다. 홈케어로 고객이 사용할 때에는 피부관리사가 사용방법을 고객에게 철저히 설명하여야 한다.

민감성 피부, 발적피부, 염증성, 농포, 상처부위, 모세혈관확장증이 있는 경우에는 사용을 금지한다.

2) 고마쥐Gommages

손이나 브러시로 피부에 펴 바르는 크림형태의 제품으로, 바른 후에 크림을 약간 건조시키고 피부결에 따라 문지르면 마찰에 의해 각질이 크림과 함께 떨어진다.

피부상태에 따라, 민감성 피부이거나 과도하게 각질이 제거된 피부인 경우에 고마쥐의 사용을 주의한다. 고마쥐를 사용할 때는 스팀을 사용하지 않는다.

- 고마쥐의 금기증

피부관리사에 의해 사용되어야 하는 전문적인 제품으로 민감성 피부, 발적피부, 염증, 농포, 상처 부위, 모세혈관확장증에는 고마쥐 사용을 금지하여야 한다.

고마쥐를 너무 건조시키면 피부의 건조를 유발할 수 있다.

(2) 화학적 딥클렌징

물리적 딥클렌징이 죽은 각질을 제거하는 것에 비해 화학적 딥클렌징은 각질세포에 있는 케라틴을 용해시키거나 세포간의 결합을 느슨하게 한다.

1) AHAalphahydroxy acid

AHA는 복합과일산 추출물로, 각질 세포사이의 응집력을 느슨하게 하여 각질 탈락을 유도한다. AHA에는 젖산(발효우유), 글리콜산(사탕수수), 사과산(사과), 시트릭산(신맛과일), 주석산(포도) 등 다양한 종류가 있으며 글리콜산이 보편적으로 많이 사용되고 있다. 그 이유는 글리콜산은 분자량이 작아 피부를 쉽게 통과하여 여러 가지 영향을 미칠 수 있기 때문이다. 피부관리 시 10% 이하의 AHA를 이용하여 각질을 관리하며, 저농도로 사용 시에는 피부 보습 효과도 있다. 예민한 피부는 주의를 요한다.

- AHA 금기증

발적피부, 자극에 약한 피부, 염증이 보이는 피부, 일광화상, 탈수피부, 피부질환으로 치료 받고 있는 사람, 단순포진에는 사용을 금한다.

2) BHAbetahydroxy acid

BHA의 주성분은 살리실산Salicylic acid으로 피부표면의 과각화된 각질을 감소시키고 모낭내의 지방을 녹인다. 죽은 세포의 각질을 제거하므로 피부를 부드럽고 매끈하게 하며 AHA에 비해 자극이 덜하다. 과색소침착이나 잔주름을 감소하는 데 사용되기도 하며 오랜 기간 사용하면 튼살을 감소시키고 부드럽게 하는 효과도 있다.

3) 효소Enzyme

딥클렌징제로 사용되는 복합효소 단백질로는 파파야로부터 나온 파파인과 파인애플에서 나온 브로멜린이 있다. 두 물질 모두 각질을 용해하고 피부표면의 케라틴이나 죽은 세포를 녹인다. 파우더 형태이며 물과 섞어 페이스트 형태로 만들어 사용한다. AHA와 BHA는 바른 후 따끔거리는 작열감이 발생하나 파파인과 브로멜린은 피부에 거의 자극이 없다.

(3) 피부미용기기 및 기구를 활용한 딥클렌징

1) 후리마돌Frimator

브러시는 천연모로 되어 있어서 피부에 자극이 덜하고 모공 세정에 효과적이다. 피부상태에 맞게 각기 다른 속도로 회전하여 피부표면의 불필요한 각질과 노폐물을 제거하며 주로 딥클렌징의 효과를 갖는다.

- 후리마돌 금기증

모세혈관 확장피부, 멍든피부, 화농성여드름, 과예민피부

2) 전기세정Disincrustation

노폐물을 제거하기 위한 기기로 직류전류의 음극(−)을 연결하여 발생되는 알칼리를 이용하여 과각질제거, 피지분해, 모공안의 죽은 세포, 노폐물을 녹여 준다. 세정용 디스인크러스테이션 앰플을 사용하면 더욱 효과를 낼 수 있다.

- 전기세정 금기증

인공심장박동기 착용자, 임산부, 수술환자, 상처있는 사람, 예민성 피부

3) 스티머Steamer

수증기가 분무되어 모공을 열어주면 열린 모공을 통해 죽은 피부 세포나 불순물이 배출되며 클렌징의 효과가 있어 딥클렌징 단계에서 사용하며 더욱 효과적이다.

- 스티머 금기증

심한 화농성여드름, 모세혈관확장, 일광손상피부, 알레르기 피부, 상처있는 피부, 천식환자

4. 딥클렌징 실기

얼굴 클렌징을 하고 난 후 나머지 지워지지 않은 먼지, 화장품, 노폐물, 각질 등을 피부 미용기기와 기구, 화장품을 사용하여 더 세밀하게 닦아내는 작업으로 다음 단계 유효성분을 잘 흡수시킬 수 있도록 작용하는 과정이다.

준비물

- 딥클렌징제품효소, 스크럽, AHA, 고마쥐
- 피부미용기기
- 피부미용기구후리마돌, 전동브러시
- 거즈
- 아이패드
- 베드
- 의자
- 정리대웨건
- 타올
- 터번
- 마스크
- 보울유리볼, 고무볼
- 스파츌라
- 미용솜
- 해면일회용
- 붓
- 티슈
- 냉·온습포
- 화장수

Tip

- 테크닉 동작 시 제품이 눈이나 코에 들어가지 않도록 주의한다.
- 피부관리사의 손은 항상 깨끗하고 부드럽게 밀착해야 하며 흐름이 끊기지 않게 연결한다.
- 고객과의 대화는 가급적 피한다.
- 붉은 피부, 심한 화농성 여드름 피부, 트러블이 일어나기 쉬운 피부는 동작을 최내한 가볍고 짧게 한다.
- 딥클렌징 동작은 얼굴 매뉴얼 테크닉 동작과는 다르므로 5가지 동작을 다 사용하지는 않는다.
- 필요한 동작은 쓸어서 펴 바르기Effleurage, 밀착하여 펴 바르기Friction로 두 개의 동작만으로 가능하다.
- 제품에 따라 동작이 다르므로 주의한다.

수행순서 1 효소를 이용한 딥 클렌징

1. 딥클렌징 제품을 준비한다.

2. 피부관리사의 손을 소독한다.

3. 고객의 머리를 터번으로 감싼다.

4. 효소제와 물의 양을 적당히 섞어 충분히 개어준다.

5. 붓을 이용해 얼굴에 골고루 펴 바른다.

6. 아이패드를 올린다.

7. 따뜻한 온습포를 얼굴에 올려놓거나 스팀을 분사한다.

8. 5 ~ 10분 정도 지난 후 손에 물을 묻혀 가볍게 문지른 후 일회용 해면으로 닦아 낸다.

9. 온습포로 잔여물이 남지 않도록 닦아낸다.

10. 토닉으로 마무리한다.

① 효소제와 물의 양을 적당히 섞는다.

② 충분히 섞은 효소제를 붓을 이용해 얼굴에 골고루 펴 바른다.

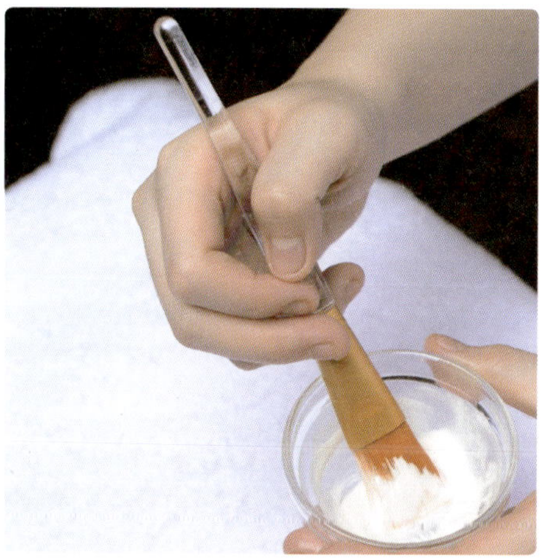

③ 스티머를 사용하여 스팀을 분사한다.

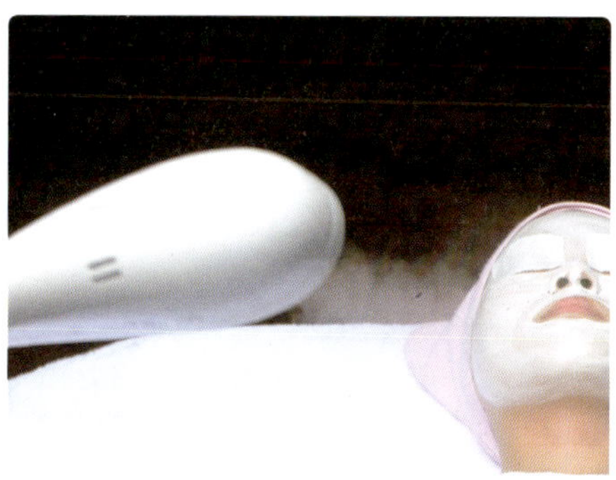

(스티머 사용)

④ 스티머가 없을 경우 따뜻한 온습포를 얼굴에 올려놓는다.

(스티머 없이 온습포 사용)

⑤ 5 ~ 10분 정도 지난 후 손에 물을 묻혀 가볍게 문지른 후 일회용 해면으로 닦아 낸다.

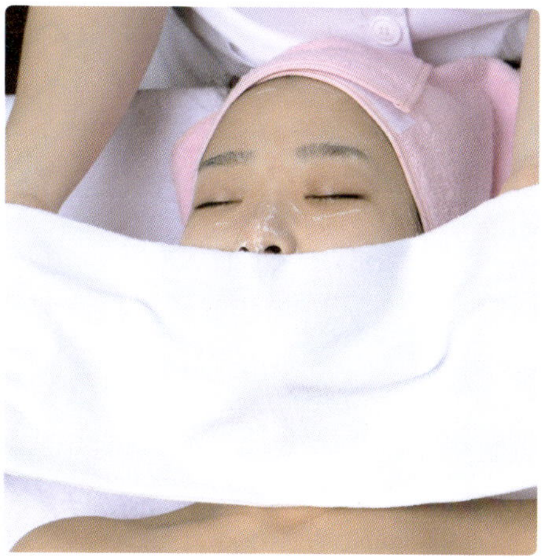

Tip

• 적용시간은 피부상태에 따라 조절할 수 있다.

수행순서 2 아하AHA를 이용한 딥클렌징

1. 아하AHA 제품을 준비한다.
2. 피부관리사의 손을 소독한다.
3. 고객의 머리를 터번으로 감싼다.
4. 눈을 가리는 아이패드를 먼저 올린다.
5. 적당량의 아하AHA제를 면봉이나 붓으로 펴 발라준다.
6. 5 ~ 10분 정도 자연 방치한다.
7. 일회용 해면으로 닦아낸다.
8. 냉습포로 잔여물이 남지 않도록 닦아낸다.
9. 토닉으로 마무리한다.

① 아하(AHA) 제품을 준비한다.

② 아이패드로 눈을 가린다.

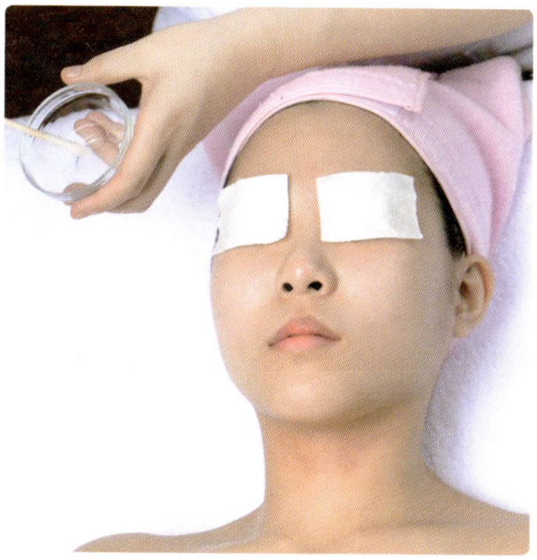

③ 적당량의 아하(AHA)제를 면봉이나 붓으로 펴 발라준다.

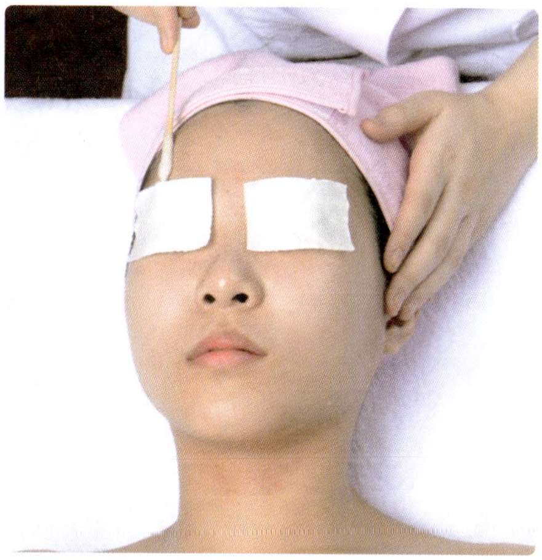

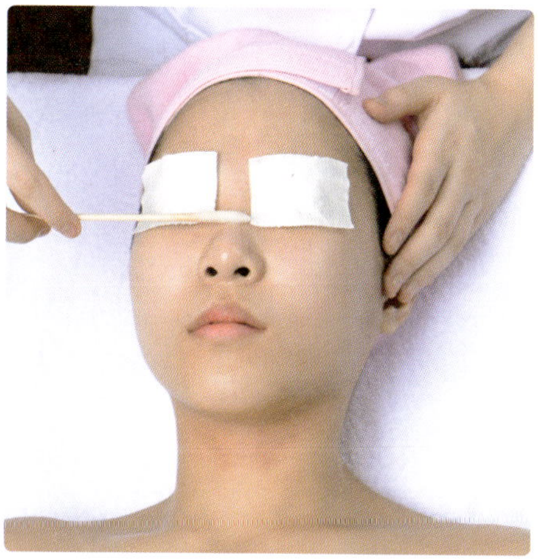

④ 5~10분 정도 자연 방치한다.

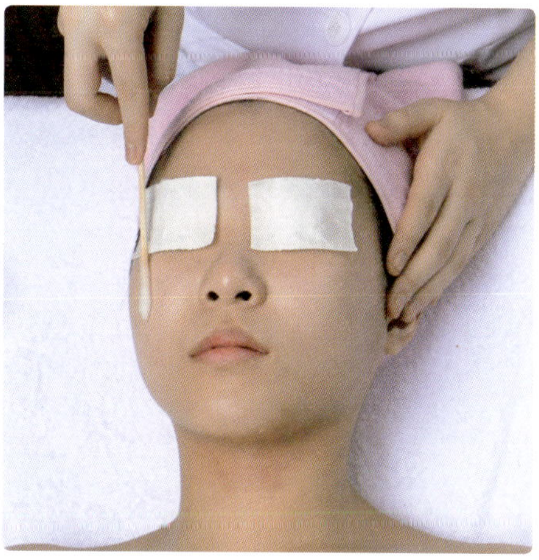

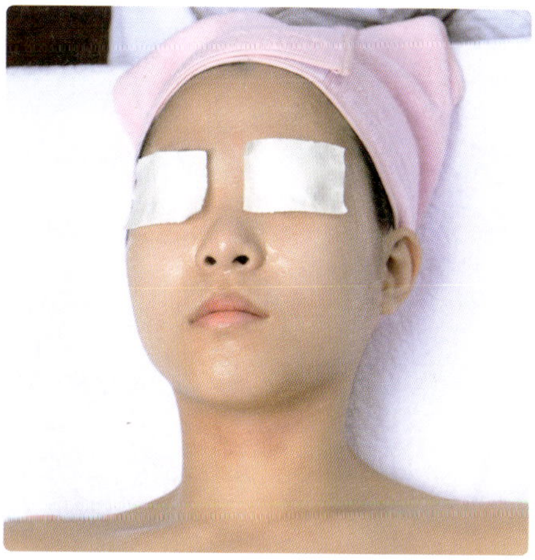

⑤ 일회용 해면으로 닦아낸다.

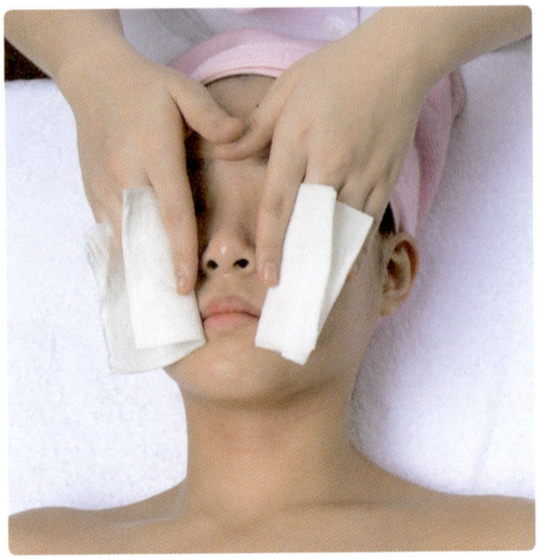

Tip

- 피부상태나 유형에 따라 시간을 조절할 수 있다.
- 아하AHA는 냉습포를 꼭 사용해야 한다.
- 피부관리용 아하AHA는 10% 이하를 사용한다.
- 피부가 붉거나 예민한 부위는 사용하지 않는다.

수행순서 3 스크럽을 이용한 딥클렌징

1. 스크럽 제품을 볼에 덜어 준비한다.
2. 피부관리사의 손을 소독한다.
3. 고객의 머리를 터번으로 감싼다.
4. 스크럽 제품을 볼에 덜어 얼굴에 골고루 펴 바른다.
5. 스크럽 제품이 마른듯 하면 손에 물을 적시면서 가볍게 문지른다.
6. 일회용 해면으로 닦아낸다.
7. 온습포를 이용해 잔여물이 남지 않도록 닦아낸다.
8. 토닉으로 마무리 한다.

Tip

- 스크럽 알갱이가 피부를 자극할 수 있으므로 마른 상태에서 문지르지 않는다. 꼭 물을 묻혀 가볍게 문지른다.

① 스크럽 제품을 볼에 덜어 준비한다.

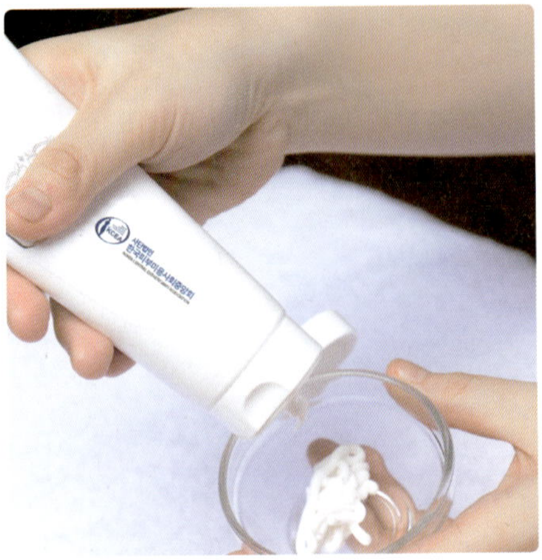

② 붓을 이용하여 얼굴에 골고루 펴바른다.

③ 스크럽 제품이 마른듯 하면 손에 물을 적시면서 가볍게 문지른다.

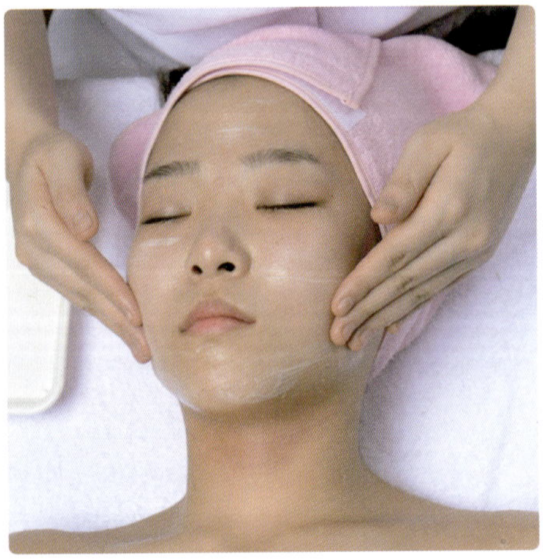

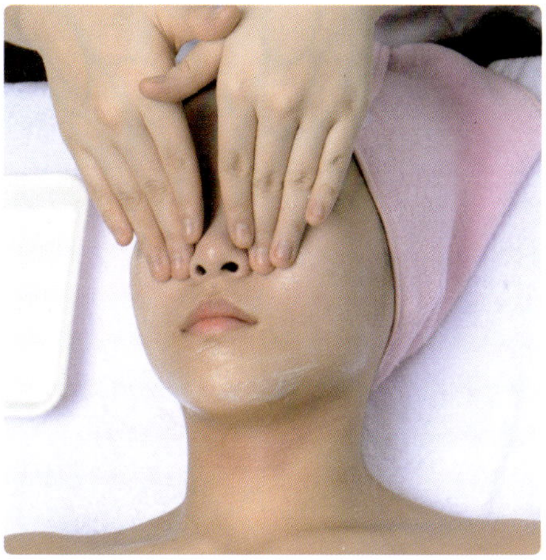

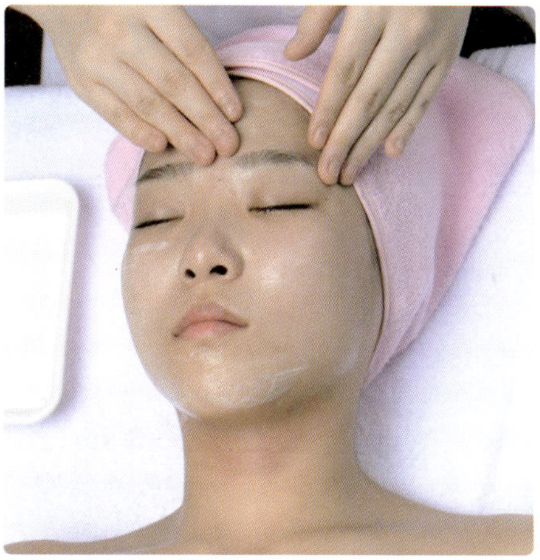

④ 일회용 해면으로 닦아 낸다.

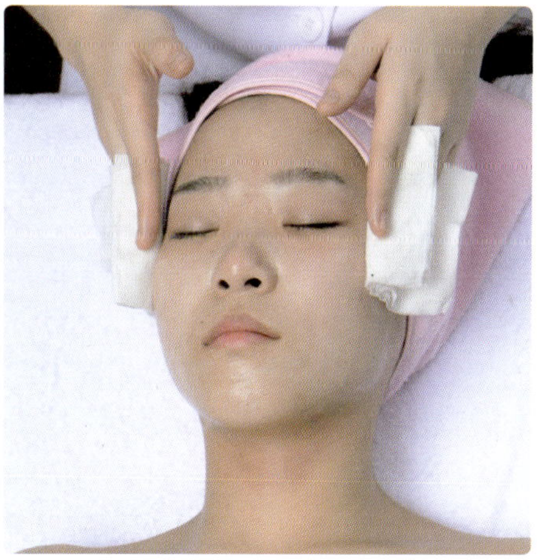

수행순서 4 고마쥐를 이용한 딥클렌징

1. 고마쥐 제품을 준비한다.
2. 피부관리사의 손을 소독한다.
3. 고객의 머리를 터번으로 감싼다.
4. 고마쥐 제품을 볼에 담는다.
5. 덜어 놓은 고마쥐를 얼굴에 고르게 펴 바른다.
6. 제품이 약간 마른듯 하면 피부결에 따라 밀어내듯 문지른다.
7. 얼굴에 남아 있는 잔여물은 물을 묻혀 가볍게 문지른다.
8. 일회용 해면으로 닦아낸다.
9. 온습포를 이용해 잔여물이 남지 않도록 닦아낸다.
10. 토닉으로 마무리한다.

① 고마쥐 제품을 볼에 담는다.

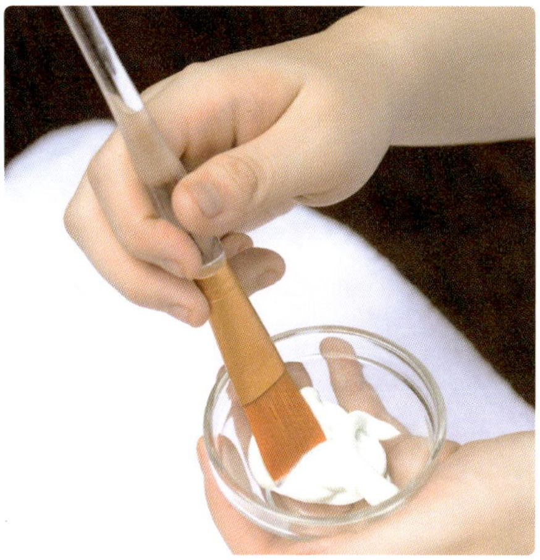

② 고객의 머리를 터번으로 감쌀 때 티슈를 이용하여 가장자리에 말아준다.

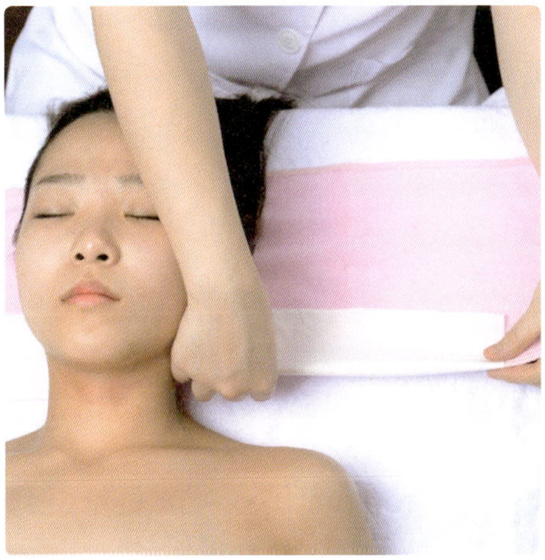
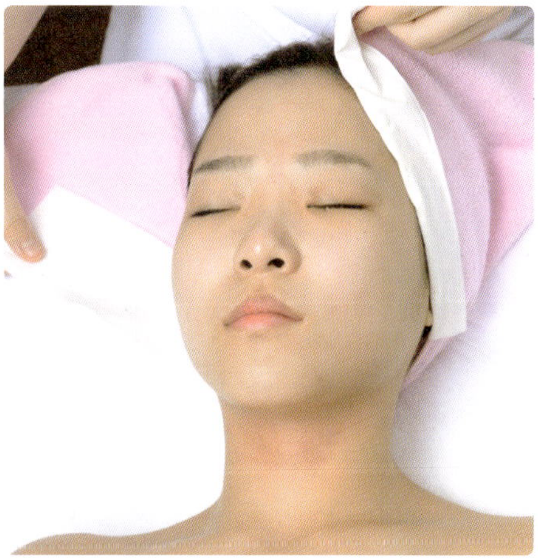
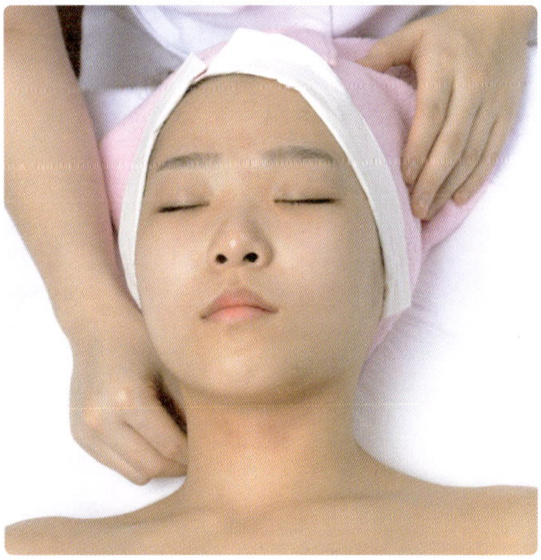

③ 덜어 놓은 고마쥐를 얼굴에 고르게 펴바른다.

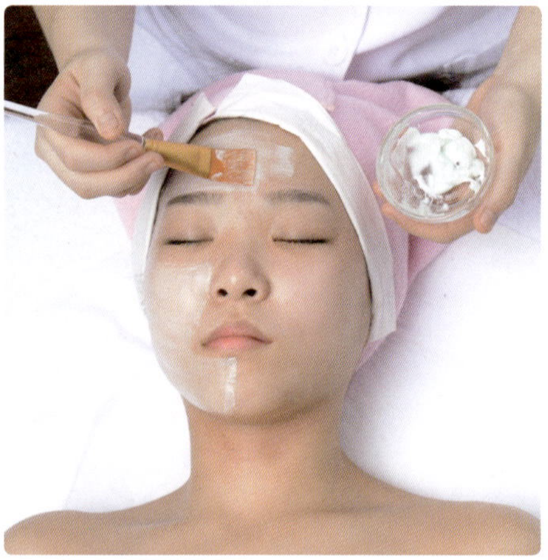

④ 제품이 약간 마른듯 하면 피부결에 따라 밀어내듯 문지른다.

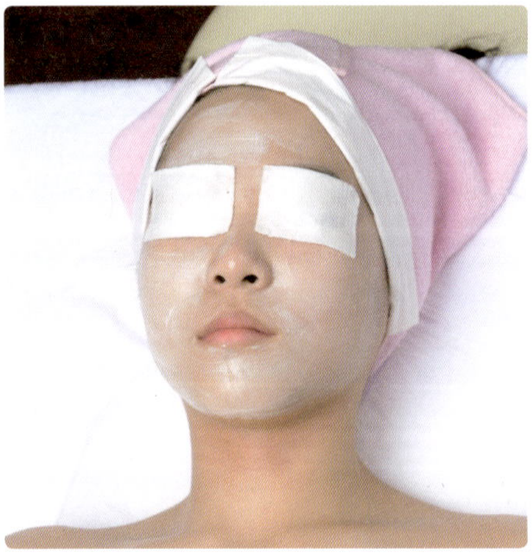
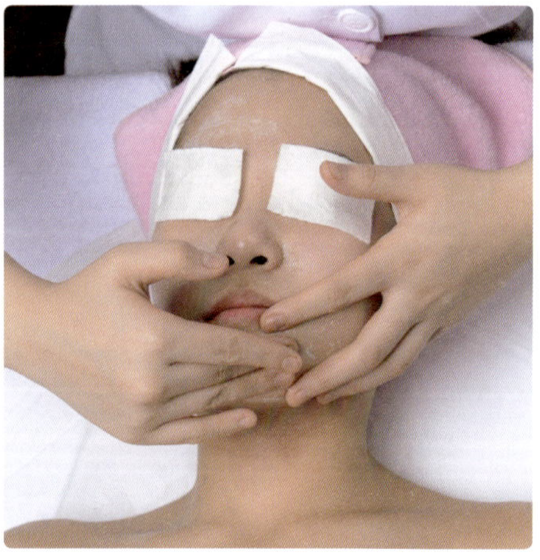

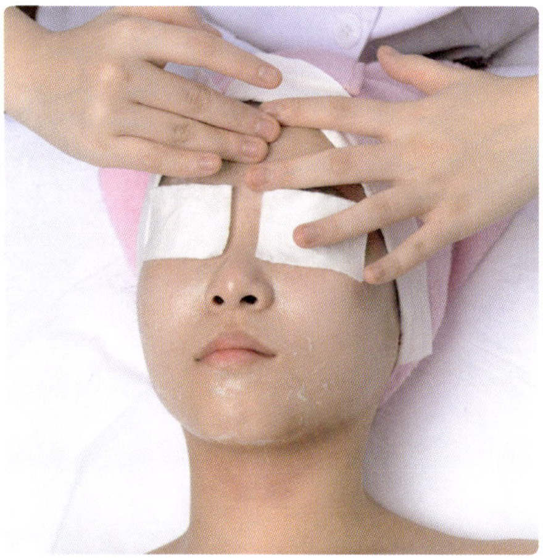

⑤ 얼굴에 남아 있는 잔여물은 물을 묻혀 가볍게 문지른다.

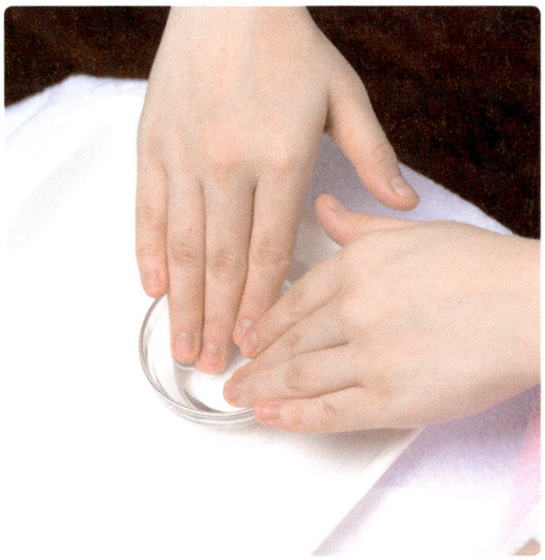

⑥ 일회용 해면으로 닦아낸다.

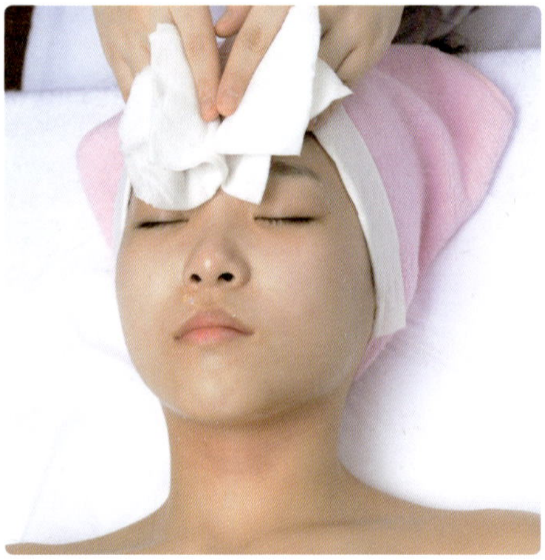

Tip

- 고마쥐 제품이 귀나 눈에 들어가지 않도록 해야 한다.
- 상처 혹은 화농성 여드름 부위는 피하고 문지른다.

수행순서 5 후리마돌전동 브러시을 이용한 딥클렌징

1. 후리마돌를 준비하여 소독한다.

2. 피부관리사의 손을 소독한다.

3. 고객의 머리를 터번으로 감싼다.

4. 클렌징 제품을 얼굴에 고르게 펴 바른다.

5. 브러시를 부위에 맞는 크기로 선택한다.

6. 선택한 브러시로 본인의 손등에 회전속도를 테스트 한다.

7. 크고 작게 원을 그리며 브러시를 회전한다.

8. 콧망울, 입 주변, 눈 주변의 브러시는 가장 작은 것으로 브러시한다.

9. 브러시 시간은 3 ~ 5분 정도 소요한다.

10. 일회용 해면으로 닦아낸다.

11. 온습포를 사용하여 잔여물이 남지 않도록 닦아낸다.

12. 토닉으로 마무리한다.

Tip

- 브러시는 피부유형에 따라 시간을 조절할 수 있다.
- 브러시 각도는 얼굴에서 직각으로 유지한다.
- 제품이 눈에 들어가지 않도록 주의한다.

수행순서 6 전기세정Disincrustation 딥클렌징

1. 세정기기를 준비하여 소독한다.
2. 피부관리사의 손을 소독한다.
3. 고객의 머리를 터번으로 감싼다.
4. 적당히 물에 적신 패드를 팔의 바깥쪽이나 어깨 아래에 전극볼과 연결하여 고정시킨다. 고객의 손에 전극봉을 쥐게 한다.
5. 앰플의 극성(+, −)을 맞춘다.
6. 앰플을 얼굴에 발라준다.
7. 젖은 솜을 핀센트에 감아 준다.
8. 핀센트를 얼굴에 대고 스위치를 '0'에서 시작하여 고객의 표정을 살피며 세기를 올리면서 작동한다.
9. 피부결에 따라 밀착하여 문질러서 각질을 연화시킨다.
10. 관리가 끝난 후 핀센트는 꼭 얼굴에 대고 있는 상태에서 스위치를 끈다.
11. 일회용 해면으로 닦아낸다.
12. 온습포를 이용해 잔여물이 남지 않도록 닦아낸다.
13. 토닉으로 마무리한다.

Tip

- 요즘은 전기세정 딥클렌징 방법은 많이 사용하지 않는다.
- 핀센트는 시작부터 끝날 때까지 얼굴에서 떼서는 안 된다.
- 피부상태에 따라서 냉습포를 사용할 수도 있다.

<table>
<tr><th colspan="6">수행준거별 평가 체크리스트</th></tr>
<tr><th>대분류</th><th>중분류</th><th>소분류</th><th>세분류(직무)</th><th>능력단위</th><th>능력단위코드</th></tr>
<tr><td>이용·숙박·여행·오락·스포츠</td><td>이·미용</td><td>이·미용서비스</td><td>피부미용</td><td>피부미용 얼굴각질관리</td><td>1201010212_17v4</td></tr>
</table>

<table>
<tr><td>능력단위요소</td><td>2</td><td colspan="2">얼굴 딥클렌징하기</td></tr>
<tr><td rowspan="3">수행준거</td><td>2.1</td><td>피부 유형별 딥클렌징 제품을 선택할 수 있다</td><td rowspan="3">[지식]
• 피부미용기기학
• 공중위생관리법
• 피부관리학
• 화장품학
[기술]
• 딥클렌징 제품 선택 능력
• 딥클렌징 제품의 물리적·화학적방법 적용 능력
• 피부미용기기를 활용한 딥클렌징 능력
• 딥클렌징 후 마무리 능력
[태도]
• 고객이 편안히 이완할 수 있도록 배려하려는 태도
• 위생적으로 고객을 배려하려는 태도
• 고객의 반응을 살피려는 객관적 태도</td></tr>
<tr><td>2.2</td><td>선택된 딥클렌징 제품을 특성에 맞게 적용할 수 있다.</td></tr>
<tr><td>2.3</td><td>피부미용기기·기구를 활용하여 딥클렌징을 적용할 수 있다.</td></tr>
</table>

<table>
<tr><th rowspan="2">수행준거</th><th rowspan="2">상세 수행준거</th><th rowspan="2">평가항목</th><th colspan="2">척도</th></tr>
<tr><th>YES</th><th>NO</th></tr>
<tr><td rowspan="2">2.1</td><td>2.1.1</td><td>나는 피부 유형을 설명할 수 있다.</td><td></td><td></td></tr>
<tr><td>2.1.2</td><td>나는 피부 유형에 적합한 딥클렌징 제품을 선택할 수 있다.</td><td></td><td></td></tr>
<tr><td rowspan="4">2.2</td><td>2.2.1</td><td>나는 딥클렌징 종류를 열거할 수 있다.</td><td></td><td></td></tr>
<tr><td>2.2.2</td><td>나는 딥클렌징 제품의 성분과 사용법을 설명할 수 있다.</td><td></td><td></td></tr>
<tr><td>2.2.3</td><td>나는 피부유형에 맞는 딥클렌징 제품을 적용하여 사용할 수 있다.</td><td></td><td></td></tr>
<tr><td>2.2.4</td><td>나는 딥클렌징 적용 시 주의사항을 알고 있다.</td><td></td><td></td></tr>
<tr><td rowspan="3">2.3</td><td>2.3.1</td><td>나는 적절한 기기·기구를 선택할 수 있다.</td><td></td><td></td></tr>
<tr><td>2.3.2</td><td>나는 기기·기구를 적용할 수 있다.</td><td></td><td></td></tr>
<tr><td>2.3.3</td><td>나는 기기·기구 적용 시 주의사항을 알고 있다.</td><td></td><td></td></tr>
<tr><td colspan="2">총계</td><td>9</td><td></td><td></td></tr>
</table>

Chapter 5

피부미용 눈썹 미용관리

1. 눈썹 정리하기
2. 눈썹 염색하기

Chapter. 5

피부미용 눈썹 미용관리

피부미용 눈썹 미용관리란?

얼굴 윤곽을 살리기 위해 눈썹을 정리하고 눈썹 염색을 통하여 아름다움을 더하게 하는 능력이다.

Open Thinking

- **Client** : 저는 피부가 나쁜 편이 아닌데 얼굴이 나이가 들어 보이고 매서워 보인다고해서 스트레스에요. 해결할 방법이 있을까요?
- **Beauty Therapist** : 음..고객님 눈썹을 보니 얇고 상승형이시네요. 아마도 눈썹모양 때문에 첫인상을 그렇게들 보시는 것 같아요. 눈썹정리 조금만 하시면 피부가 좋으셔서 원래 나이보다 더 어리게 보이고 이미지도 온화하게 보일 수 있으니 걱정하지 마세요.

1. 눈썹 정리하기

학습 목표

- 눈썹정리를 위해 도구를 소독하여 준비할 수 있다.
- 고객이 선호하는 눈썹형태로 정리할 수 있다.
- 눈썹정리 후 정리한 부위에 대한 진정관리를 실시할 수 있다.

사전 진단평가 체크리스트					
대분류	중분류	소분류	세분류(직무)	능력단위	능력단위코드
이용·숙박·여행·오락·스포츠	이·미용	이·미용서비스	피부미용	피부미용 눈썹미용관리	1201010222_17v4
능력단위요소	1	눈썹정리하기		척도	
				YES	NO
수행준거별 평가항목	1.1	눈썹정리를 위해 도구를 소독하여 준비할 수 있다.			
	1.2	고객이 선호하는 눈썹형태로 정리할 수 있다.			
	1.3	눈썹정리 후 정리한 부위에 대한 진정관리를 실시할 수 있다.			
	합계	3			

1. 눈썹의 기능

눈썹의 평균 길이는 약 4.5~5cm, 눈썹 털(毛)의 길이는 약 7~11mm, 눈썹 털(毛)의 주기는 약 4~5개월이다.

(1) 눈을 보호한다.

땀이나 비 등이 눈으로 직접 흘러내리지 않게 도움을 준다.

(2) 인상을 결정짓는다.

얼굴의 전체적인 이미지와 첫인상을 결정하는데 도움을 준다.

(3) 의사소통의 보조적 기능을 수행한다.

얼굴의 표정을 나타내어 감정을 표현하는데 도움을 준다.

2. 눈썹 형태에 따른 특징

얼굴 형태에 맞게 눈썹을 정리함으로써 얼굴의 표정과 인상을 변화시킬 수 있다.

표 5-1 눈썹 형태에 따른 특징

눈썹형태	눈썹그림	특 징
표준형		• 기본적인 눈썹 모양 • 모든 얼굴형
아치형		• 우아하고 여성스러운 이미지 • 이마가 넓은 경우, 역삼각형 얼굴형
상승형 (화살형)		• 역동적이며 야성적인 이미지 • 둥근 얼굴형, 개성 없는 얼굴형
일자형 (수평형)		• 젊고 신선하며 활동적인 이미지 • 긴 얼굴형, 폭이 좁은 얼굴형
각진형		• 지적이며 단정하고 세련된 이미지 • 둥근 얼굴형, 길이가 짧은 얼굴형

3. 눈썹정리의 이해

(1) 눈썹정리 시 부적용 대상

① 과민성 또는 알레르기성 피부

② 눈에 질병(결막염, 다래끼, 안검염 등)이 있는 경우

③ 눈 주위의 염증이나 부어오른 피부

④ 눈 주위의 상처나 멍

(2) 눈썹정리 시 고려해야 할 사항

① 자연적인 현재의 눈썹 형태

② 불규칙적인 눈썹의 성장 패턴이나 흉터

③ 유행의 흐름

④ 고객의 나이

⑤ 얼굴의 형태

⑥ 눈의 위치와 형태

⑦ 고객이 착용하는 안경

⑧ 고객의 요구

(3) 눈썹정리를 위한 눈썹의 위치별 명칭

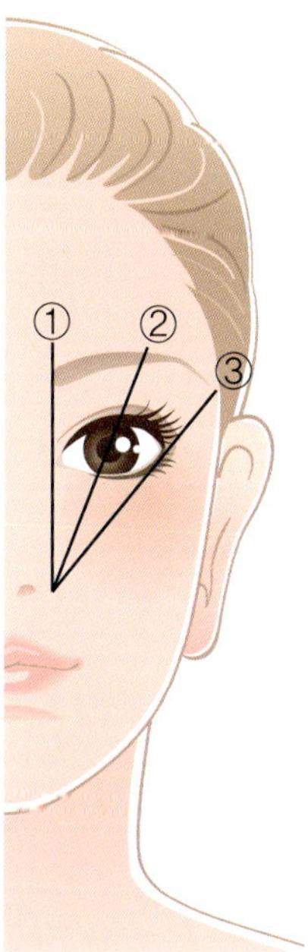

눈썹의 정확한 길이와 모양을 결정하기 위해 사용해야 하는 3가지 주요 가이드라인

① **눈썹 머리(눈썹 시작점)** : 콧방울을 수직으로 올려 만나는 곳에 위치

② **눈썹 산(눈썹 아치)** : 고객에게 정면을 응시하게 한 후 눈동자의 중심에 맞춰 콧망울과 이어진 지점

③ **눈썹 꼬리(눈썹 끝나는 점)** : 콧방울과 눈 끝을 지나는 45° 각도 지점

※ 올바른 측정값을 기억할 수 있도록 눈썹 연필로 표시할 수 있다.

그림 5-1 눈썹정리를 위한 눈썹의 위치별 명칭

(4) 눈썹정리 순서

① 눈썹정리 전 눈썹부위는 반드시 소독제로 닦아내어야 한다.

② 따뜻하게 적신 화장솜을 눈썹정리 부위에 약 2분 정도 올려둔다.

③ 눈썹 정리용 브러시로 눈썹을 빗어준다. 이때, 눈썹 숱이 많고 길면 눈썹 정리용 브러시를 이용하여 눈썹 수정용 가위로 자른 다음 눈썹정리를 한다.

- 눈썹정리용 도구는 반드시 소독하여 사용한다.

④ 눈썹 머리–눈썹 산–눈썹 꼬리의 위치를 측정하여 눈썹 연필로 표시한다. 이때 고객에게 얼굴 형태에 맞게 눈썹 형태를 제시해 주고 정리하도록 한다.

⑤ 눈썹정리할 부위에 2,3지 혹은 3,4지를 올려 피부를 펴고 그 사이에 난 털을 족집게를 이용해 눈썹이 자라는 방향으로 뽑아낸다.

- 눈썹 산이나 눈썹 윗부분을 지나치게 정리하지 않는다.
- 눈썹 밑부분을 중심으로 눈두덩이 부위는 깨끗하게 정리한다.
- 가능한 피부 표면과 가까이에서 털毛을 잡도록 한다.
- 족집게 사용 시 눈썹이 난 방향으로 한 번에 하나씩 뽑는다.

⑥ 제거된 부위를 화장솜으로 닦아내고, 거울을 사용하여 고객이 모양을 확인할 수 있게 한다.

⑦ 눈썹정리된 부위는 진정제품을 발라 해당 부위를 보호하도록 한다.

(5) 눈썹정리 후 관리

① 눈썹정리 결과를 고객관리카드에 기록한다.

- 정확하게 카드를 작성한다.

② 눈썹정리에 대한 고객의 피드백 반응도 기록한다.

③ 제품과 홈케어, 이후 관리 일정에 대해서도 설명하고 기록한다.

- 24시간 동안 다른 안과 치료를 받지 않고 만지지 않도록 주의한다.
- 24시간 동안 눈썹정리 부위에 화장, 열 처리, 향수 제품을 바르지 않도록 하고 진정제품을 바르도록 알려준다.
- 눈썹정리 후 발생할 수 있는 증상에 대해서도 설명한다.

④ 모주기에 따라 다르지만 2~3주 후 관리 받도록 예약을 잡는다.

4. 눈썹정리로 인한 부작용Contra-action

모든 관리에는 부작용Contra-action이 발생할 수 있다는 것을 고객에게 알려줘야 하고, 만약 고객에게 부작용이 발생했다면 고객카드에 기록하고 올바른 관리법에 대해서도 조언한다. 다음은 눈썹 정리 후 드물게 나타나는 반응에 대한 설명이다.

(1) 홍반Excessive erythema

피부가 약간 붓기 쉬운 붉은 색을 띤 경우. 이는 상당히 정상적인 반응으로, 시원한 젖은 솜으로 닦은 후 소독용 진정로션을 발라 최소화한다.

(2) 피부집힘Nipping of the skin

족집게를 사용하면서 피부를 실수로 찔렀다는 것을 알 수 있다. 모세혈관이 파열되면 피부가 붉어진다. 시원하게 적신 화장솜으로 소독용 진정 로션을 바르고 고객에게는 집에서 위치하젤을 사용할 것을 권한다. 이러한 문제가 발생하지 않도록 피부를 팽팽하게 잡고 관리해야 한다.

(3) 점상 출혈Spot bleeding

모낭을 제거한 털의 외상으로 인해 모세혈관이 파열되어 일시적으로 발생한다. 만약 이것이 발생한다면 장갑을 착용하고 그 부위에 소독약을 발라야 한다. 출혈이 몇 분 안에 멈출 것임을 고객에게 알린다.

(4) 인그로잉 헤어Ingrowing hairs

인그로잉 헤어는 피부안으로 털이 자라는 것을 말하며, 드물지만 털이 잘못 제거되면 발생할 수 있다. 만약 인그로잉 헤어라면 털이 피부표면으로 느슨하게 다시 자라도록 놔둬야 하고, 고객이 인그로잉 헤어 성향을 가지고 있다면, 정기적인 보습과 각질 제거가 예방하는데 도움이 된다.

수행준거별 평가 체크리스트					
대분류	중분류	소분류	세분류(직무)	능력단위	능력단위코드
이용·숙박·여행·오락·스포츠	이·미용	이·미용서비스	피부미용	피부미용 눈썹미용관리	1201010222_17v4
능력단위요소	1	눈썹정리하기			
수행준거	1.1	눈썹정리를 위해 도구를 소독하여 준비할 수 있다.	[지식] • 공중위생관리법 • 피부관리학 • 화장품학 [기술] • 눈썹 수정 도구 사용 및 소독능력 • 제모부위 소독 처리 능력 • 고객 선호도에 맞게 눈썹 정리하는 능력 • 눈썹 정리 능력 [태도] • 고객이 편안히 이완할 수 있도록 배려하려는 태도 • 위생적으로 고객을 배려하려는 태도 • 고객의 반응을 살피려는 객관적 태도		
	1.2	고객이 선호하는 눈썹 형태로 정리할 수 있다.			
	1.3	눈썹정리 후 정리한 부위에 대한 진정관리를 실시할 수 있다.			

수행준거	상세 수행준거	평가항목	척도	
			YES	NO
1.1	1.1.1	눈썹관리용 재료 목록에 따른 도구를 준비할 수 있다.		
	1.1.2	준비된 눈썹관리 도구를 소독할 수 있다.		
	1.1.3	소독된 눈썹관리 도구를 웨건에 세팅할 수 있다.		
1.2	1.2.1	눈썹정리할 부위의 문제성 유무를 체크할 수 있다.		
	1.2.2	고객이 원하는 눈썹형태를 확인할 수 있다.		
	1.2.3	눈썹을 소독할 수 있다.		
	1.2.4	눈썹 정리용 브러시를 이용하여 눈썹 머리, 눈썹 산, 눈썹 꼬리의 위치를 정할 수 있다.		
	1.2.5	눈썹 정리용 브러시를 이용하여 눈썹을 빗을 수 있다.		
	1.2.6	눈썹의 형태를 정하여 족집게나 수정용 가위로 정리할 수 있다.		
1.3	1.3.1	수정된 눈썹 부위에 진정젤을 도포할 수 있다.		
	1.3.2	작업이 끝난 후 깨끗하게 주변정리를 할 수 있다.		
총계		11		

2. 눈썹 염색하기

학습 목표

- 눈썹 염색약과 도구를 위생적으로 준비할 수 있다.
- 눈썹을 위생적으로 소독한 후 브러시로 가지런히 할 수 있다.
- 눈썹 염색약을 준비하고 고객의 요청에 따라 눈썹을 염색할 수 있다.

<table>
<tr><th colspan="7">사전 진단평가 체크리스트</th></tr>
<tr><th>대분류</th><th>중분류</th><th>소분류</th><th colspan="2">세분류(직무)</th><th>능력단위</th><th>능력단위코드</th></tr>
<tr><td>이용·숙박·여행·오락·스포츠</td><td>이·미용</td><td>이·미용서비스</td><td colspan="2">피부미용</td><td>피부미용 눈썹미용관리</td><td>1201010222_17v4</td></tr>
<tr><td rowspan="2">능력단위요소</td><td rowspan="2">2</td><td colspan="3" rowspan="2">눈썹 염색하기</td><td colspan="2">척도</td></tr>
<tr><td>YES</td><td>NO</td></tr>
<tr><td rowspan="4">수행준거별 평가항목</td><td>2.1</td><td colspan="3">눈썹 염색약과 도구를 위생적으로 준비할 수 있다.</td><td></td><td></td></tr>
<tr><td>2.2</td><td colspan="3">눈썹을 위생적으로 소독한 후 브러시로 가지런히 할 수 있다.</td><td></td><td></td></tr>
<tr><td>2.3</td><td colspan="3">눈썹 염색약을 준비하고 고객의 요청에 따라 눈썹을 염색할 수 있다.</td><td></td><td></td></tr>
<tr><td>합계</td><td colspan="3">3</td><td></td><td></td></tr>
</table>

1. 눈썹 염색의 이해

눈썹과 속눈썹의 염색은 자연스러우면서도 더 두껍고 길어보이는 효과 이외에 전체적인 얼굴의 이미지를 깔끔하고 부드럽게 보이게 하는 장점이 있다.

(1) 색상 선택 시 고려사항

① 고객이 일반적으로 사용하는 눈썹 연필 색상
② 고객의 머리 색깔
③ 고객의 자연 눈썹 색
④ 고객이 요구하는 색

(2) 눈썹 염색이 필요한 경우

① 속눈썹이나 눈썹의 선명도를 추가하고 싶을 때
② 마스카라에 문제가 있는 콘택트렌즈 착용자
③ 마스카라에 알레르기가 있는 사람
④ 수영을 자주 하는 사람
⑤ 안경 때문에 마스카라를 바르는데 어려움을 겪는 사람
⑥ 머리 색깔 변화에 맞추고 싶을 때

(3) 눈썹 염색 시 주의사항

① 염색하기 24시간 전 반드시 패치테스트patch test를 실시한다.
② 눈가 전용 화장품에 대한 알레르기나 민감성 여부를 확인한다.
③ 감염이나 염증은 없는지 살핀다.
④ 염색부위 주변은 화장품 잔여물이 남지 않도록 깨끗하게 클렌징한 후 실시한다.
⑤ 신경이 예민한 고객의 경우 눈을 깜빡거리거나 움직여 염색제가 안구에 들어가거나 염색이 제대로 이루어지지 않을 수 있으므로 관리에 주의한다.

2. 눈썹 염색약의 이해

(1) 염색약의 성분

눈썹염색을 위해서는 반드시 눈썹용 염색제를 사용해야 하며, 절대 모발용 염색제를 눈썹에 사용해서는 안 된다.

① 제1액

미네랄오일Mineral oil, 세틸알콜Cetyl alcohol, 라놀린lanolin, 파라핀왁스Paraffin wax, 페닐렌디아민Phenylenediamine 등

② 제2액

세틸알코올Cetyl alcohol, 과산화수소Hydrogen peroxide, 나트륨Sodium, 물Water 등

(2) 염색약의 작용

속눈썹 염색약은 염색을 활성화하기 위해 10vol의 과산화수소와 혼합된다. 염색약을 바르고 작은 분자들이 모발로 들어가는 동안, 염색약은 산화되며 분자들은 부풀어 오르고 머리카락에 고정된다.

과산화수소는 염색을 활성화시키는 산화제이다. 이 과정은 혼합된 염색약이 공기와 접촉하는 즉시 시작되고 약 20분 후에 효과가 중지된다.

(3) 염색약 혼합 시 주의사항

염색약과 과산화수소를 매끄러운 페이스트를 형성할 때까지 스틱을 사용하여 혼합한다. 이때 반드시 비금속성 용기를 사용해야 한다. 그렇지 않으면 금속이 촉매 작용을 하여 색조와 그릇 사이에서 화학 반응을 일으키기 때문이다.

(4) 염색약의 혼합비율과 염색 시간

① 염색약의 비율은 제1액 : 제2액 = 1 : 1로 한다.

② 염색시간은 원래 모(毛)의 색상에 따라 차이가 있겠지만, 대부분 속눈썹은 5~7분 정도 염색을 하고, 눈썹은 2~3분 정도 염색을 한다.

3. 눈썹 염색으로 인한 부작용

눈썹 염색약은 안전하고 저자극성이지만 여전히 위험은 존재하며, 이러한 위험은 대개 일시적이나 얼굴과 눈 주위의 적색 충혈, 가려움, 부어오름, 피부 발진/두드러기, 부기, 물집 등을 포함할 수 있으며, 관리 전 고객에게 알려줘야 한다.

4. 눈썹미용 관리 실기

얼굴의 형태와 개인의 개성과 유행을 고려하여 눈썹 모양, 눈썹 길이, 눈썹 색깔을 조절하고 염색하는 과정을 눈썹미용 관리라 한다.

준비물

- 눈썹손질 칼
- 눈썹브러시
- 눈썹용 펜슬
- 수정가위
- 거울
- 베드
- 의자
- 정리대웨건
- 타올
- 터번
- 소독용 알코올
- 미용솜
- 면봉
- 젖은솜
- 냉·온습포
- 화장수

수행순서 1 눈썹 손질

1. 눈썹 손질용 도구 및 기구를 위생적으로 준비한다.
2. 피부관리사의 손을 소독한다.
3. 눈썹을 소독한다.
4. 고객의 눈썹모양을 파악한다.
5. 눈썹 길이를 먼저 조절한다.
6. 눈썹을 브러시로 빗어준다.
7. 눈썹 형태에 맞춰 눈썹 가위나 수정칼로 다듬는다.
8. 눈썹 근육이 움직이지 않게 텐션을 주고 족집게를 이용해 털이 난 방향대로 신속하게 뽑아낸다.
9. 눈썹을 제거한 부위에 진정젤을 바른다.

① 눈썹 손질용 도구 및 기구를 준비한다.

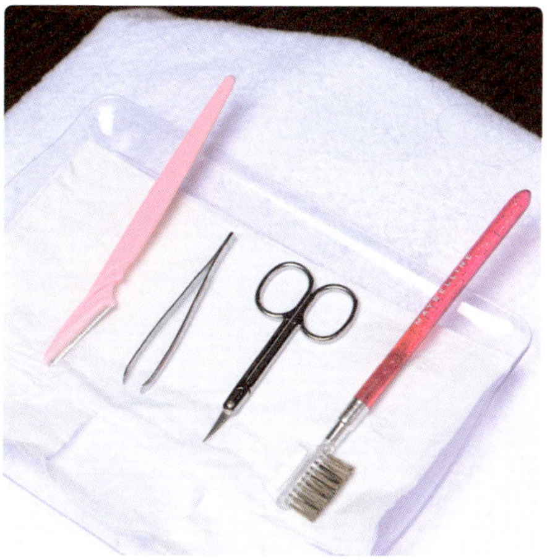

② 관리자의 손을 소독한다.

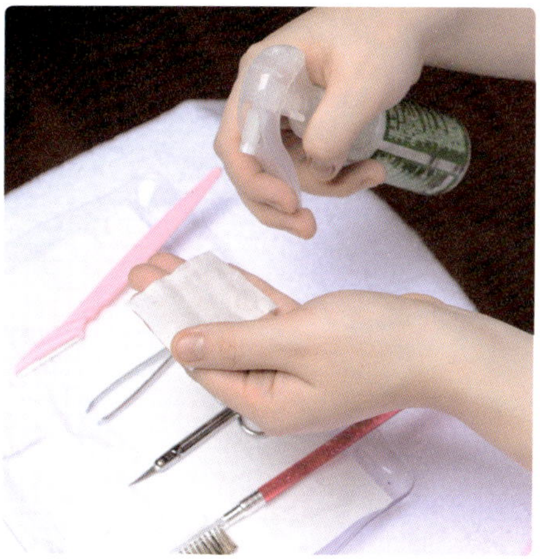

③ 눈썹을 소독한다.

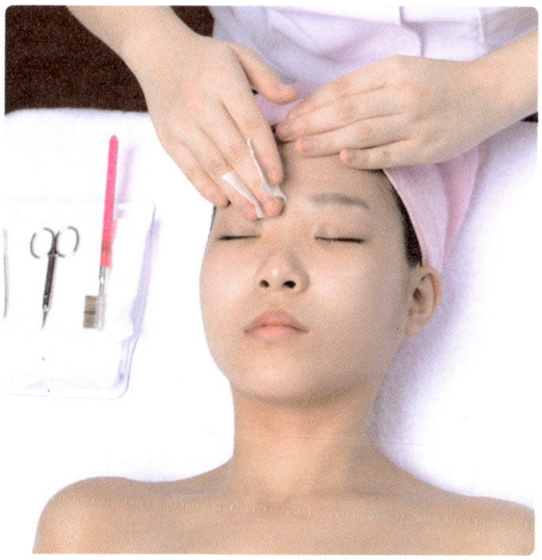

④ 고객의 눈썹 모양을 파악한다.

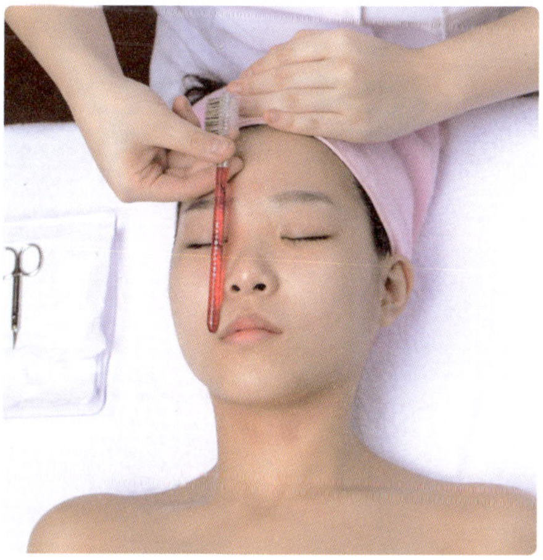

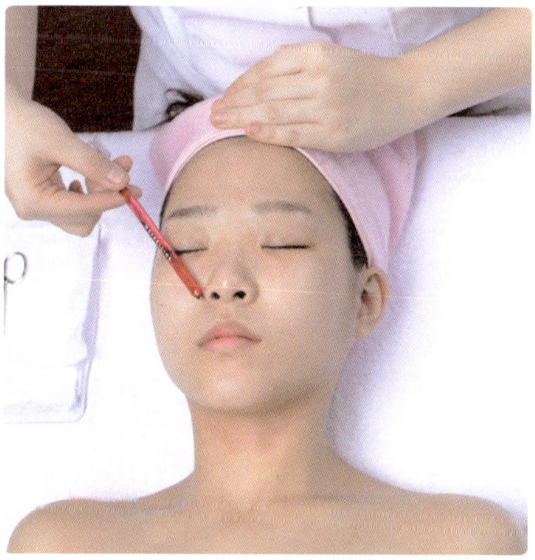

⑤ 눈썹을 브러시로 빗어준다.

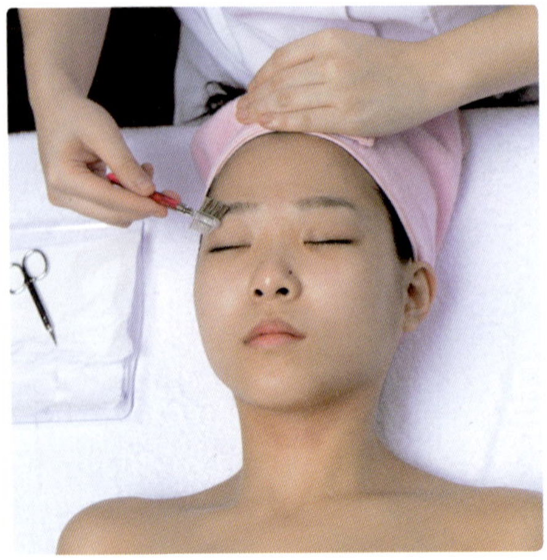

⑥ 눈썹 형태에 맞춰 눈썹 가위나 수정 칼로 다듬는다.

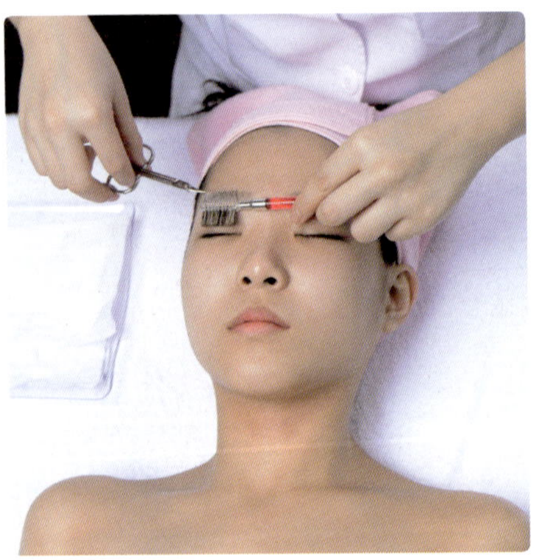

⑦ 족집게를 이용해 털이 난 방향대로 뽑아낸다.

⑧ 수정칼을 이용하여 마무리하고 진정젤을 바른다.

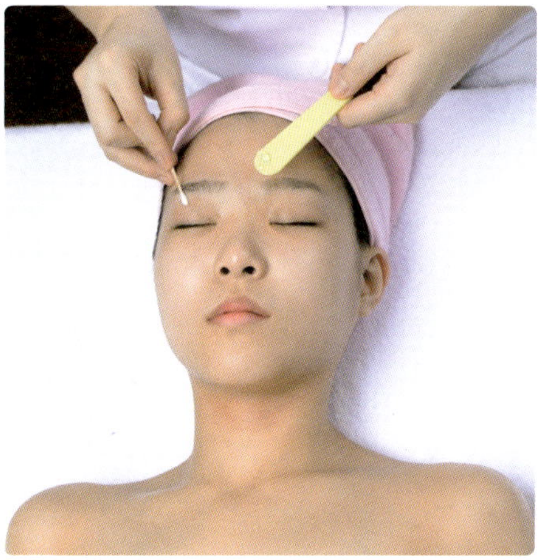

Tip

- 눈썹은 끝이 처지지 않아야 한다.
- 눈썹 뽑은 자리는 예민해지기가 쉬우므로 사우나는 당일은 피하는 것이 좋다.
- 도구 및 기구는 안전하게 소독하여야 한다.
- 눈썹 양끝을 잡고 텐션을 준다. (눈동자는 누르지 말아야 한다.)

준비물

- 눈썹염색 설명하는 책
- 눈썹염색제
- 눈썹브러시
- 염색용 붓
- 유리볼
- 면봉
- 젖은솜
- 족집게
- 눈썹펜슬
- 진정 젤
- 눈주위 보호제
- 베드
- 의자
- 정리대웨건
- 미용솜
- 거울

수행순서 2 속눈썹 염색

1. 눈썹 염색제를 준비한다.
2. 눈썹 염색약 1액과 2액을 1 : 1의 비율로 섞는다.
3. 눈 밑에 보호제를 바른다.(착색방지)
4. 물에 젖은 솜을 눈 모양으로 잘라 눈 바로 아래로 바짝 붙여서 댄다.
5. 눈두덩, 눈썹 위에 보호제를 바른다.(착색방지)
6. 앞, 뒤 꼼꼼히 염색약을 바른다.
7. 윗눈썹부터 깨끗한 젖은 솜으로 닦는다.
8. 눈 아래 대었던 젖은 솜을 반접어서 옆으로 닦으며 뺀다.
9. 깨끗한 퍼프로 위, 아래로 깨끗이 여러 번 닦는다.
10. 닦아서 묻어나지 않을 때까지 닦은 후 스킨으로 정리(pH 밸런스)한다.

Tip

- 속눈썹 염색시간 : 5~7분
- 염색지속시간 - 약 한달 (4주)
- 눈썹 염색제가 눈에 들어가지 않도록 주의해야 한다.
- 눈주위 보호제을 바른다.
- 눈썹에 엉겨 붙지 않게 위에서 아래로 잘 펴서 바른다.
- 패치테스트를 한 후 시술한다.
  - 12시간~24시간.
  - 알레르기 반응이나 두통이 올 수 있으므로 주의.
  - 평소했던 사람도 나이들면 알러지 반응이 올 수 있다.
- 부적응증 : 틱 장애, 당뇨로 인한 안과장애, 안과질환, 알러지, 피부염

① 1액과 2액을 1:1 비율로 섞는다.

② 눈 밑에 보호제를 바른다. (착색방지)

③ 물에 젖은 솜을 눈모양으로 잘라 눈 바로 아래 붙여서 댄다.

④ 눈두덩, 눈썹 위에 보호제를 바른다.

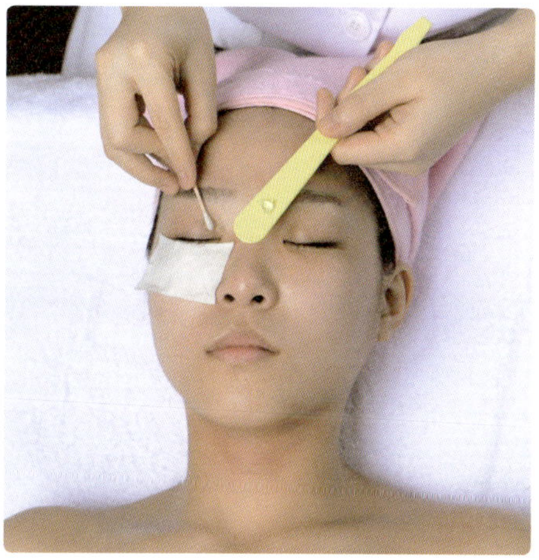

⑤ 앞, 뒤 꼼꼼히 염색약을 바른다.

⑥ 윗눈썹부터 깨끗한 젖은 솜으로 닦는다.

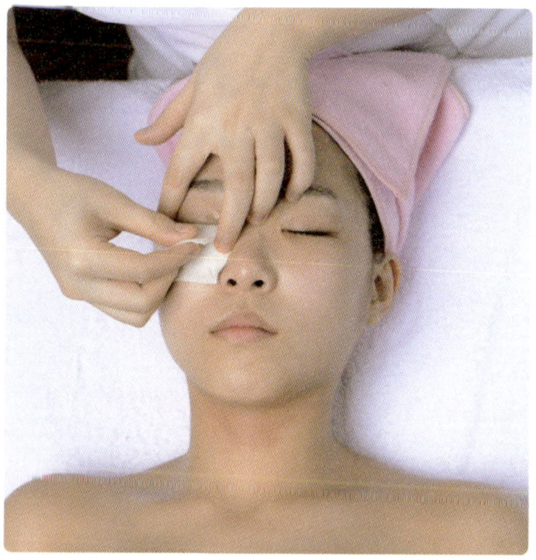

⑦ 눈 아래 대었던 젖은 솜을 반접어서 옆으로 닦으며 뺀다.

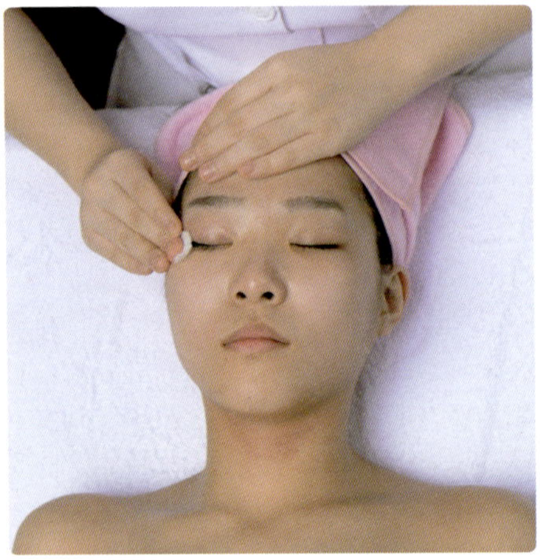

⑧ 깨끗한 퍼프로 위, 아래로 여러번 깨끗이 닦는다.

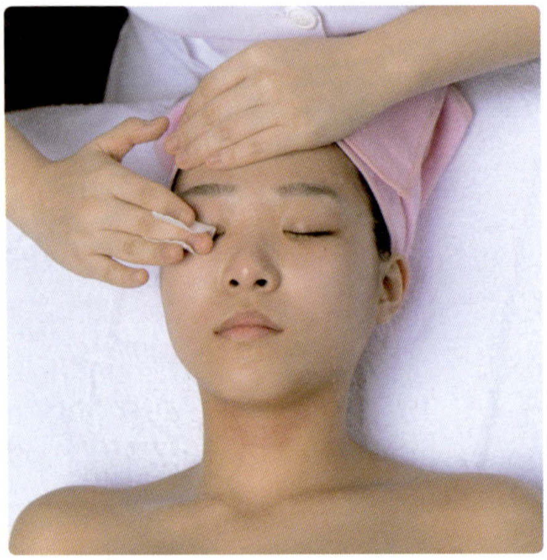

⑨ 닦아서 묻어나지 않을 때까지 닦는다.

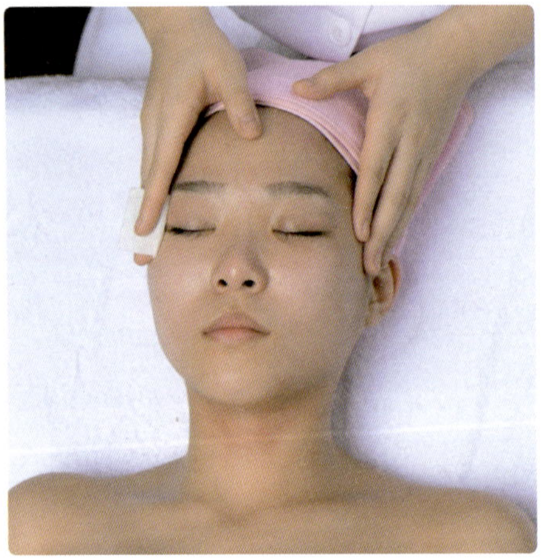

⑩ 스킨으로 정리한다.

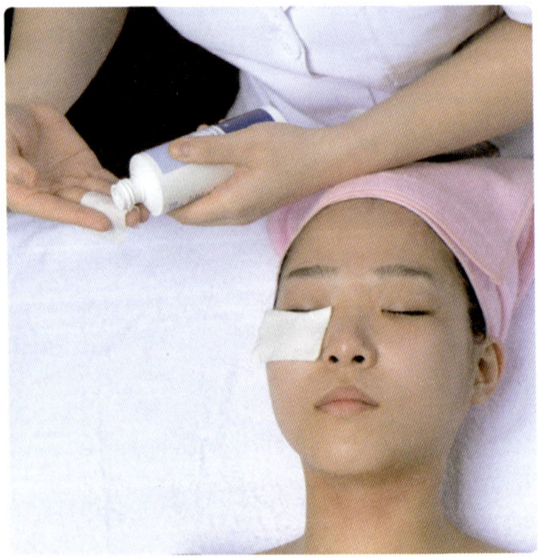

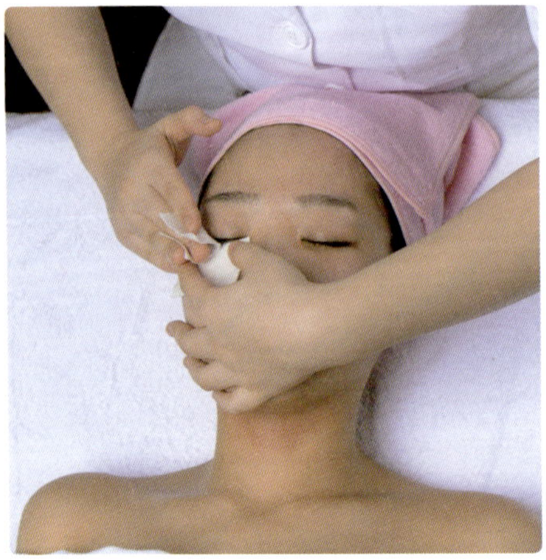

<table>
<tr><th colspan="6">수행준거별 평가 체크리스트</th></tr>
<tr><th>대분류</th><th>중분류</th><th>소분류</th><th>세분류(직무)</th><th>능력단위</th><th>능력단위코드</th></tr>
<tr><td>이용·숙박·여행·오락·스포츠</td><td>이·미용</td><td>이·미용서비스</td><td>피부미용</td><td>피부미용 눈썹미용관리</td><td>1201010222_17v4</td></tr>
<tr><td>능력단위요소</td><td>2</td><td colspan="4">눈썹 염색하기</td></tr>
<tr><td rowspan="3">수행준거</td><td>2.1</td><td>눈썹 염색약과 도구를 위생적으로 준비할 수 있다.</td><td colspan="3" rowspan="3">[지식]
• 피부관리학
• 눈썹 미용 색상 응용 이론
• 공중위생관리법
[기술]
• 고객의 요구에 맞게 시행할 수 있는 능력
• 눈썹 염색 능력
[태도]
• 고객을 배려하는 객관적 태도
• 피부자극이 덜 가도록 배려심 있는 태도
• 위생적으로 청결하게 하는 태도</td></tr>
<tr><td>2.2</td><td>눈썹을 위생적으로 소독한 후 브러시로 가지런히 할 수 있다.</td></tr>
<tr><td>2.3</td><td>눈썹 염색약을 준비하고 고객의 요청에 따라 눈썹을 염색할 수 있다.</td></tr>
</table>

<table>
<tr><th rowspan="2">수행준거</th><th rowspan="2">상세 수행준거</th><th rowspan="2">평가항목</th><th colspan="2">척도</th></tr>
<tr><th>YES</th><th>NO</th></tr>
<tr><td rowspan="3">2.1</td><td>2.1.1</td><td>눈썹 염색약을 준비할 수 있다.</td><td></td><td></td></tr>
<tr><td>2.1.2</td><td>준비된 눈썹 염색 도구를 소독할 수 있다.</td><td></td><td></td></tr>
<tr><td>2.1.3</td><td>소독된 눈썹 염색 도구를 웨건에 세팅할 수 있다.</td><td></td><td></td></tr>
<tr><td rowspan="4">2.2</td><td>2.2.1</td><td>눈썹 염색약에 대한 패치테스트 유무를 확인할 수 있다.</td><td></td><td></td></tr>
<tr><td>2.2.2</td><td>눈썹 염색할 부위의 문제성 유무를 체크할 수 있다.</td><td></td><td></td></tr>
<tr><td>2.2.3</td><td>눈썹을 소독할 수 있다.</td><td></td><td></td></tr>
<tr><td>2.2.4</td><td>눈썹 정리용 브러시를 이용하여 눈썹을 빗을 수 있다.</td><td></td><td></td></tr>
<tr><td rowspan="5">2.3</td><td>2.3.1</td><td>눈썹 주변에 눈 보호용 패드를 부착할 수 있다.</td><td></td><td></td></tr>
<tr><td>2.3.2</td><td>염색용 볼에 제1액과 제2액을 일정 비율로 혼합할 수 있다.</td><td></td><td></td></tr>
<tr><td>2.3.3</td><td>염색용 붓을 이용하여 눈썹에 염색약을 도포할 수 있다.</td><td></td><td></td></tr>
<tr><td>2.3.4</td><td>일정시간 경과 후 염색약을 깨끗하게 제거할 수 있다.</td><td></td><td></td></tr>
<tr><td>2.3.5</td><td>눈썹 염색 주변부위에 진정젤을 도포할 수 있다.</td><td></td><td></td></tr>
<tr><td colspan="2">총계</td><td>12</td><td></td><td></td></tr>
</table>

Chapter 6
피부미용 얼굴 매뉴얼테크닉

1. 얼굴 매뉴얼테크닉 하기
2. 영양물질 도포하기

Chapter. 6

피부미용 얼굴 매뉴얼테크닉

피부미용 얼굴 매뉴얼테크닉이란?

얼굴 부위에 5가지 동작을 적절하게 활용하여 테크닉을 구사하고 영양물질을 도포하여 혈액을 순환시키고 유분과 수분의 유지를 돕는 능력이다.

Open Thinking

- Client : 음식을 먹을 때 씹는 작용을 하는 근육이 긴장되면 턱선이 각이지며 미워지는데요. 피부관리로 턱선이 예뻐질 수 있다는데 사실인가요?
- Beauty Therapist : 얼굴 근육 중에 음식을 먹을 때 씹는 작용을 하는 교근이 턱선주변에 있는데요. 교근이 긴장되면 일명 사각턱을 만들어 여성스러움보다는 약간 남성스러움의 턱라인이 형성된답니다. 매뉴얼테크닉을 통해 긴장된 근육을 이완시키게 되면서 다시 예쁜 턱선이 될 수 있어요.
- Client : 민감한 피부도 피부관리를 할 수 있을까요?
- Beauty Therapist : 매뉴얼테크닉 중 부드러운 동작기법으로는 쓸어서 펴 바르기동작이 있는데 이를 피부관리에 적용하면 피부에 자극을 주지 않으며 오히려 진정관리가 될 수 있어요.

1. 얼굴 매뉴얼테크닉 하기

학습 목표

- 매뉴얼테크닉을 하기 위해 얼굴 피부유형에 맞는 제품을 선택할 수 있다.
- 선택된 제품을 얼굴 피부에 도포할 수 있다.
- 5가지 기본 동작을 이용하여 매뉴얼 테크닉을 적용할 수 있다.
- 얼굴의 피부 상태, 부위에 맞게 적절한 리듬, 강약, 속도, 시간, 밀착 등을 조절하여 매뉴얼 테크닉을 적용할 수 있다.
- 얼굴매뉴얼 테크닉 후 제품의 잔여물 정리와 토닉을 이용하여 피부정돈을 할 수 있다.

사전 진단평가 체크리스트					
대분류	중분류	소분류	세분류(직무)	능력단위	능력단위코드
이용·숙박·여행·오락·스포츠	이·미용	이·미용서비스	피부미용	얼굴 매뉴얼 테크닉	1201010213_17v4
능력단위요소	1	얼굴 매뉴얼테크닉 하기		척도	
				YES	NO
수행준거별 평가항목	1.1	얼굴의 피부유형과 부위에 맞는 매뉴얼 테크닉 을 하기 위한 제품을 선택할 수 있다.			
	1.2	선택된 제품을 피부에 도포할 수 있다.			
	1.3	5가지 기본동작을 이용하여 매뉴얼 테크닉을 적용할 수 있다.			
	1.4	얼굴의 피부상태와 부위에 적정한 리듬, 강 약, 속도.시간, 밀착등을 조절하여 매뉴얼 테크닉을 적용 할 수 있다. 얼굴관리가 끝난 후 토닉으로 피부정리를 할 수 있다.			
	합계	4			

1. 매뉴얼테크닉의 정의

손을 이용한 동작으로 영양물질을 매개체로 한 5가지 기본동작으로 나뉘며, 근육의 생리적 기능을 활성화하고 피부표면의 혈액 순환을 촉진시킨다. 테크닉 적용 시 밀착, 연결 리듬의 강·약 및 시간 등을 고려하여 실시한다.

매뉴얼테크닉 : '마사지'의 대체용어로 피부미용에서 사용하는 용어

(1) 매뉴얼테크닉 적용을 위한 기본 이해

① 매뉴얼테크닉을 적용하고자 하는 부위에 따른 테크닉에 대하여 이해가 되어야 한다.
② 매뉴얼테크닉의 5가지 기본 동작의 작용과 효과에 대한 이해가 되어야 한다.
③ 제품 특징에 대한 이해와 피부유형에 적합한 제품에 대한 이해가 되어야 한다.

(2) 매뉴얼테크닉의 필요성

① 생활환경에서 오는 스트레스에 지친 피부를 회복시킨다.
② 신진대사 촉진으로 세포재생을 증진시키고 림프 순환촉진으로 부종을 완화시킨다.
③ 긴장감 있는 피부를 안정감 있는 피부 상태로 만든다.
④ 피부를 촉촉하고 윤기있는 건강한 피부로 유지시킨다.

(3) 매뉴얼테크닉 시 주의사항

① 일광 후 피부 자극을 받은 경우나 잦은 사우나로 민감한 경우
② 피부질환이나 염증 및 알레르기
③ 피부관리사의 개인위생(손톱, 구취)
④ 성형 후 부종, 모세혈관확장증

(4) 매뉴얼테크닉 적용 시 피부 유형별 제품

① 오일 : 건성 피부, 노화피부
② 크림 : 정상피부, 건성 피부, 노화피부
③ 로션 : 예민피부, 민감피부
④ 젤 : 지성 피부

2. 매뉴얼테크닉 종류

(1) 5가지 매뉴얼테크닉의 동작 및 효과

① 쓸어서 펴 바르기쓰다듬기, effleurage

- 동작 : 매뉴얼테크닉의 시작과 끝, 그리고 제품의 도포에 주로 사용되며 손가락과 손바닥을 사용하는 테크닉이다.
- 효과 : 피부 진정 및 림프 배액을 촉진하고 노화된 각질을 제거하는 세정 효과와 켈로이드 생성을 억제하는 효과가 있다.

② 밀착하여 펴 바르기문지르기, friction

- 동작 : 긴장된 근육 및 주름이 생기기 쉬운 부위이마, 눈, 입주변를 손가락 끝부분을 이용하여 원 굴리는 동작으로 사용하는 테크닉이다.
- 효과 : 조직의 혈액을 촉진하고 결체 조직을 강화시켜 탄력을 주고 모공의 피지를 배출하는 효과가 있다.

③ 어루만져 펴 바르기반죽하기, petrissage

- 동작 : 피부조직을 짜듯이 반죽하며 주무르듯이 하여 근육의 결체조직을 강화시키므로 예민한 부위에는 사용하지 않는 테크닉이다.
- 효과 : 근육의 혈액을 촉진하고 노폐물을 제거하며 근육 피로와 통증을 완화하는 효과가 있다.

④ 토닥토닥 펴 바르기두드리기, tapotement

- 동작 : 손가락 끝, 손의 측면 그리고 손바닥 전체 등을 이용하며 얼굴 전체 또는 부분적인 곳에 사용되는 테크닉이다.
- 효과 : 근육 위축과 지방 과잉 축적을 방지하고 신진대사를 촉진시켜 신경 소식 기능을 활성화시키는 효과가 있다.

⑤ 떨며 펴 바르기흔들어주기, vibration

- 동작 : 손가락 및 손바닥 전체로 피부를 진동을 주듯이 흔들며, 주로 볼과 턱 등에 많이 사용되는 테크닉이다.
- 효과 : 근육을 이완시키고 결체 조직 탄력을 증진시켜 림프와 혈액의 순환을 촉진하는 효과가 있다.

매뉴얼테크닉 시 고려 사항

Check Point

방향	정맥의 방향과 근섬유 방향으로 실시한다.
속도와 리듬강 · 약	속도가 너무 빠르면 결체조직에 영향을 주지 못하고 표면적 관리가 될 수 있으며 처음과 끝은 천천히 부드럽게 적용한다
압력	고객의 피부상태에 따라서 테크닉의 압력을 조절한다.
시간	10분에서 20분 정도 테크닉을 적용하며 피부 유형에 따라서 시간을 달리한다.

3. 매뉴얼테크닉 시 안면 근육과 기능

안면근은 두개골, 건, 건막으로 되어 있고 수축 시 관절의 운동보다는 얼굴의 피부 운동을 주도하여 감정을 표현하는 데 관여하므로 표정근 혹은 피근이라고도 하며, 제5뇌신경, 제7뇌신경인 안면 신경의 지배를 받는다.

(1) 얼굴근육 : 두피근육, 귀 주위근육

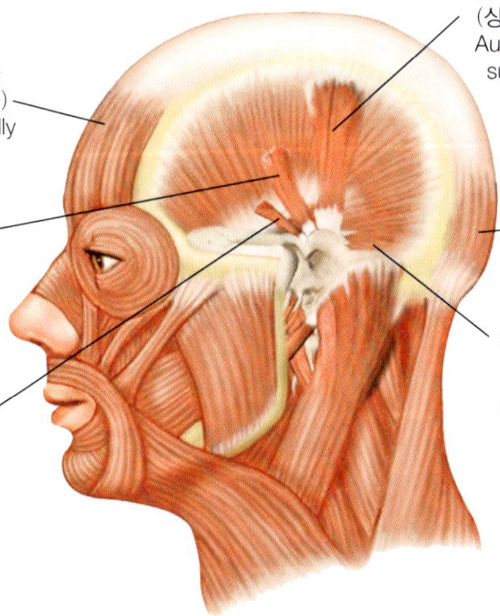

① 전두근

- 작용 : 눈썹을 끌어 올려 놀란 표정과 이마에 주름을 만들기도 하며 머리의 손상을

예방하기도 한다.

- **매뉴얼테크닉 적용기법** : 쓸어서 펴 바르기effleurage, 밀착하여 펴 바르기friction, 어루만져 펴 바르기petrissage

② 후두근

- **작용** : 머리 뒷부분에 위치하며 전두근과 모상건막과 함께 연결되어 있어 후두근의 긴장 시 전두근에 영향을 주고 눈썹 위 긴장 및 눈꺼풀의 처짐에도 영향을 줄 수 있다.
- **매뉴얼테크닉 적용기법** : 쓸어서 펴 바르기effleurage, 밀착하여 펴 바르기friction, 어루만져 펴 바르기petrissage

③ 측두근

- **작용** : 머리의 옆 부분으로 입을 벌리고 다무는데 교근과 길항 작용을 하며 측두근 양쪽의 불일치 시 치아의 좌 ,우 균형이 맞지 않는 것을 볼 수 있다.
- **매뉴얼테크닉 적용기법** : 쓸어서 펴 바르기effleurage, 밀착하여 펴 바르기friction, 어루만져 펴 바르기petrissage

(2) 얼굴근육 : 눈 주위근육

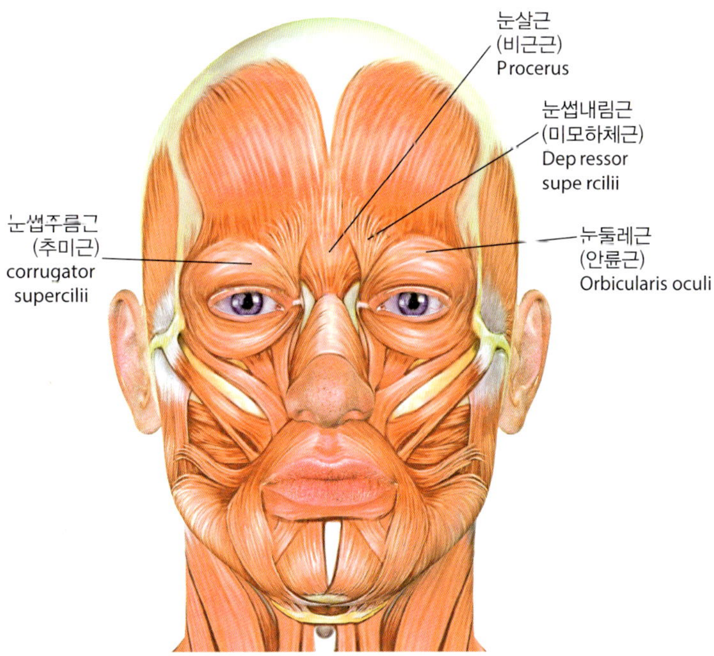

① 안륜근

- **작용** : 눈을 살짝 윙크하듯 조이기도 하며 눈을 꼭 감게 하기도 한다.
- **매뉴얼테크닉 적용기법** : 쓸어서 펴 바르기effleurage, 밀착하여 펴 바르기friction

② 추미근

- **작용** : 눈썹을 아래로 내리기도 하고 이마에 주름을 형성하기도 하고 눈살을 찌뿌릴 때 세로 주름을 형성하기도 한다.
- **매뉴얼테크닉 적용기법** : 쓸어서 펴 바르기effleurage, 밀착하여 펴 바르기friction, 어루만져 펴 바르기petrissage, 토닥토닥 펴 바르기 tapotement

(3) 얼굴근육 : 코와 입 주위근육

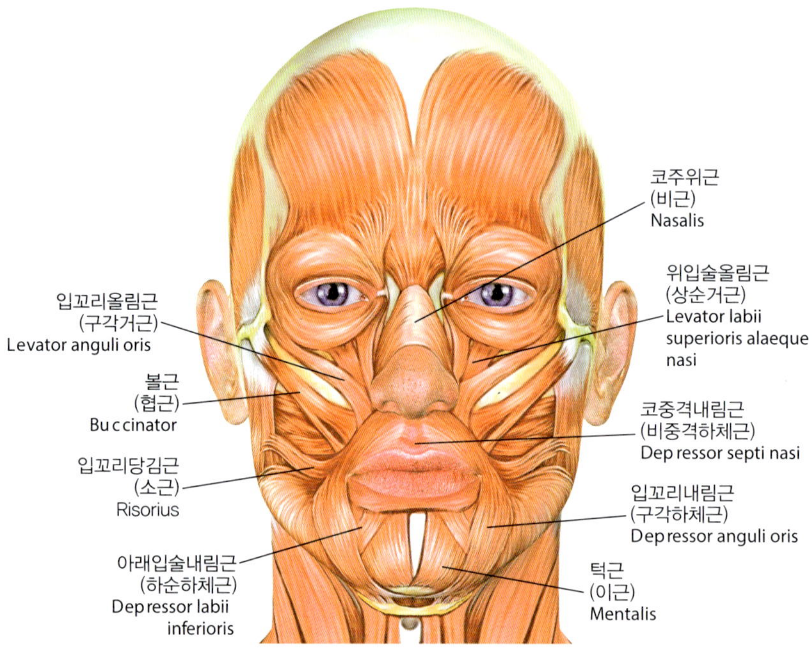

① 비근

- **작용** : 코의 상단을 덮고 있으며 눈썹을 내리기도 하고 콧대에 가로 주름을 형성하기도 한다.
- **매뉴얼테크닉 적용기법** : 쓸어서 펴 바르기effleurage, 밀착하여 펴 바르기friction

② 상순거근

- **작용** : 입술의 윗부분으로, 감싸 주고 여닫는 역할과 윗입술을 한 쪽으로 올려 싫은 표정을 짓기도 한다.

• 매뉴얼테크닉 적용기법 : 쓸어서 펴 바르기effleurage, 밀착하여 펴 바르기friction, 어루만져 펴 바르기petrissage

③ 구륜근(입둘레근)

• 작용 : 입을 닫고 입술을 오므리게 한다.

• 매뉴얼테크닉 적용기법 : 쓸어서 펴 바르기effleurage, 밀착하여 펴 바르기friction, 어루만져 펴 바르기petrissage, 토닥토닥 펴 바르기tapotement

(4) 얼굴근육 : 볼 근육

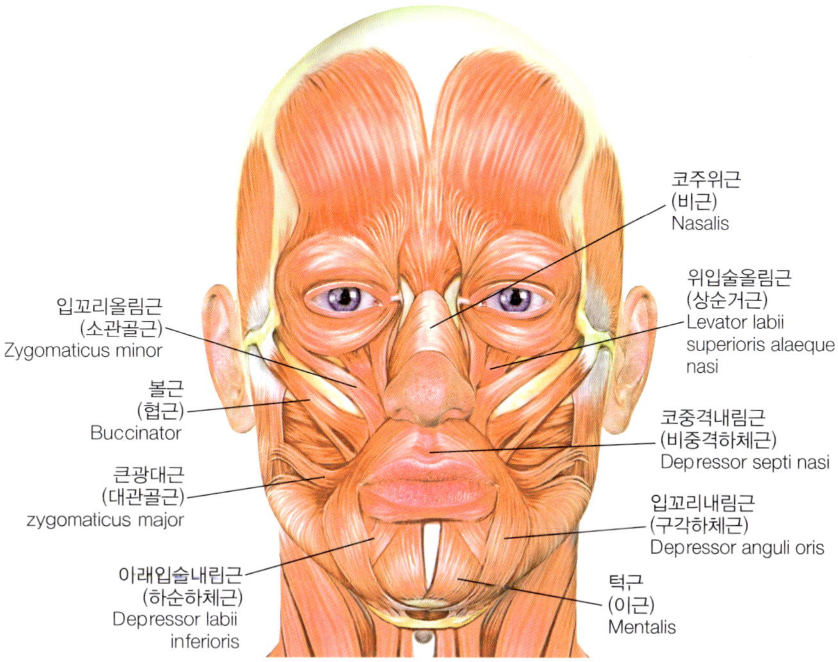

① 대관골근

• 작용 : 입꼬리를 뒤와 위로 당겨서 웃는 표정을 만든다.

• 매뉴얼테크닉 적용기법 : 쓸어서 펴 바르기effleurage, 밀착하여 펴 바르기friction, 어루만져 펴 바르기petrissage, 토닥토닥 펴 바르기tapotement, 떨며 펴 바르기vibration

② 소관골근

• 작용 : 구각에 부착된 근육으로 씩 웃음을 짓게 만든다. 입술고랑을 깊게 하며 슬픈 표정을 짓게 하는 근육이다

• 매뉴얼테크닉 적용기법 : 쓸어서 펴 바르기effleurage, 밀착하여 펴 바르기friction, 어루만져 펴 바르기petrissage, 토닥토닥 펴 바르기tapotement, 떨며 펴 바르기vibration

③ 협근(볼근)

- **작용** : 입 안의 공기를 담아 압력을 유지하고 풍선을 힘껏 불 때 이용되기도 하며 입을 꼭 다물어 성난 표정을 만들기도 한다.
- **매뉴얼테크닉 적용기법** : 쓸어서 펴 바르기effleurage, 밀착하여 펴 바르기friction, 어루만져 펴 바르기petrissage, 토닥토닥 펴 바르기tapotement, 떨며 펴 바르기vibration

④ 소근

- **작용** : 입꼬리를 바깥쪽으로 당기면서 볼에 보조개를 만든다.
- **매뉴얼테크닉 적용기법** : 쓸어서 펴 바르기effleurage, 밀착하여 펴 바르기friction, 어루만져 펴 바르기petrissage, 토닥토닥 펴 바르기tapotement, 떨며 펴 바르기vibration

⑤ 구각하체근

- **작용** : 입꼬리를 아래로 끌어내려 주며 슬픈 표정을 짓기도 한다.
- **매뉴얼테크닉 적용기법** : 쓸어서 펴 바르기effleurage, 밀착하여 펴 바르기friction, 어루만져 펴 바르기petrissage, 토닥토닥 펴 바르기tapotement, 떨며 펴 바르기vibration

⑥ 하순하체근

- **작용** : 아랫입술을 밑으로 당기며 입을 삐쭉 내밀게 하기도 한다.
- **매뉴얼테크닉 적용기법** : 쓸어서 펴 바르기effleurage, 밀착하여 펴 바르기friction, 어루만져 펴 바르기petrissage, 토닥토닥 펴 바르기tapotement, 떨며 펴 바르기vibration

⑦ 이근

- **작용** : 턱 끝에 위치하며 턱을 아래로 끌어내리고 턱 끝 주름을 만들기도 한다.
- **매뉴얼테크닉 적용기법** : 쓸어서 펴 바르기effleurage, 밀착하여 펴 바르기friction, 어루만져 펴 바르기petrissage

(5) 얼굴근육 : 씹기근육

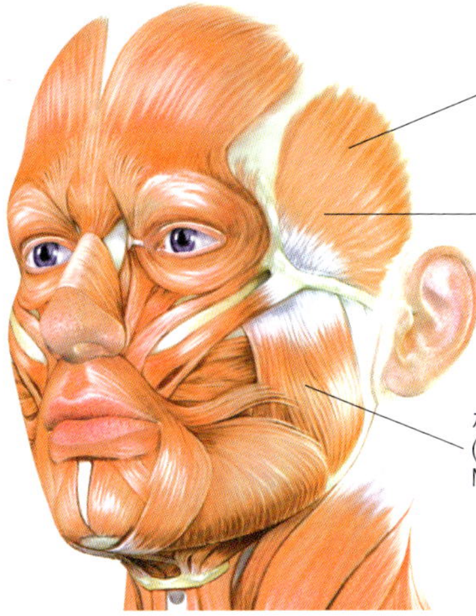

① 교근

- 작용 : 어금니를 깨물 때 느끼는 가장 강한 근육으로 아래턱을 위로 당긴다.
- 매뉴얼테크닉 적용기법 : 쓸어서 펴 바르기effleurage, 밀착하여 펴 바르기friction, 어루만져 펴 바르기petrissage, 토닥토닥 펴 바르기tapotement, 떨며 펴 바르기vibration

② 내측익돌근

- 작용 : 하악골을 위로 당긴다.
- 매뉴얼테크닉 적용기법 : 쓸어서 펴 바르기effleurage, 밀착하여 펴 바르기friction, 어루만져 펴 바르기petrissage

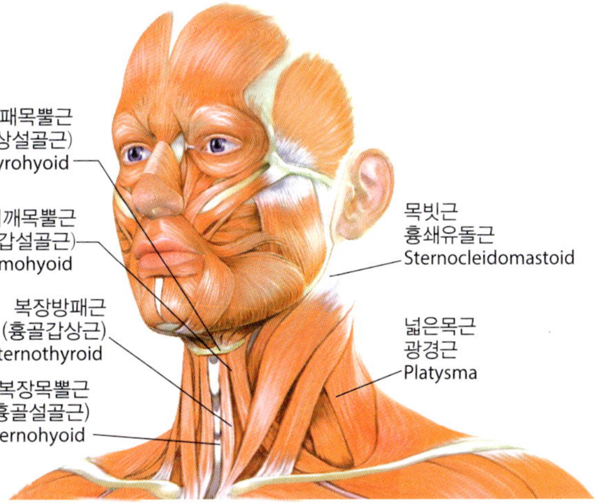

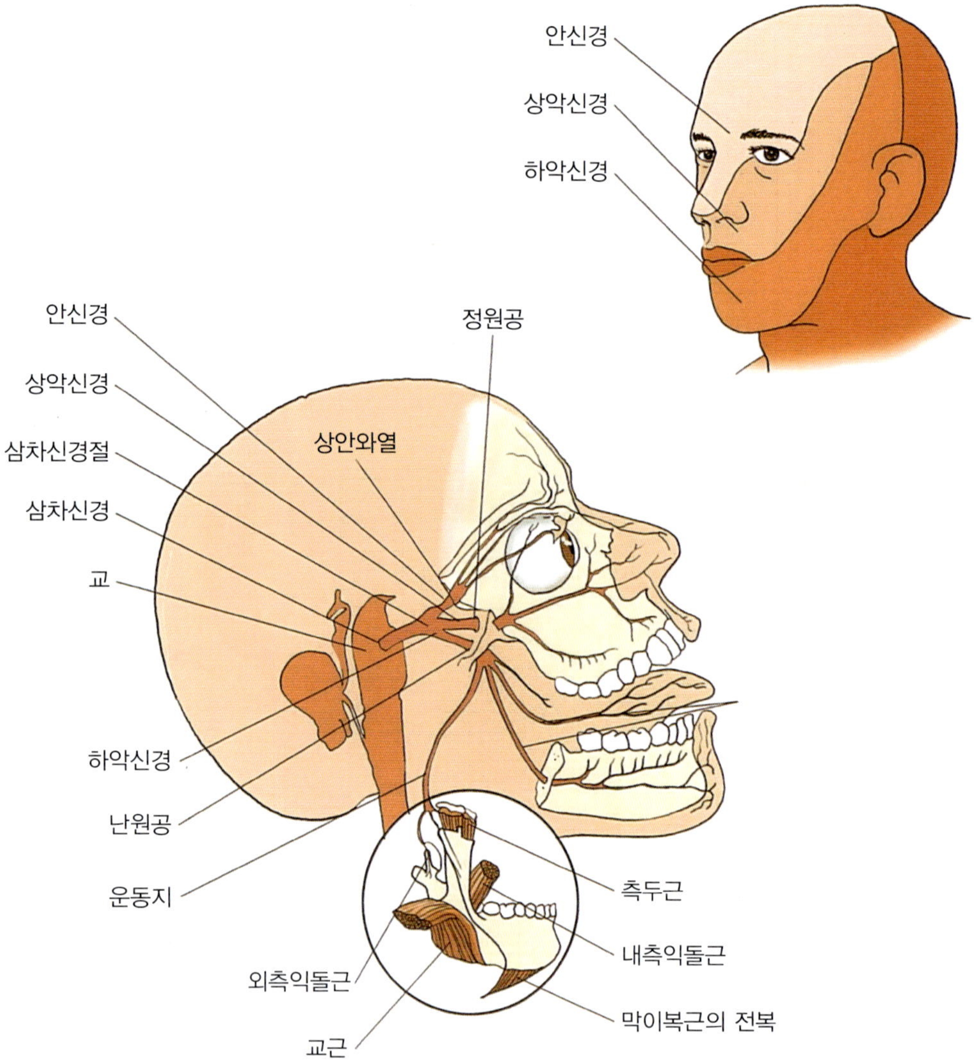

그림 6-1　삼차신경

Check Point

삼차신경

뇌12신경 중 제5신경으로 안면의 감각과 저작 작용에 관여하고 안면통증을 유발하기도 하는 신경이며 안신경, 하악신경, 상악신경의 세 가지로 갈라지므로 삼차신경이라 부른다.

4. 매뉴얼테크닉 전 준비사항

① 주변 환경을 깨끗이 하고 고객이 심리적 안정감을 취할 수 있게 조용한 음악과 은은한 조명을 활용한다.

② 피부관리사의 차가움이 느껴지지 않도록 부드럽고 따뜻하게 해야 한다.

③ 고객 피부의 이상 유·무 확인 및 피부유형에 맞는 제품을 선택하여 사용한다.

④ 제품 사용 시 위생을 위하여 스파츌라로 덜어서 사용한다.

⑤ 피부관리사는 손톱을 짧게 자르고 모든 액세서리를 착용하지 않으며 손톱에 에나멜을 바르지 않는다.

⑥ 피부관리사는 입 냄새, 큰 호흡(콧김)이 고객의 얼굴에 정면으로 닿는 것을 방지하기 위하여 꼭 마스크를 착용한다.

매뉴얼테크닉 하기

Check Point

① 재료·자료

매뉴얼테크닉 시 제품 사용 방법에 대한 설명서

매뉴얼테크닉 시 제품 적용 방법에 대한 설명서

② 기기(장비·공구)

왜건, 화장품, 스파츌라, 토닉, 티슈, 볼, 온습포, 터번

③ 안전 유의사항

- 매뉴얼테크닉을 할 때 크림이나 오일 등의 화장품이 눈, 코, 입에 들어가지 않도록 주의한다.
- 매뉴얼테크닉이 잘 되도록 적절한 양의 화장품을 사용한다.
- 피부관리사는 올바른 자세를 유지하도록 한다.
- 피부관리사의 손은 고객의 피부와 항상 부드럽게 밀착되어야 하며 흐름이 끊기지 않게 연결한다.
- 매뉴얼테크닉 시 고객과의 대화는 가급적 피한다.
- 일광욕으로 심하게 붉어진 피부, 상처가 있는 피부, 모세혈관이 확장된 피부, 심한 화농성 여드름 피부 등 트러블이 일어나기 쉬운 피부는 매뉴얼테크닉을 가볍고 짧게 하거나 삼간다.

5. 얼굴 매뉴얼테크닉 실기

매뉴얼테크닉은 고객에게 심리적 안정감을 주고 피부조직의 기능회복과 건강을 도모하기 위한 것이다.

클렌징과는 다르므로 5가지 기본동작을 활용하고 적당한 리듬, 강약, 속도, 시간, 밀착 등을 조절하여 테크닉을 구사하는 작업이다.

얼굴 매뉴얼테크닉 5가지 기본동작

① 쓸어서 펴 바르기Effleurage

② 밀착하여 펴 바르기Friction

③ 어루만져 펴 바르기Petrissage

④ 토닥토닥 펴 바르기Tapotement

⑤ 떨며 펴 바르기Vibration

얼굴포인트 순환점

① **머리 중앙** : 머리 두정부

② **눈썹 앞머리** : 눈썹 머리

③ **눈 앞쪽** : 눈머리와 코 사이 들어간 부분

④ **눈꼬리** : 눈꼬리 들어간 부분

⑤ **눈 밑 중앙** : 눈 중앙 바로 아래 (약 3cm 밑)

⑥ **볼** : 콧망울 외측에서 약 2cm 떨어진 눈 밑 중앙 바로 아래

⑦ **콧망울 옆** : 콧망울 바로 옆

⑧ **윗 입술중앙** : 코 아래골 중앙에 있는 부위

⑨ **입꼬리** : 입술 끝 외측에서 약 1cm 부위

⑩ **아랫입술중앙** : 아랫입술 중앙 아래

순환점의 효과

① **머리 중앙** : 진정시키는 효과

② **눈썹 앞머리** : 눈 주위 잔주름 예방 효과

③ **눈 앞쪽** : 눈을 상쾌하게 한다.

④ **눈꼬리** : 눈 주위 잔주름 예방

⑤ **눈 밑 중앙** : 눈을 상쾌하고 아름답게 한다.

⑥ **볼** : 볼의 피로를 덜어 준다.

⑦ **콧망울 옆** : 볼의 피로를 덜어 준다.

⑧ **윗 입술중앙** : 입 주위 피로를 덜어 준다.

⑨ **입 꼬리** : 입 주위 주름 예방 효과

⑩ **아랫입술중앙** : 입 주위 피로를 덜어주고 주름 예방 효과

준비물

- 화장품피부유형별
- 베드
- 의자
- 정리대웨건
- 타올
- 터번
- 마스크
- 보울유리볼, 고무볼
- 스파츌라
- 미용솜
- 해면일회용
- 붓
- 티슈
- 냉·온습포
- 화장수

Tip

- 제품이 눈, 코에 들어가지 않도록 해야 한다.
- 화장품 양이 적절해야 한다.
- 피부미용사는 관리할 때 자세가 바르게 유지되어야 한다.
- 고객과의 대화는 피하는 것이 좋다.
- 피부 상태를 파악하고 예민해진 피부, 화농성 여드름이 있는 경우 등 매뉴얼 테크닉은 가급적 가볍고 짧게 한다.

수행순서

1. 피부관리사의 손을 소독한다.

2. 터번으로 머리카락을 감싼다.

3. 스파츌라를 사용해서 제품을 덜어낸다.

4. 제품을 충분하게 볼에 덜어 손바닥에서 차가운 감을 없애고 얼굴 전체에 펴바른다.

5. 시작 동작은 쓸어서 펴바르기로 테크닉을 구사한다.

6. 얼굴 부위에 맞는 동작을 구사한다.

7. 마무리 동작은 언제든지 쓸어서 펴 바르기로 한다.

8. 티슈로 얼굴을 가볍게 닦아낸다.

9. 일회용 해면을 닦아낸다.

10. 온습포를 이용해 잔여물이 남지 않도록 닦아낸다.

11. 토닉으로 정리한다.

12. 다음 작업을 위하여 주변 정리를 깨끗이 한다.

Tip

- 근육과 근육 사이에 있는 혈관은 매뉴얼 테크닉에 의하여 확대되어 세포활성화와 혈액순환을 도와 림프의 원활한 활동에 도움이 된다.

Tip

- 먼저 림프 방향으로 쓸어준다.
- 쓸어서 펴바르기는 데콜테부터 시작하여 얼굴 전체를 쓸어준다.
- 테크닉 전에 이마부터 시작하여 얼굴-데콜테 방향으로 쓸어준다.

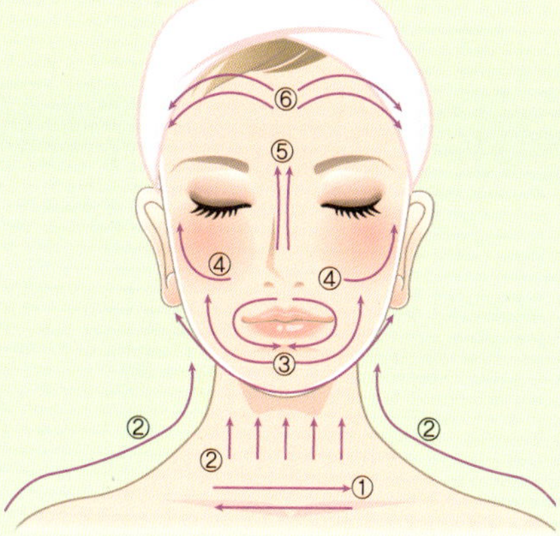

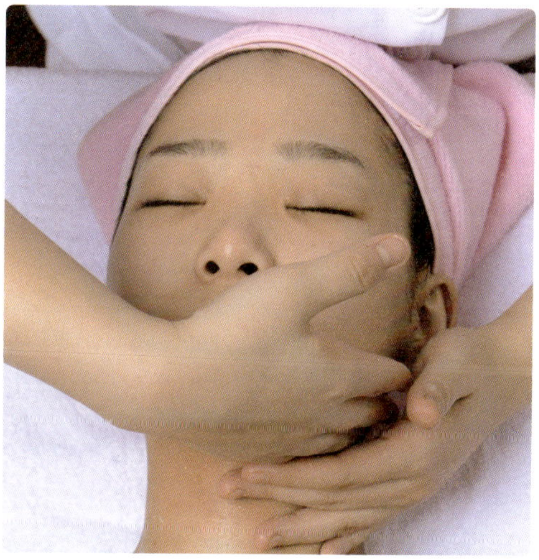

Check Point

- 피부상태에 따라 반복적인 동작은 조절하며 한다. (3회 3세트가 적당하다)

(1) 얼굴 전체 크림 도포

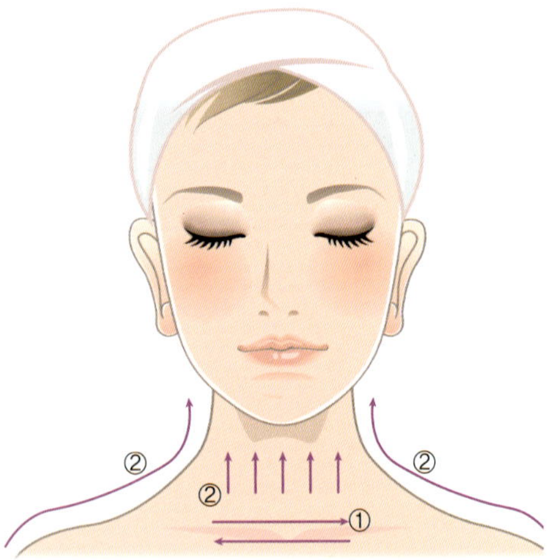

얼굴 도포쓸어서 펴 바르기

① 크림을 손바닥에 덜어낸 후 두 손으로 가볍게 편 뒤 크림을 따뜻하게 하여 양 손바닥을 이용해 쓰다듬기 동작으로 ①가슴→ ②목 화살표 방향으로 부드럽게 쓸어서 펴 바른다.

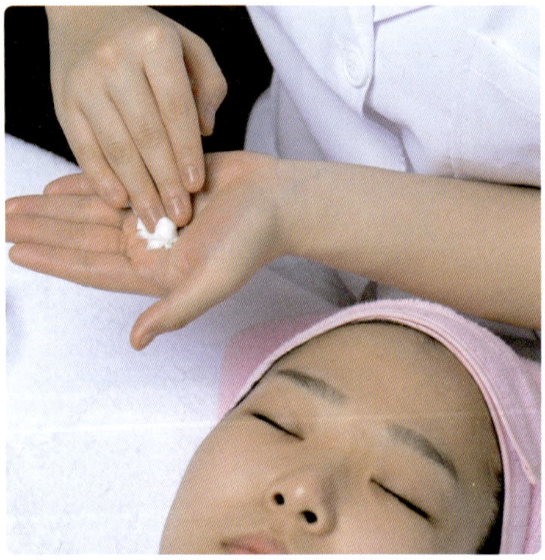

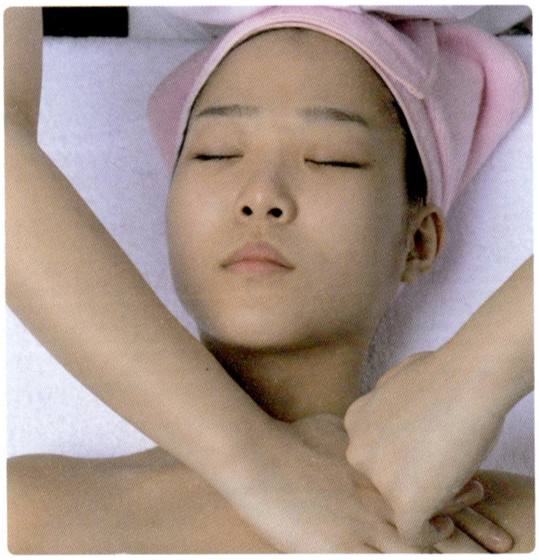

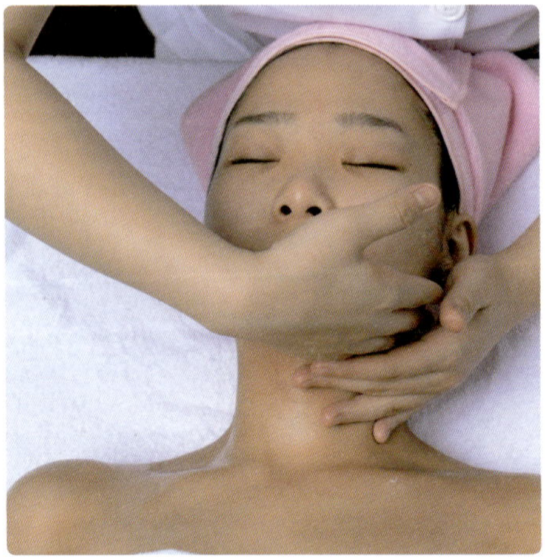

② 크림을 양손바닥을 이용해 쓸어서 펴 바르기 동작으로 ③ 턱→ ④ 볼 화살표 방향으로 부드럽게 펴바른다.

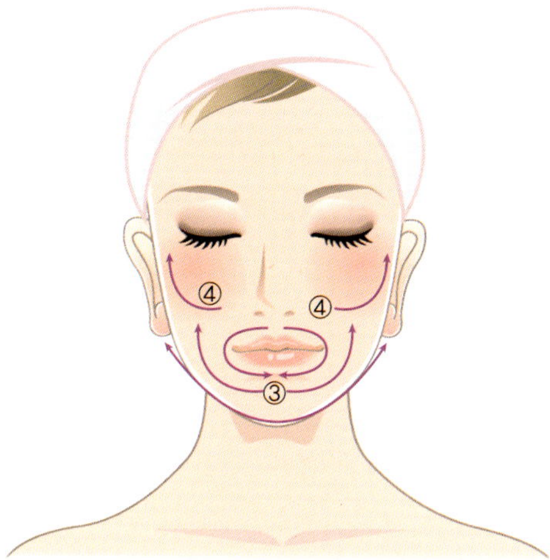

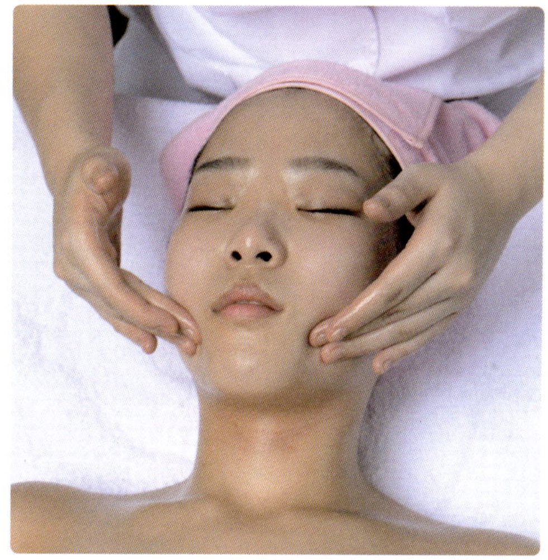

③ 크림을 양손바닥을 이용해 쓰다듬기 동작으로 ⑤ 코(3지, 4지)→ ⑥ 이마 화살표 방향으로 부드럽게 펴 바른다.

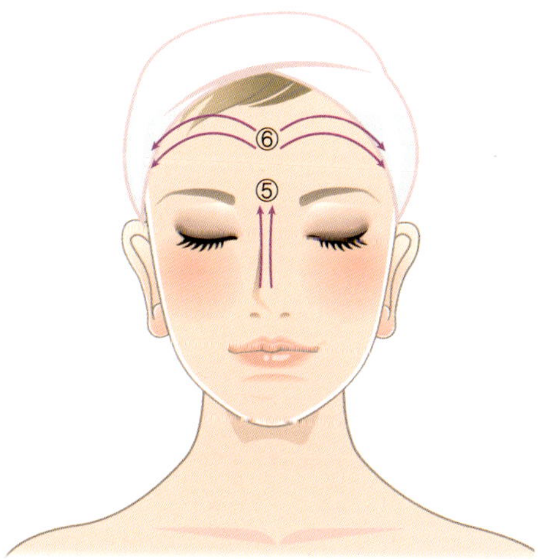

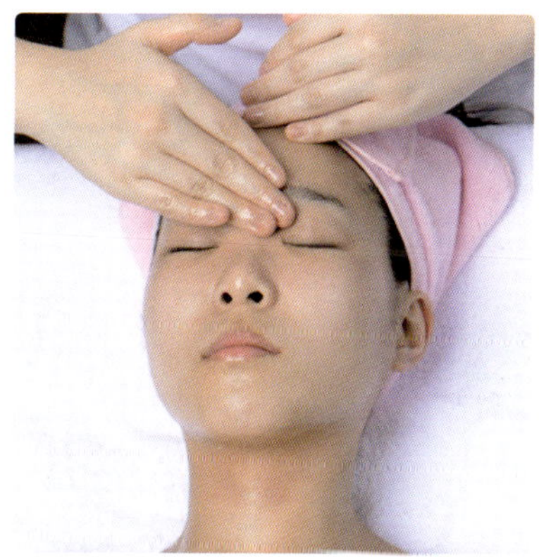

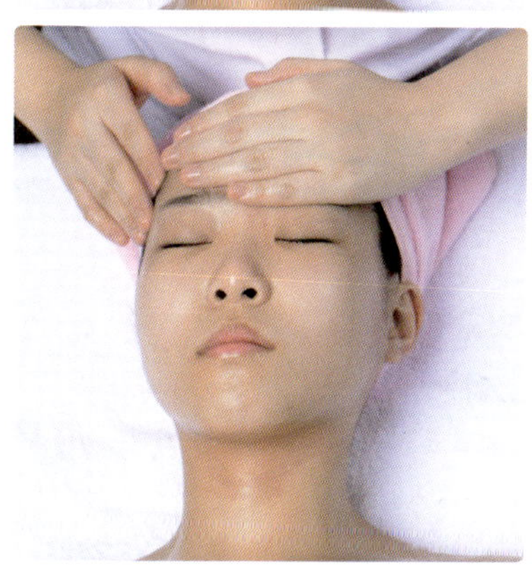

(2) 얼굴테크닉-전체

얼굴테크닉쓸어서 펴 바르기

① 양손바닥을 이용해 쓰다듬기 동작으로 ① 가슴→ ② 목 화살표 방향으로 부드럽게 쓸어서 펴 바른다.

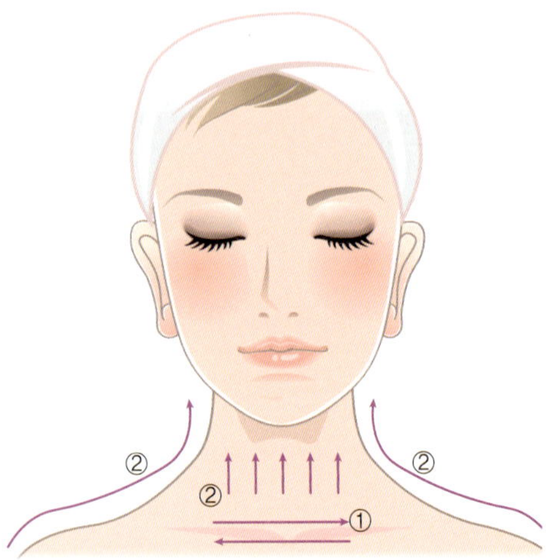

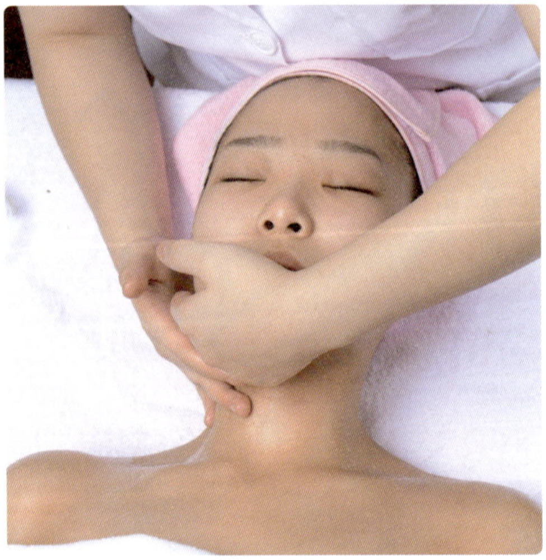

② 양손바닥을 이용해 쓸어서 펴 바르기 동작으로 ③ 턱→ ④ 볼 화살표 방향으로 부드럽게 펴 바른다.

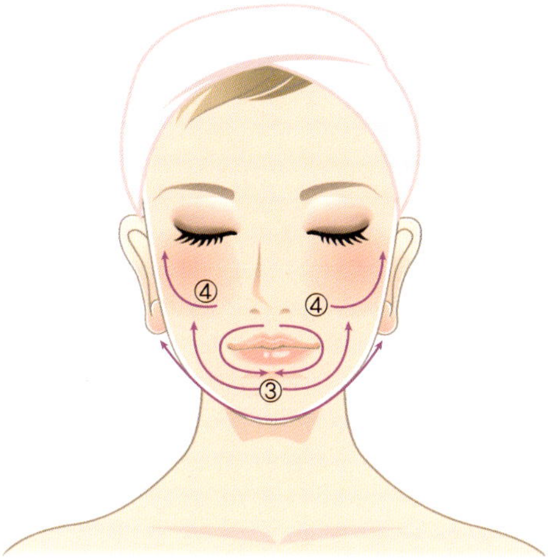

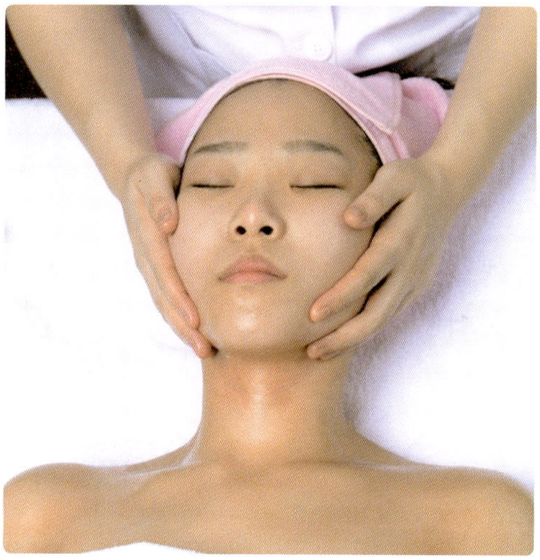

③ 양손바닥을 이용해 쓰다듬기 동작으로 ⑤ 코(3지, 4지)→ ⑥ 이마 화살표 방향으로 부드럽게 펴 바른다.

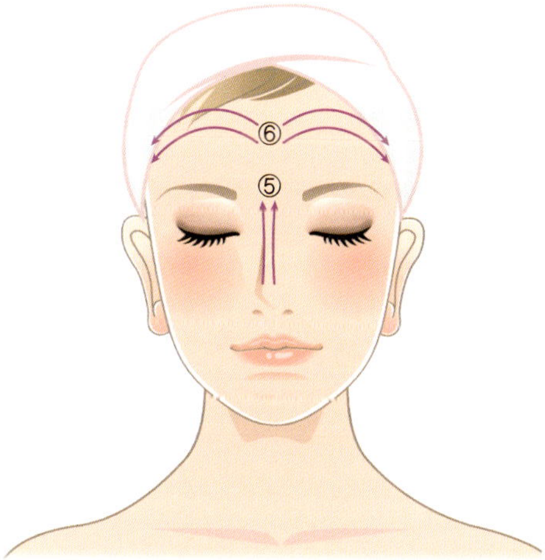

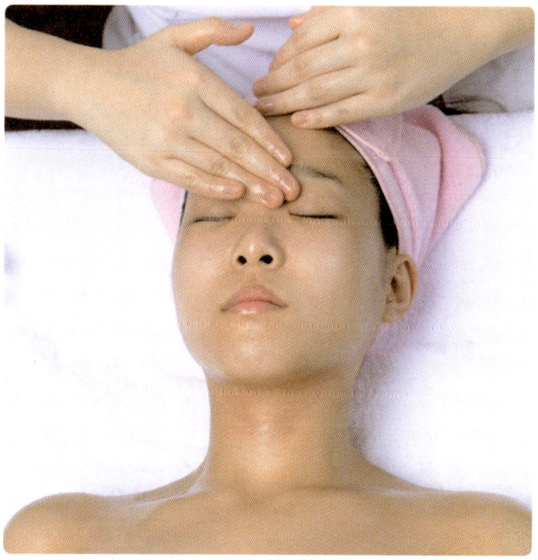

(3) 얼굴테크닉-이마

이마밀착하여 펴 바르기

① 양손의 3지, 4지 눈썹머리 부위에서 나선을 그리며 양쪽 관자놀이 쪽으로 내려가서 관자놀이를 지그시 자극한다. 2~3등분으로 나누어 테크닉한다.

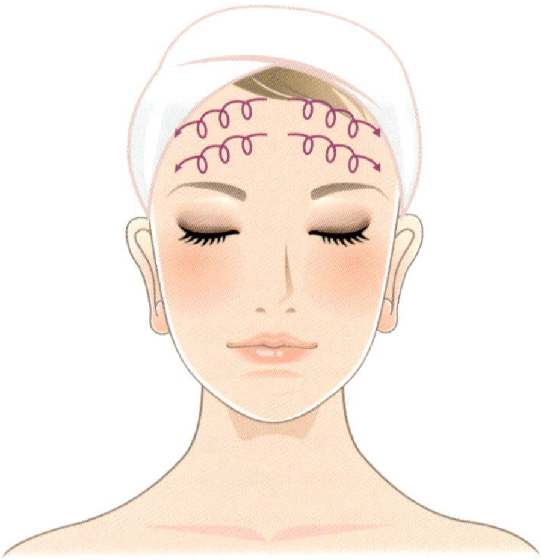
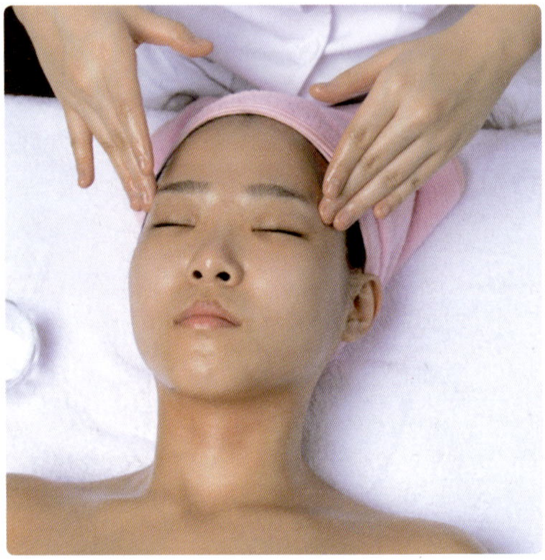

② 양손의 3지, 4지를 교차하면서 반원을 그린 후 관자놀이를 자극한 다음 귀 중간 에너지 포인트를 테크닉한다.

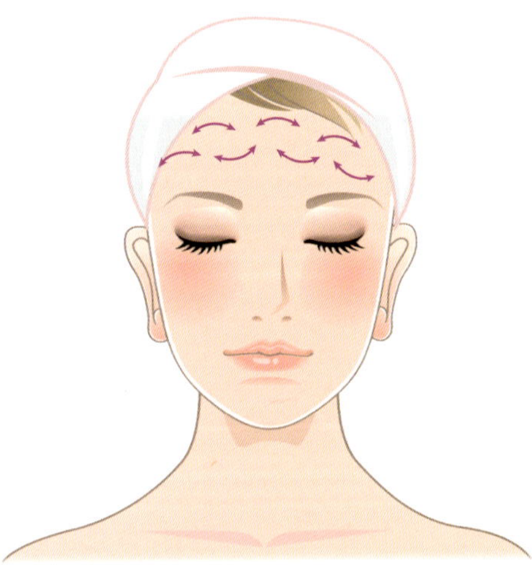
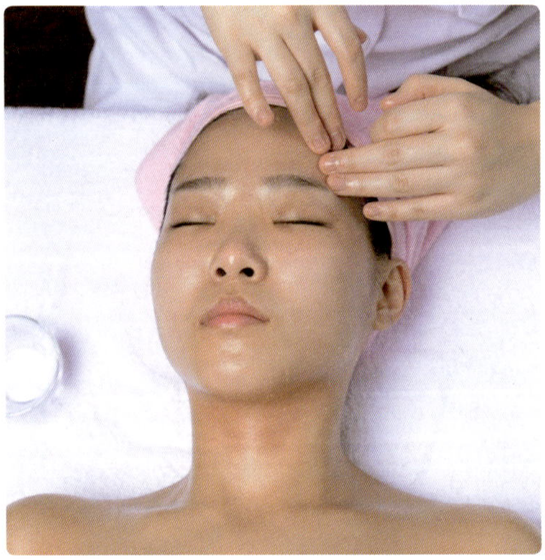

③ 오른손의 3지, 4지는 왼쪽 눈썹머리에 왼손의 3지, 4지는 오른쪽 눈썹머리에 올려놓고 서로 엇갈리면서 (X형) 헤어라인까지 올려주면서 테크닉한다.

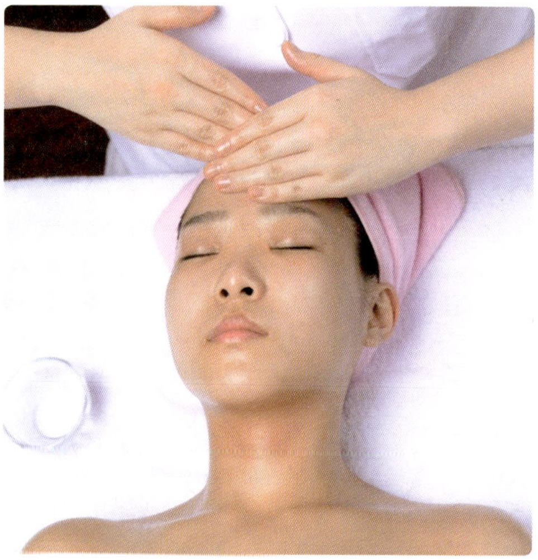

④ 양손의 2, 3, 4, 5지를 이용하여 눈썹 위에서 머리쪽으로 이마 전체를 골고루 가볍게 쓸어서 펴 바르기 한다.

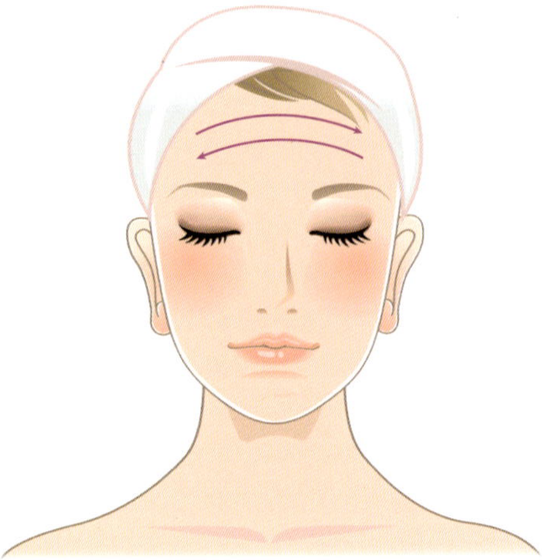

⑤ 양손의 2, 3, 4, 5지를 이용하여 관자놀이 부위에서 반대편 관자놀이 부위까지 이마 전체를 밀착하여 펴 바른다.

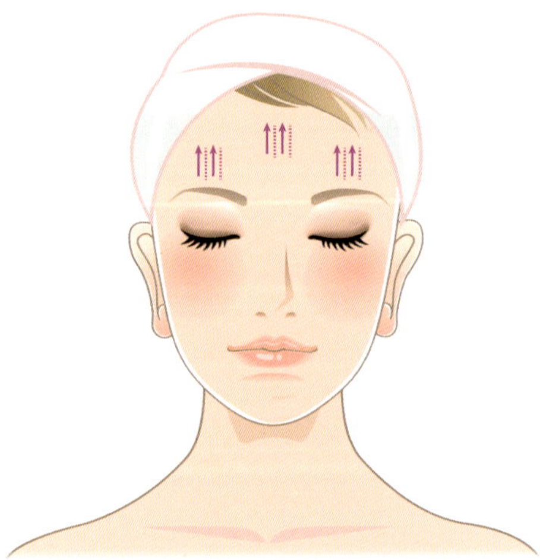

(4) 얼굴테크닉-눈주변

눈주변쓸어서 펴 바르기, 밀착하여 펴 바르기

① 눈주위를 양손의 3지로 원을 그리는 동작, 눈밑은 약하게 눈썹 위쪽은 강하게 강약을 조절하여 눈썹 앞머리를 테크닉한다.

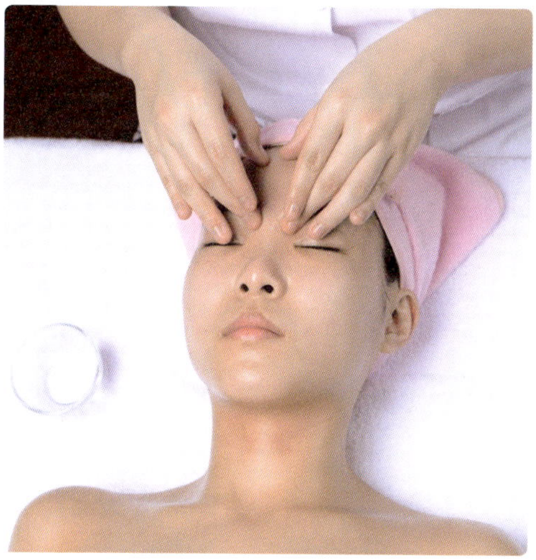

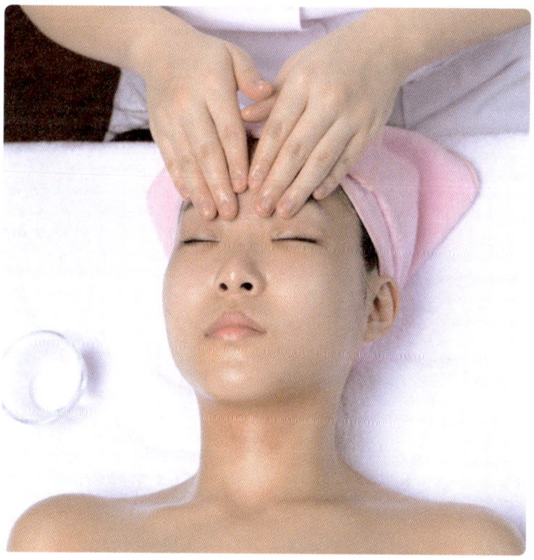

② 관자놀이에 8자를 그리며 눈밑으로 돌아 눈 앞쪽을 테크닉한다.

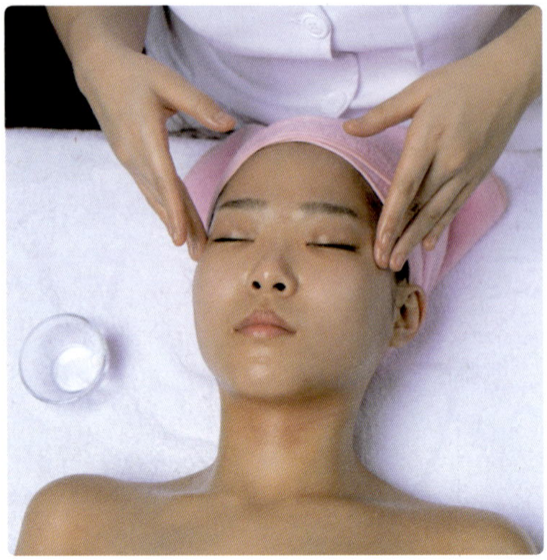

③ 양손 1지와 2지로 눈썹을 집듯이 잡으며 눈썹 꼬리 쪽으로 테크닉한다.

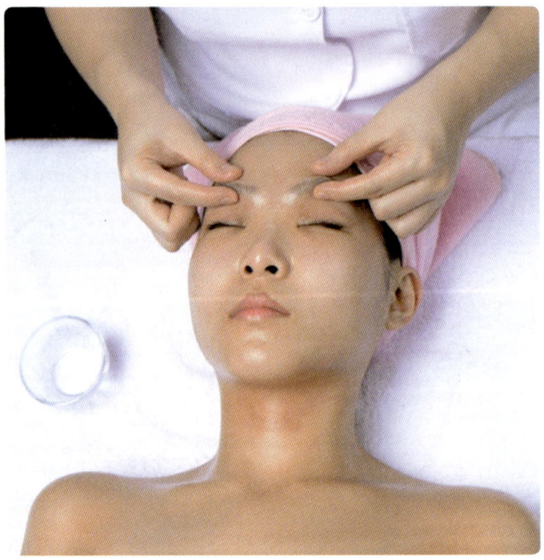

④ 왼쪽 1지는 오른쪽 눈밑에서 왼쪽 눈썹 위쪽으로 쓸어주고, 오른쪽 1지는 왼쪽 눈밑에서 오른쪽 눈썹 위쪽으로 밀착하여 펴 바른다.

⑤ 양 3지를 이용하여 눈꼬리 부분을 8자를 그리며 밀착하여 펴 바른다.(강약을 조절하여 한다)

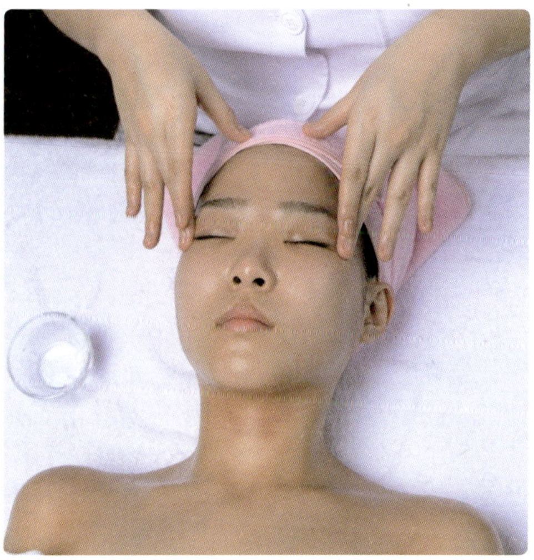

⑥ 양 3지와 4지를 이용하여 눈주위 근육을 부드럽게 쓸어서 펴 바른다.

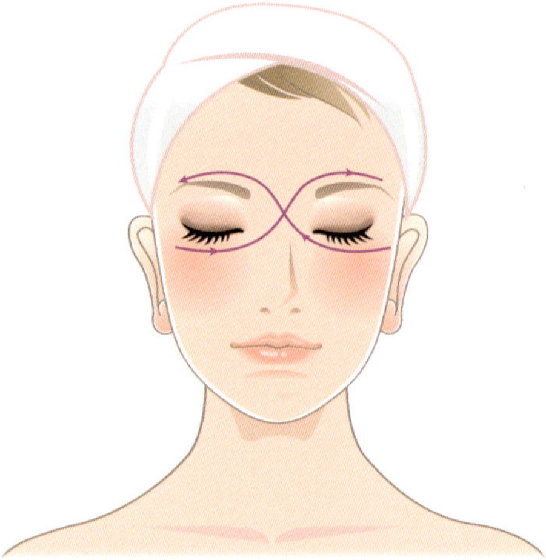

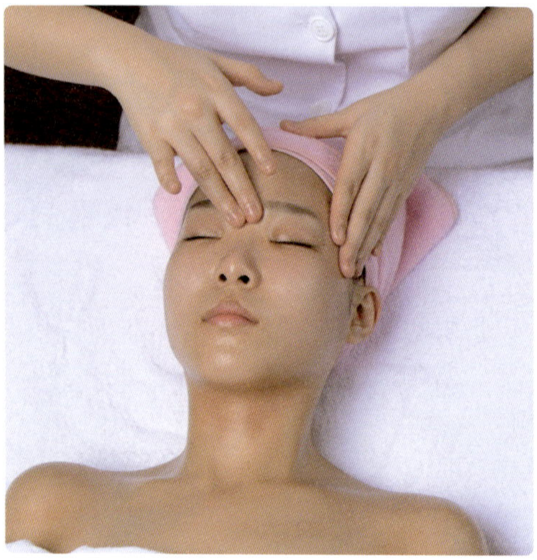

(5) 얼굴테크닉 - 코

코밀착하여 펴 바르기, 쓸어서 펴 바르기

① 양 3지를 이용하여 코끝에서부터 눈썹 머리쪽으로 나선을 그리며 밀착하여 펴 바른다.

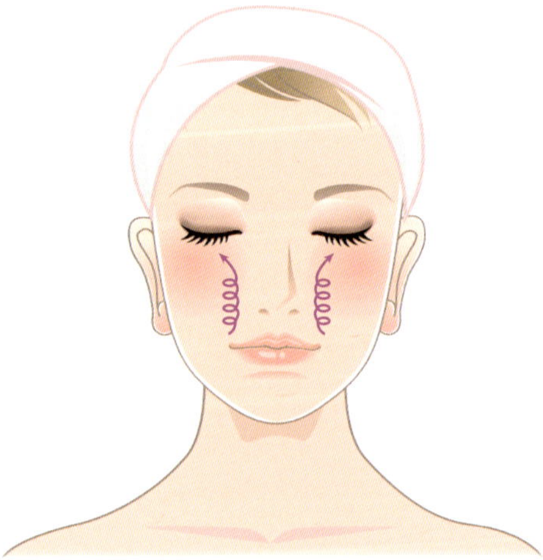

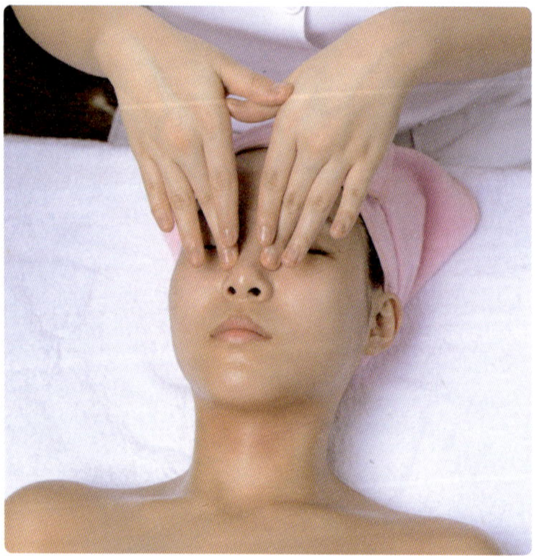

② 3지로 콧망울 옆을 8자를 그리며 밀착하여 펴 바른다.

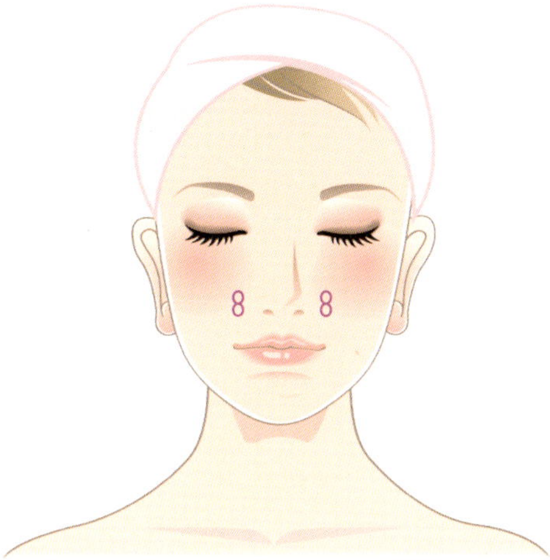

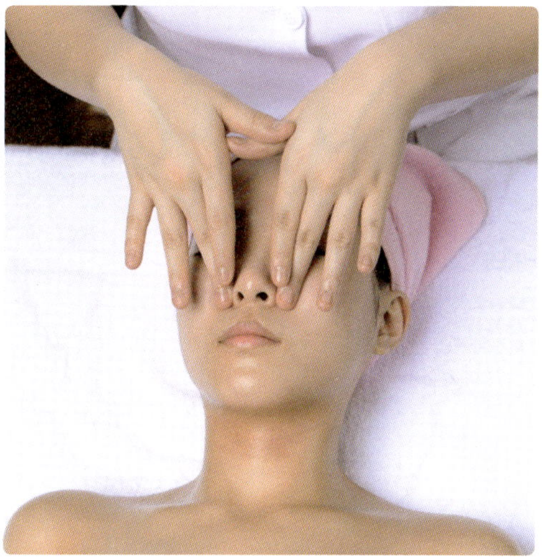

③ 3지와 4지로 콧등에서 이마를 향해 쓸어주고 다시 아래로 향해 쓸어서 펴 바른다.

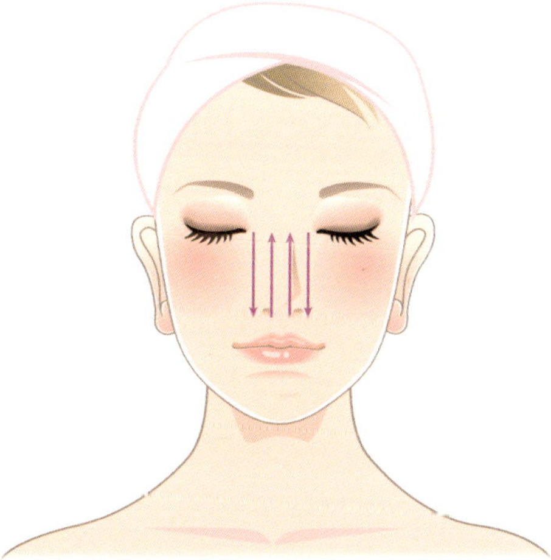

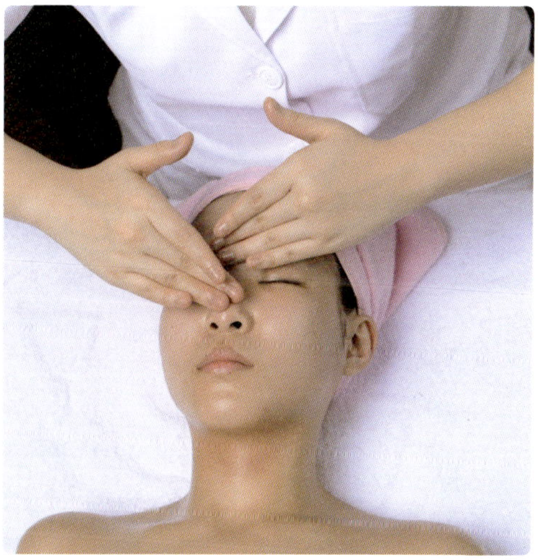

④ 양 2, 3, 4, 5지를 이용하여 코→ 이마→ 관자놀이→ 양볼→ 턱으로 내려와 턱 중앙을 지그시 밀착하여 테크닉한다.

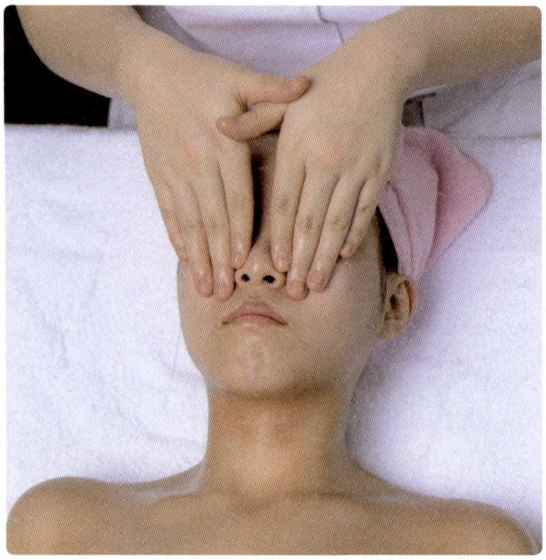

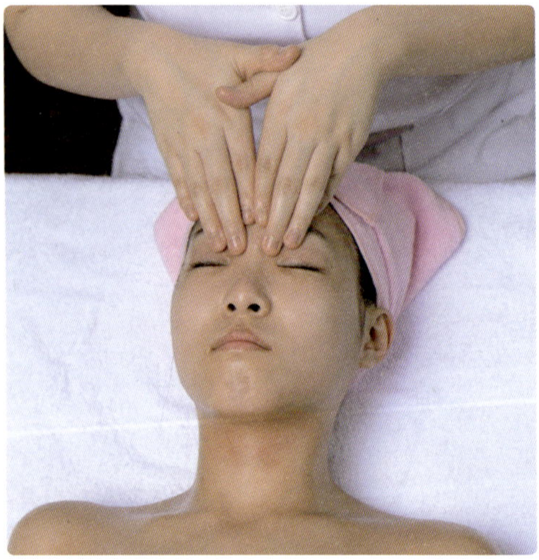

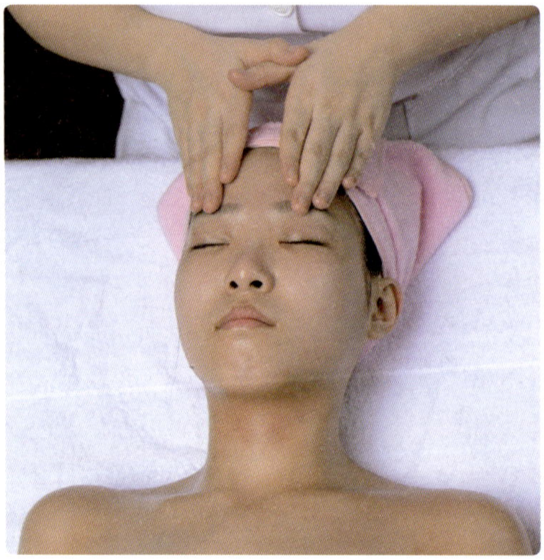

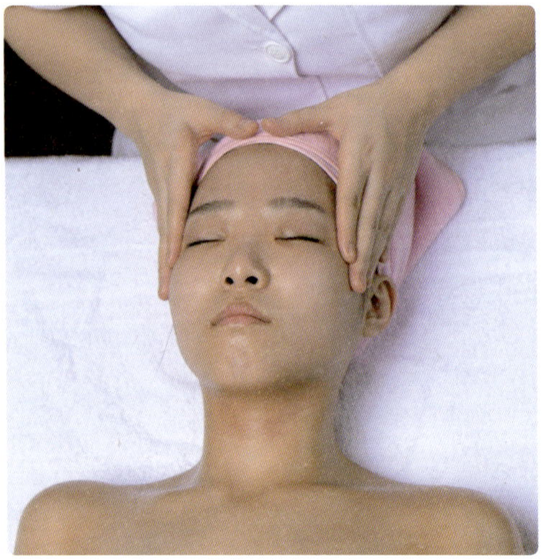

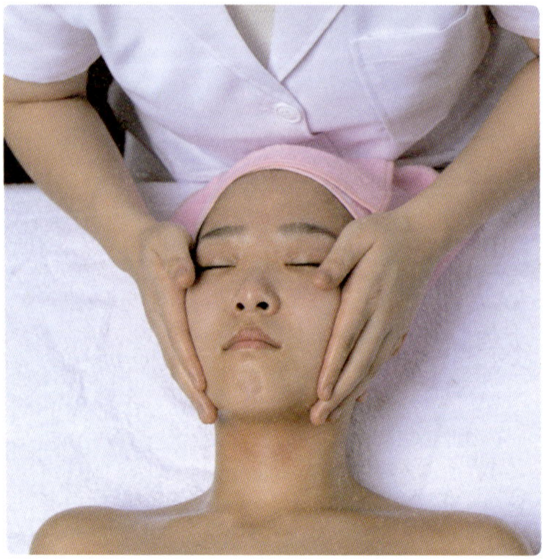

(6) 얼굴테크닉 – 입 · 턱

입 · 턱 쓸어서 펴 바르기, 밀착하여 펴 바르기, 어루만져 펴 바르기, 토닥토닥 펴 바르기

① 2지와 3지를 가위모양으로 벌려 입술을 집듯이 왼쪽에서 오른쪽, 오른쪽에서 왼쪽 입꼬리로 쓸어서 펴 바른다.

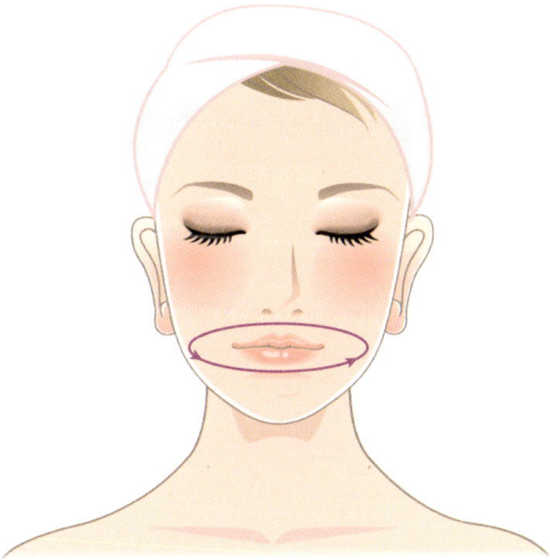

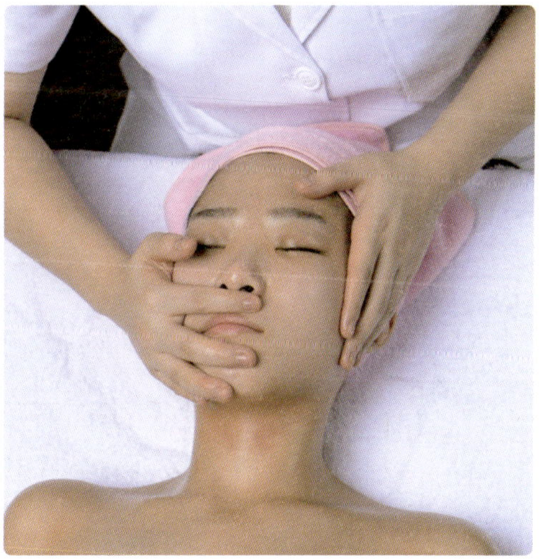

② 양손의 네손가락 턱밑에 대고 ㉠ 양 1지를 이용하여 아래턱 중앙에서 코밑 중앙까지 반원을 그리며 반복하여 테크닉한다. ㉡ 3지, 4지를 이용하여 입꼬리부위를 8자로 테크닉한다.

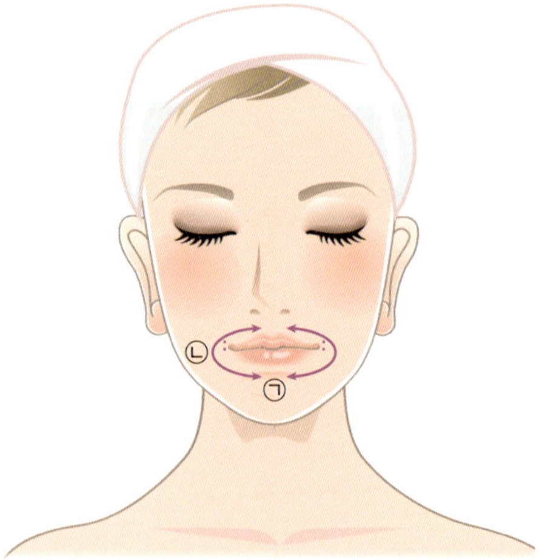

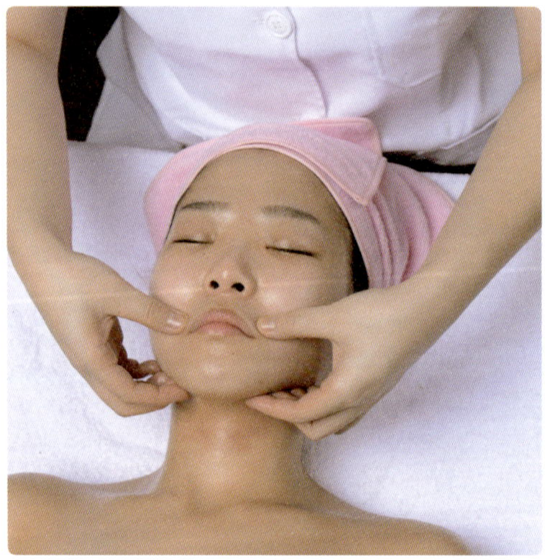

③ 양손 3지와 4지를 이용하여 아랫입술 중앙에서 시작하여 입주변 근육을 작은 원 그리기로 밀착하여 펴 바른다.

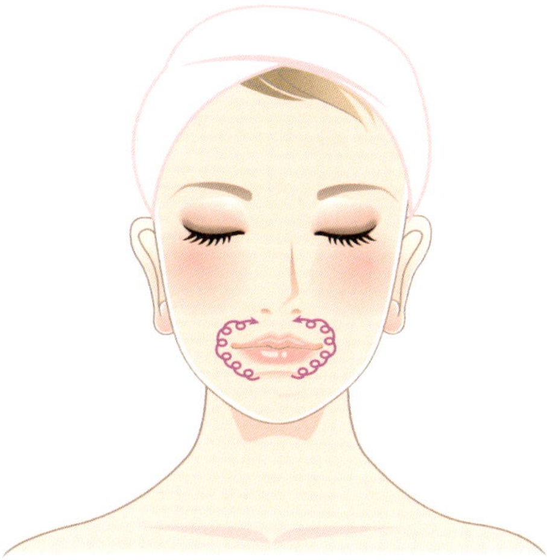

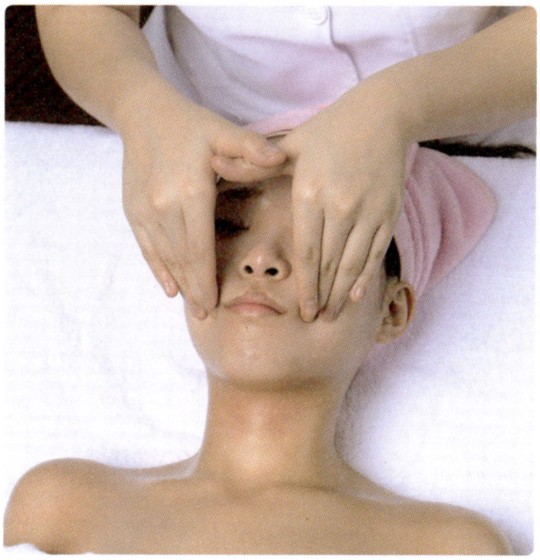

④ 3지를 이용하여 입꼬리에서 콧망울까지 작은 원을 그리며 끌어올리듯이 밀착하여 펴 바른다.

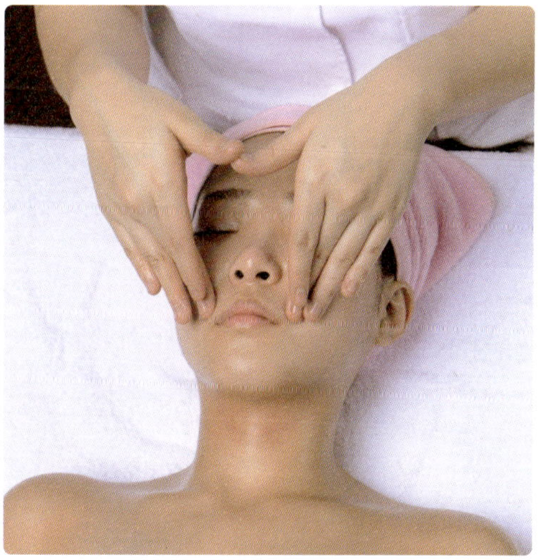

⑤ 3지와 4지를 이용하여 입꼬리에서 콧망울까지 가볍게 토닥토닥 펴 바른다.

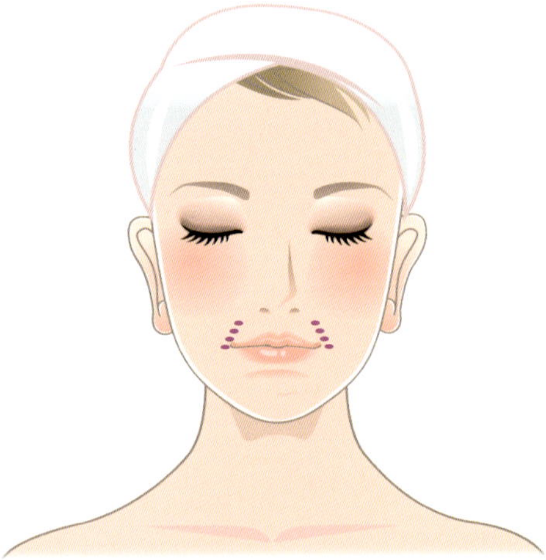

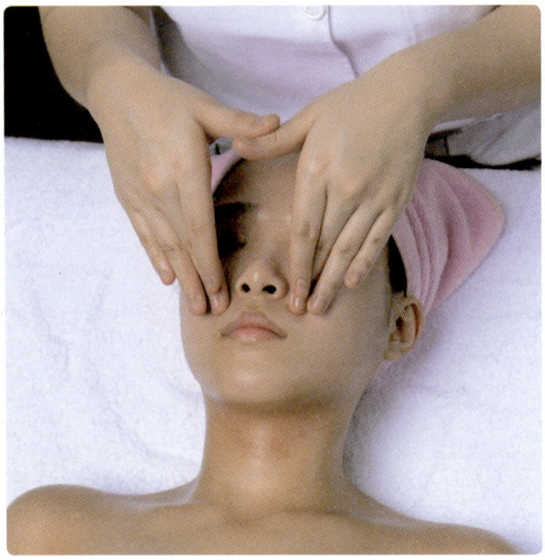

⑥ 양 네손가락은 턱밑에 1지는 턱위에 두어 턱을 잡아 당기듯 양손을 교차해 귀밑까지 쓸어서 펴 바르기 한다.

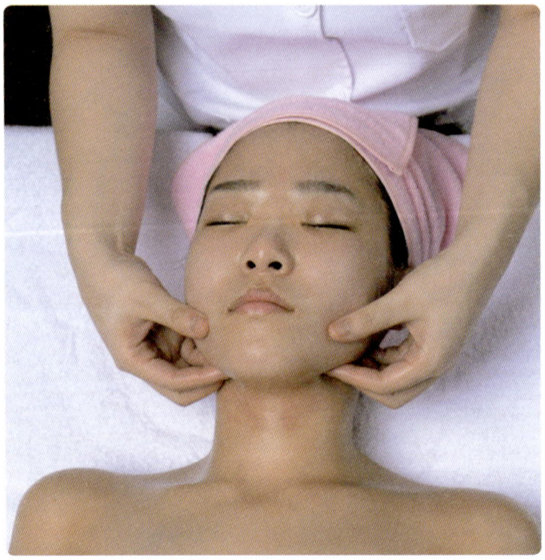

⑦ 양손 3지, 4지를 이용하여 턱 중앙에서 귀쪽으로 나선을 그리며 밀착하여 테크닉 한다.

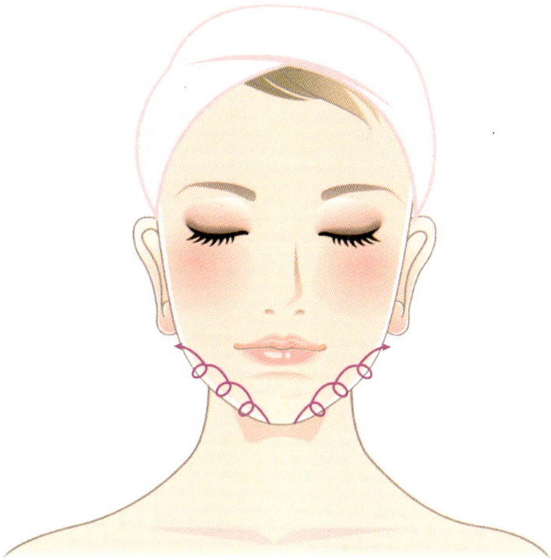

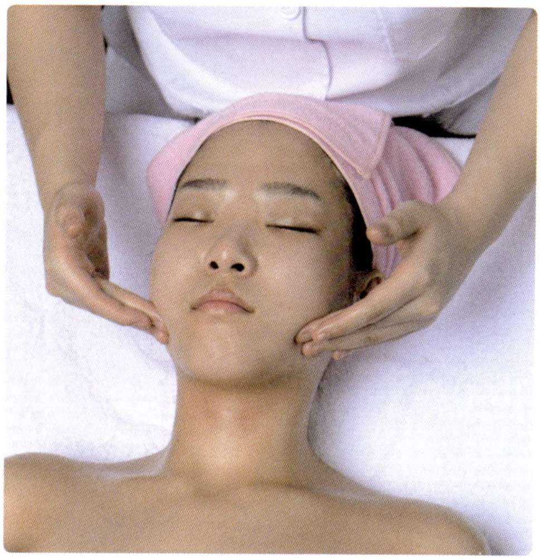

⑧ 2지와 3지를 가위모양으로 벌려 한쪽 귀밑에서 반대편 귀밑까지 끌어당기듯이 턱선을 따라 밀착하여 펴 바른다.

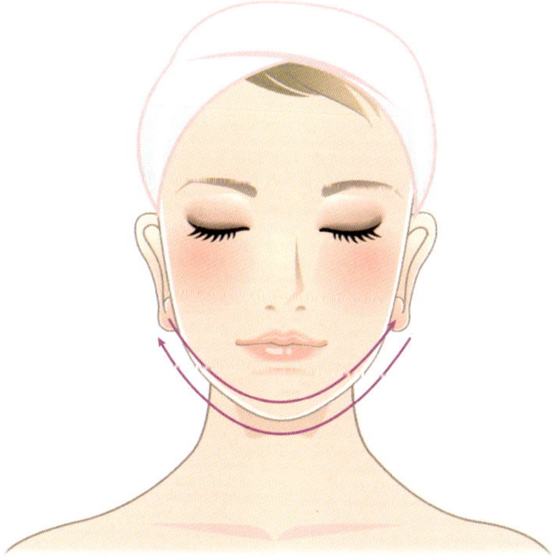

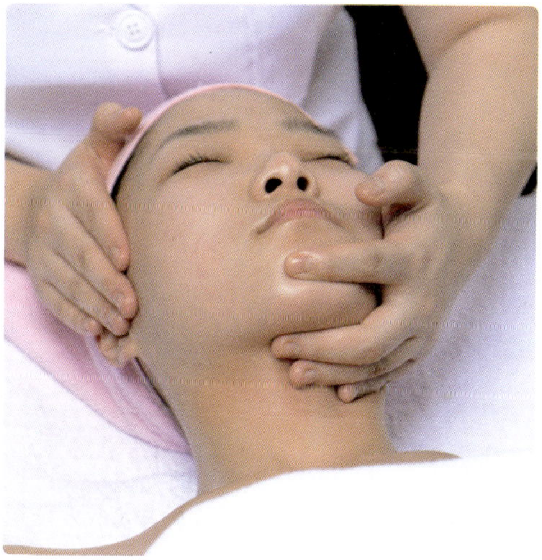

⑨ 턱과 광대뼈 중간부위를 양손 1지로 지렛대처럼 지지하고 3지, 4지를 이용하여 턱부분을 아래에서 위로 끌어 당기듯이 어루만져 펴 바른다.

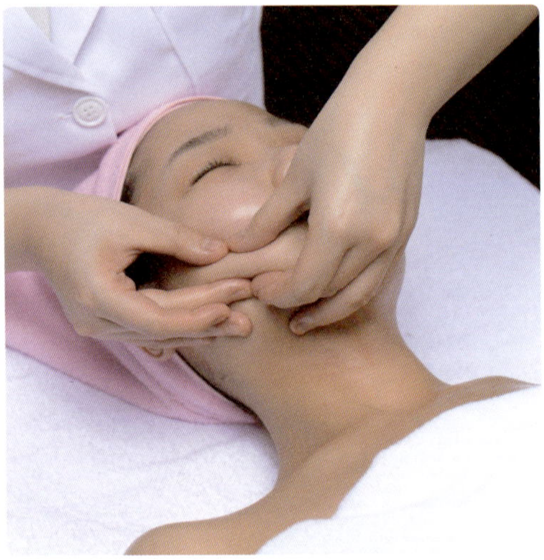

⑩ 양 네손가락은 턱밑에 1지는 턱위에 두어 턱을 잡아 당기듯 양손을 교차해 귀밑까지 쓸어서 펴 바르기 한다.

* 얼굴테크닉 – 입·턱 6번 동작과 반복임.

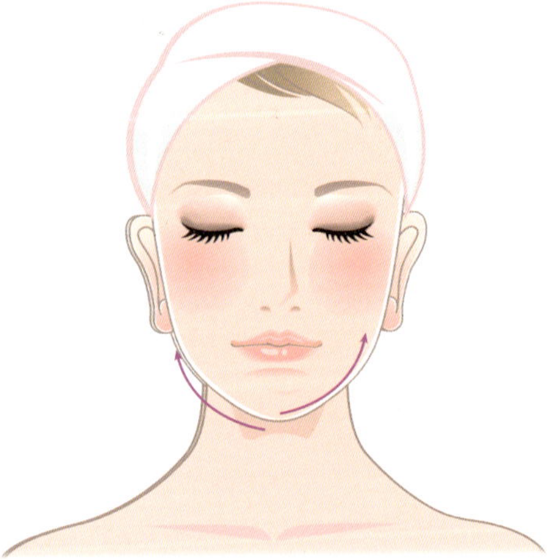

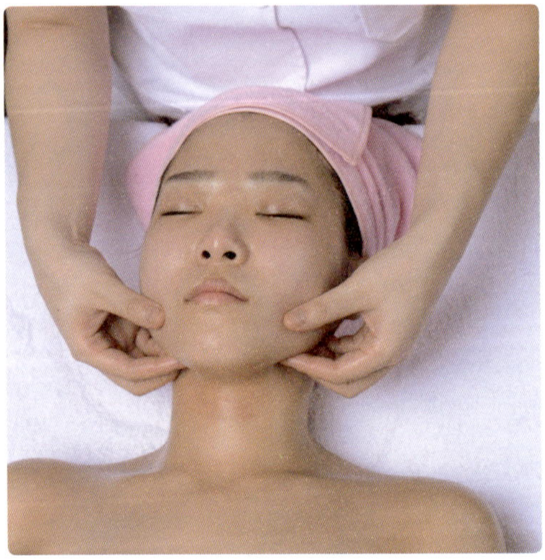

(7) 얼굴테크닉 - 볼

볼쓸어서 펴 바르기, 밀착하여 펴 바르기, 어루어만져 펴 바르기, 토닥토닥 펴 바르기, 떨면서 펴 바르기

① 양손 3지와 4지로 ㉠ 턱중앙→ 귀밑, ㉡ 입꼬리→ 귀중간 ㉢ 콧망울옆→ 관자놀이로 3단계 나누어 나선을 그리며 밀착하여 펴 바르기 한다.

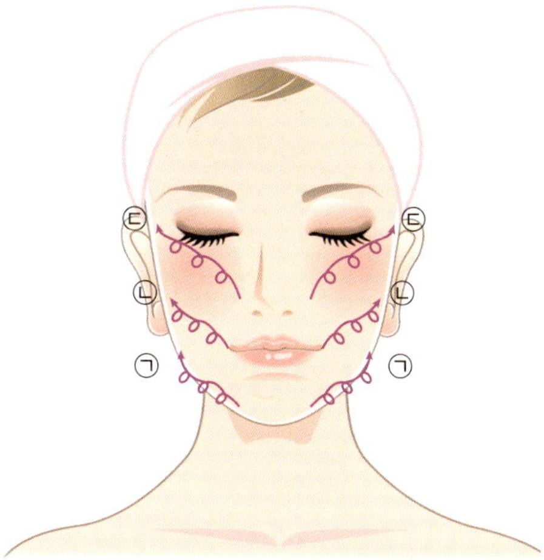

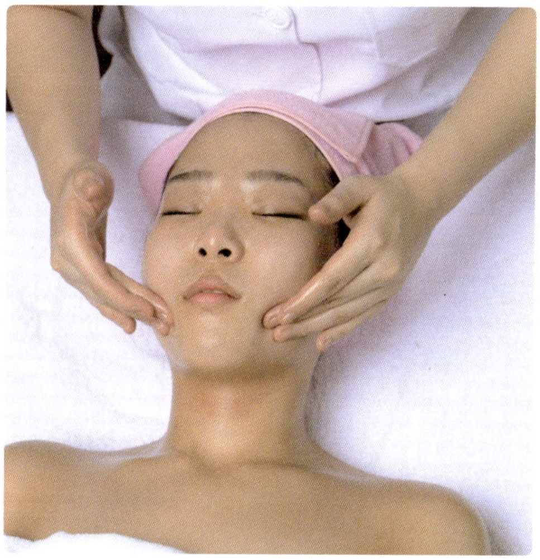

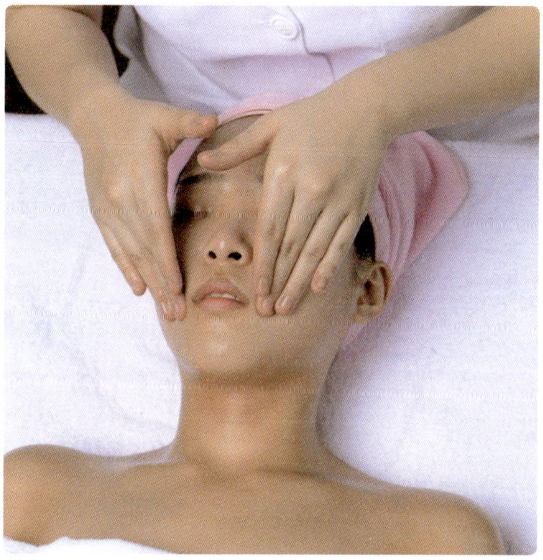

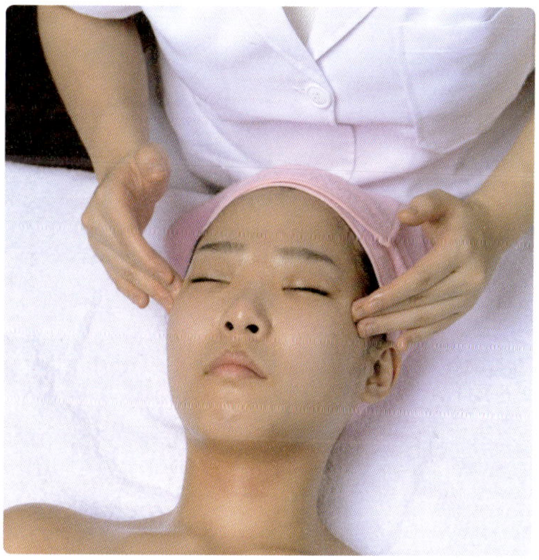

② 양손바닥으로 볼을 감싸듯 원을 그리며 부드럽게 밀착하여 펴 바르기 한다.

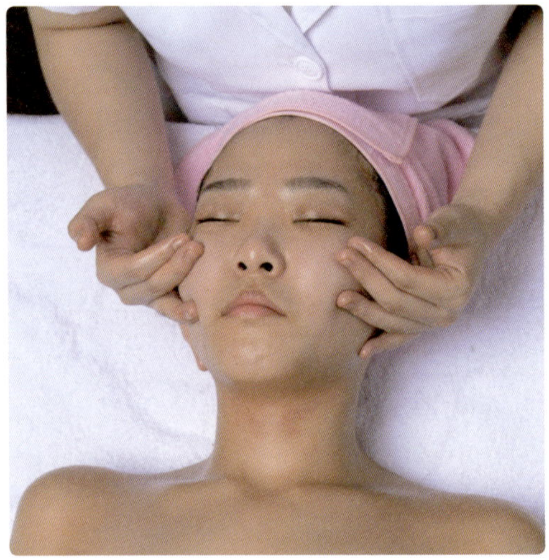

③ 네손가락을 이용하여 부채살 모양으로 펴서 볼을 아래에서 위로 튕기듯이 떨면서 펴 바르기 한다.

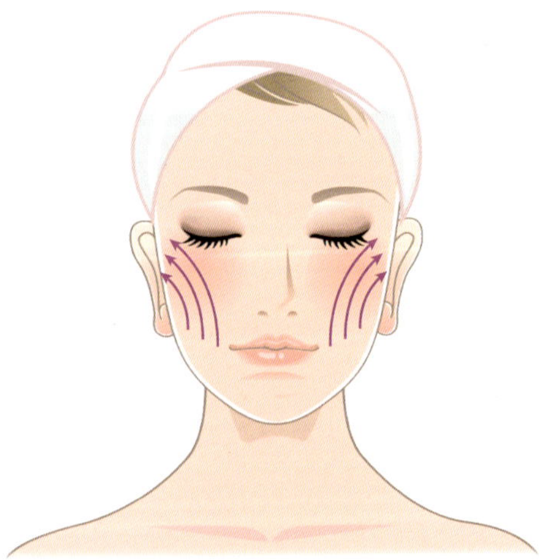

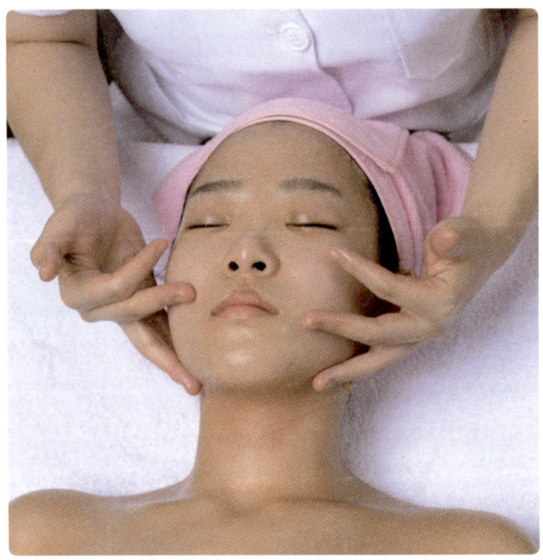

④ 2지, 3지를 이용하여 볼을 집어 위쪽으로 튕기듯이 어루만져 펴 바르기 한다.

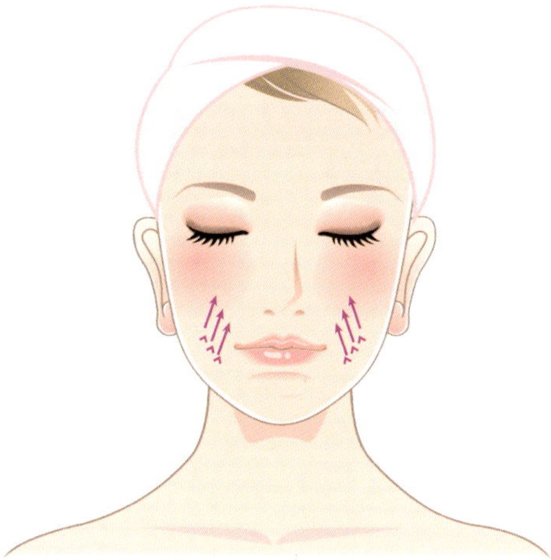

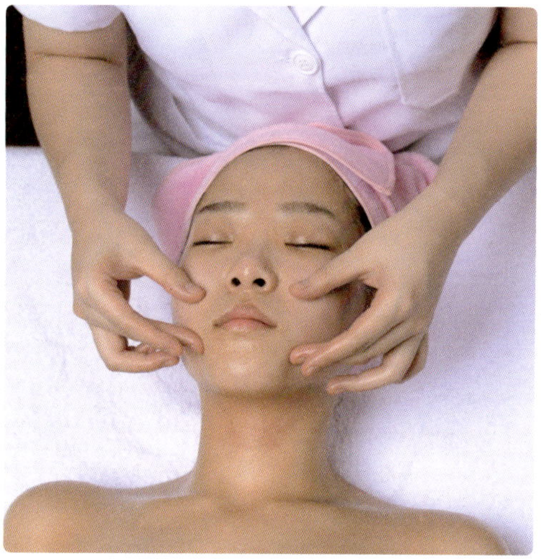

⑤ 네손가락을 이용하여 얼굴전체를 골고루 토닥토닥 펴 바르기를 한다.

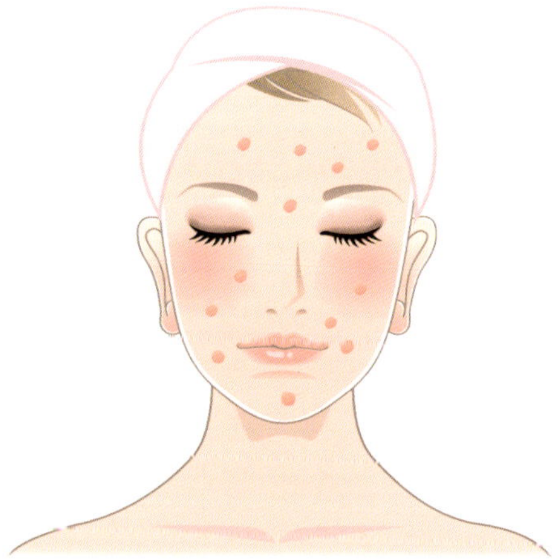

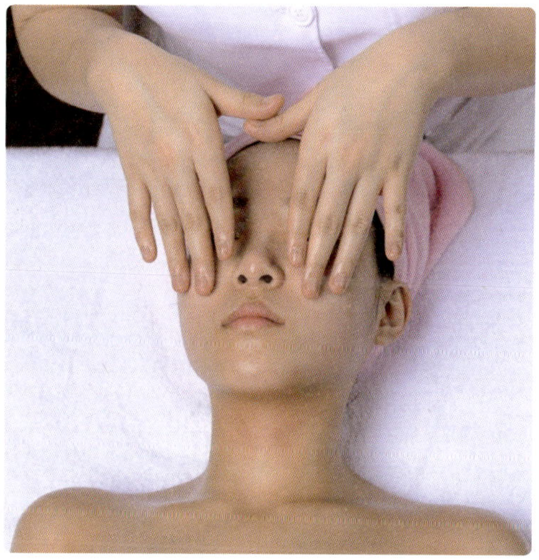

⑥ 네손가락을 이용하여 턱→ 귀밑, 입꼬리→ 귀 중앙, 코옆→ 관자놀이, 눈썹위→ 헤어라인 방향까지 양손을 교대로 얼굴 전체를 쓸어서 펴 바른다.

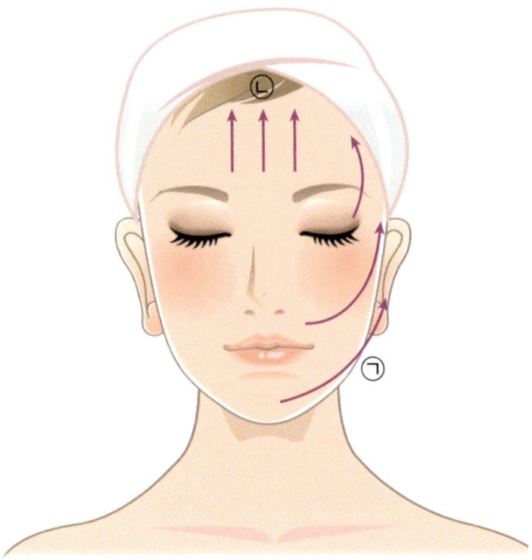

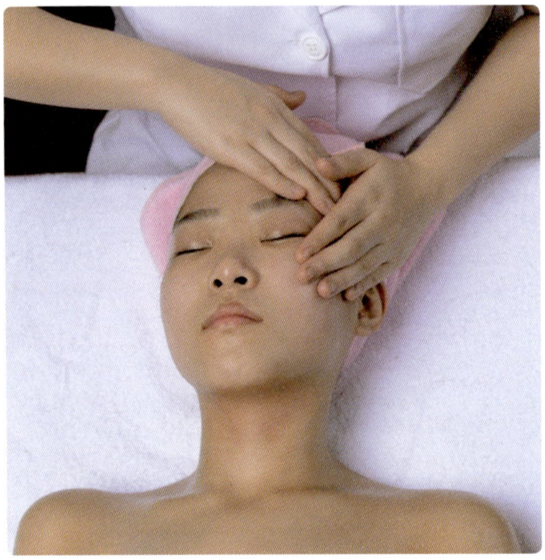

(8) 얼굴테크닉-데콜테

데콜테쓸어서 펴 바르기, 밀착하여 펴 바르기, 떨면서 펴 바르기

① 양손을 이용하여 반대편 겨드랑이 방향으로 쓸어서 펴 바른다.

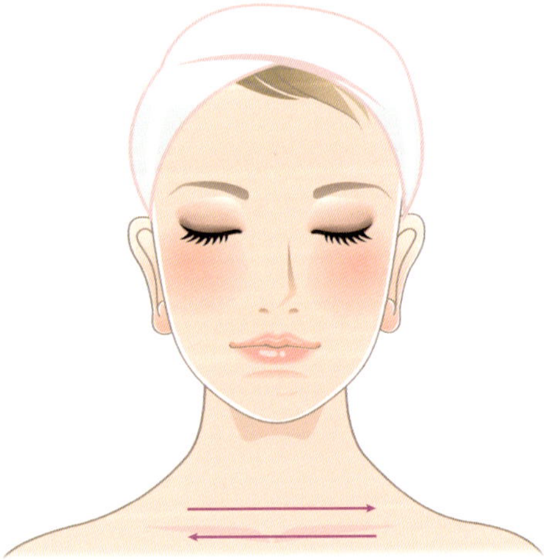

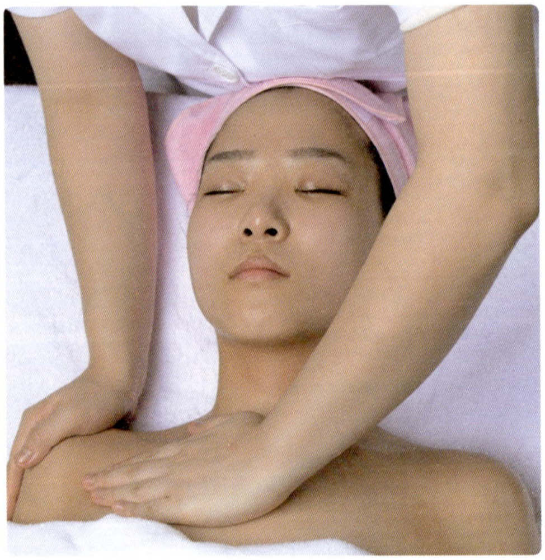

② 양손을 이용하여 반대편 겨드랑이 방향으로 물결 모양으로 쓸어서 펴 바른다.

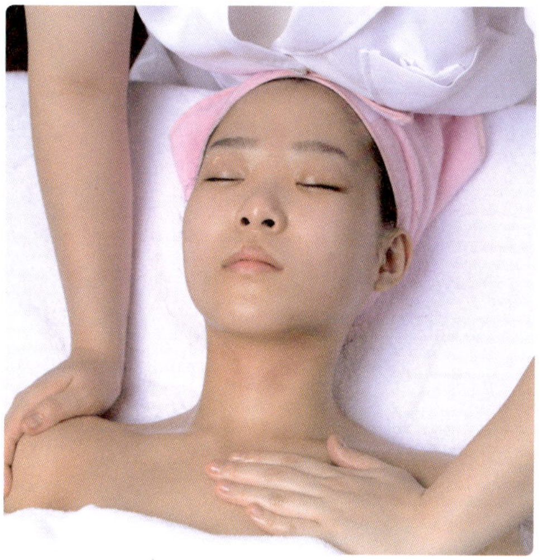

③ 양손 네손가락을 이용하여 데콜테중앙에서 겨드랑이 방향으로 나선을 그리며 쓸어서 펴 바른다.

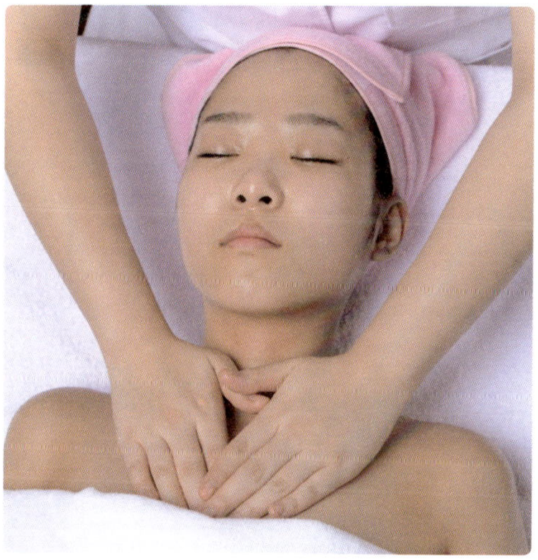

④ 양손을 교차하여 데콜테 중앙을 시작으로 겨드랑이 방향으로 가볍게 쓸어서 펴 바른다.

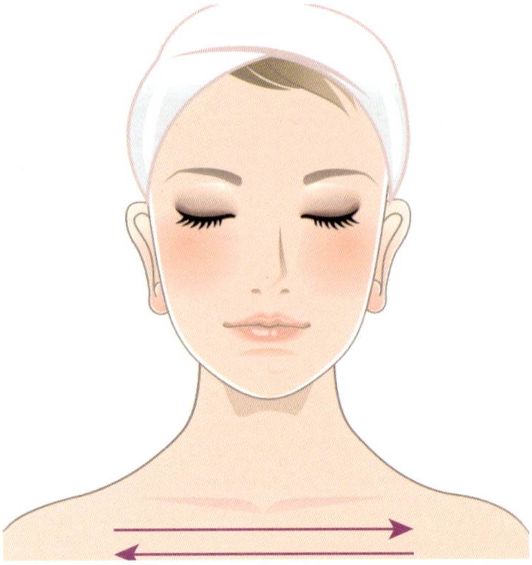

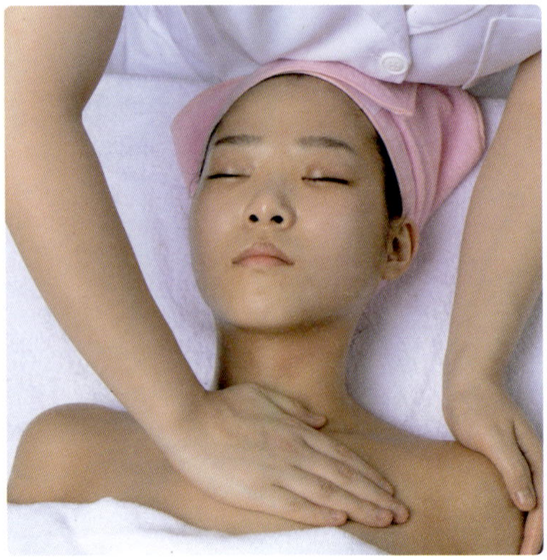

(9) 얼굴테크닉-목, 어깨

목, 어깨쓸어서 펴 바르기, 밀착하여 펴 바르기,어루어만져 펴 바르기

① 쇄골에서 턱선까지 네손가락을 이용하여 쓸어서 펴 바른다.

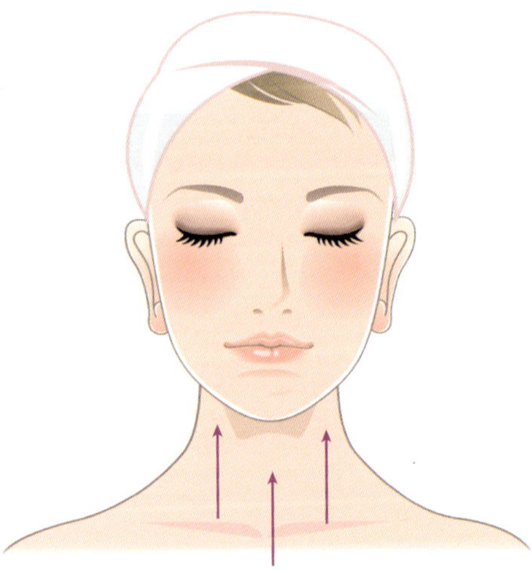

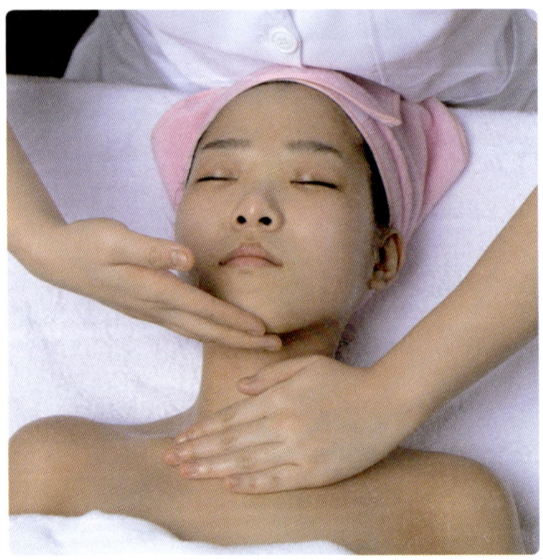

② 네손가락을 이용하여 귀밑에서부터 쇄골까지 흉쇄유돌근을 따라 밀착하여 펴 바른다.

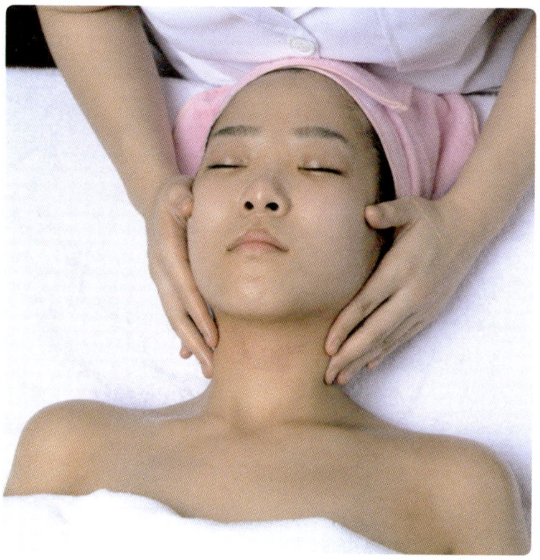

③ 손을 이용하여 데콜테 중앙에서 어깨 뒷부분까지 감싸듯이 쓸어서 펴 바른다.

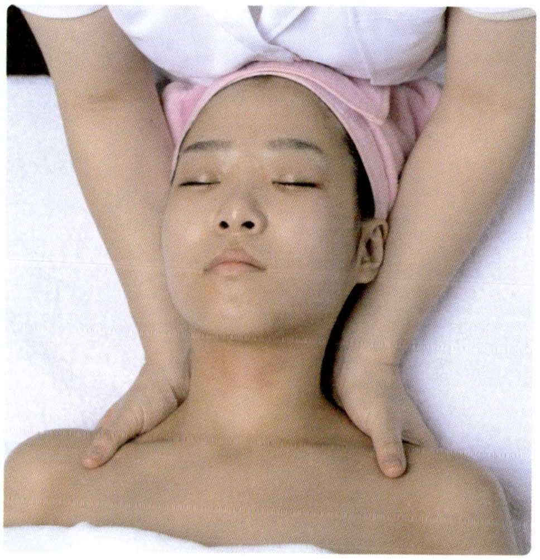

④ 4지를 이용하여 어깨를 어루만져 펴 바른다.

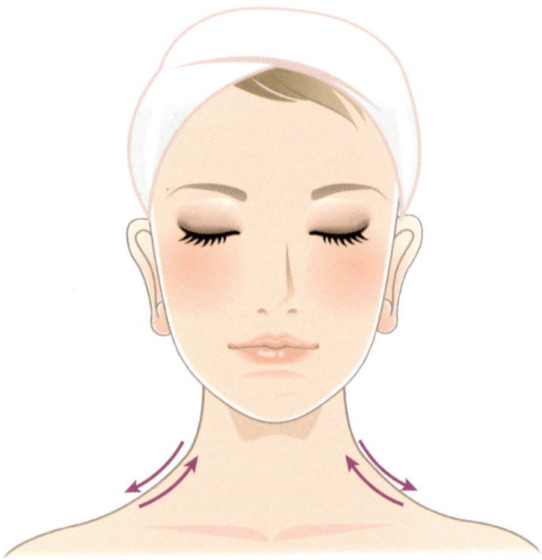

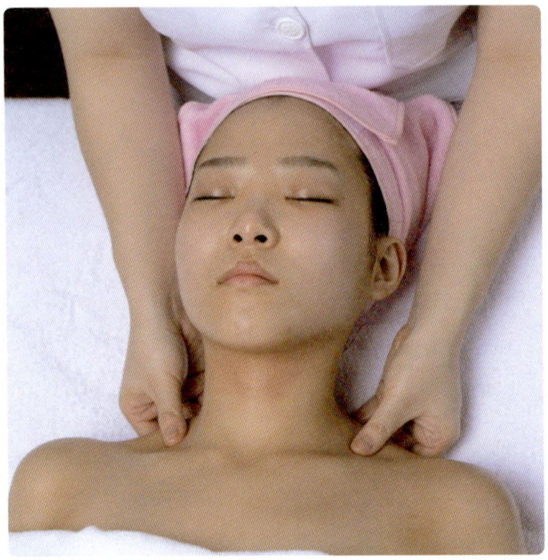

(10) 얼굴테크닉-얼굴전체 마무리

마무리동작쓸어서 펴 바르기, 떨면서 펴 바르기

1) 턱, 볼, 이마 순으로 양손바닥으로 감싸듯이 떨면서 펴 바른다.

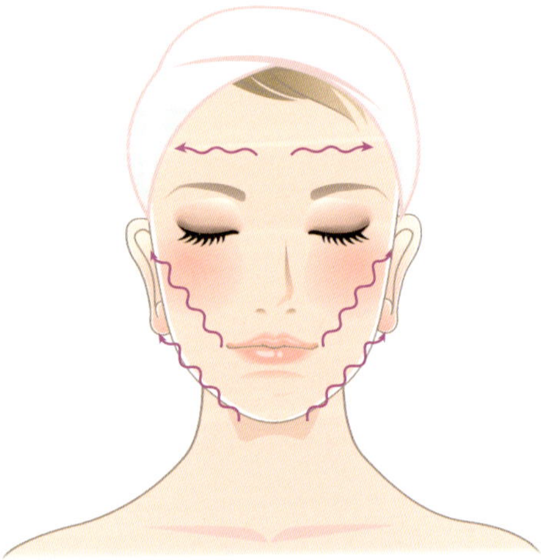

2) 양손바닥을 이용하여 가볍게 쓰다듬기 동작으로 쓸어준다.

① 이마에서 관자놀이까지

② 볼을 감싸고 귀옆까지

③ 턱과 입을 감싸고 귀밑까지

④ 귀밑–흉쇄유돌근–쇄골–겨드랑이 방향으로 쓸어주고 겨드랑이에서 가볍게 3회 정도 펌핑한다.

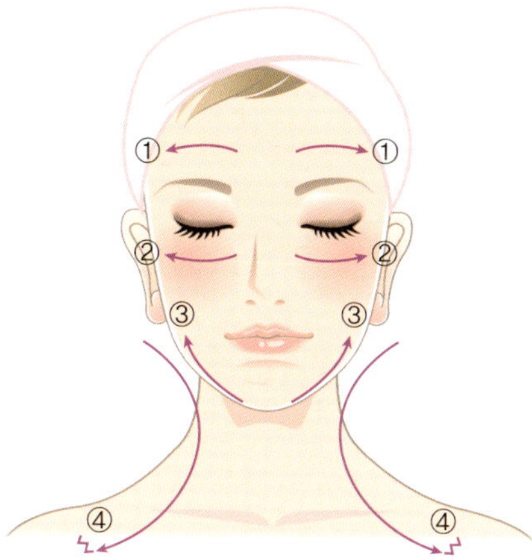

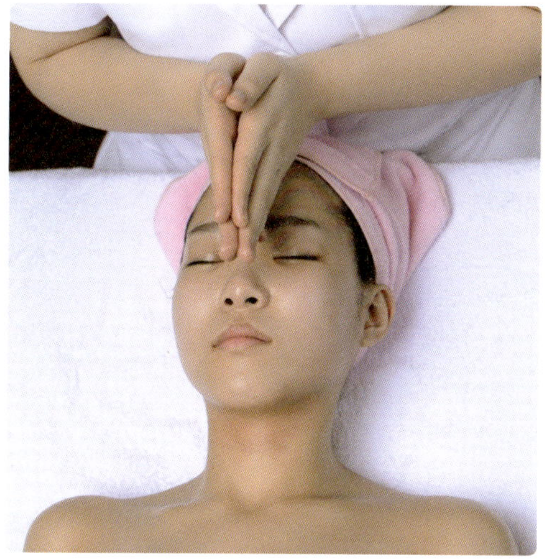

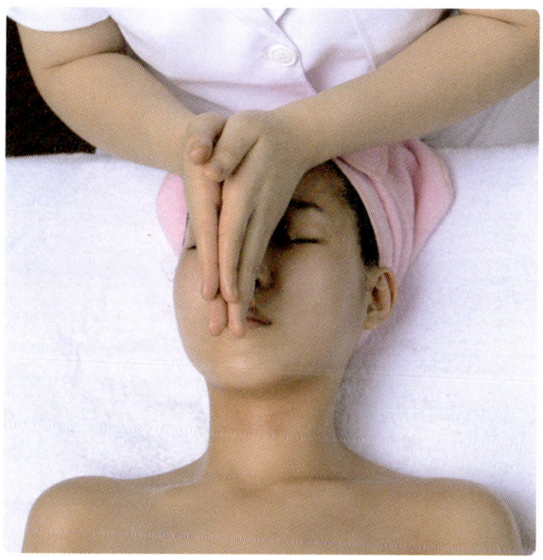

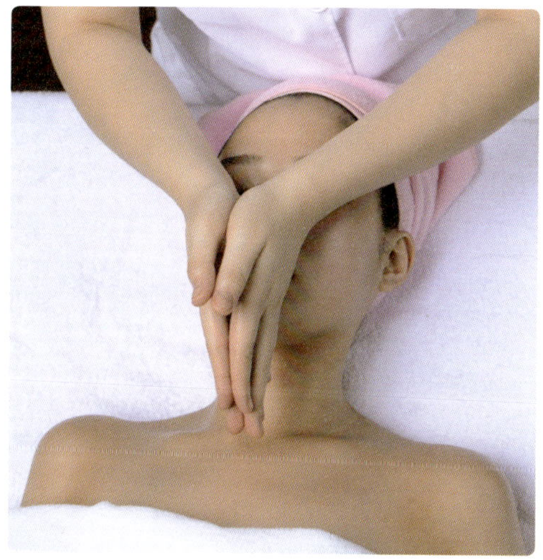

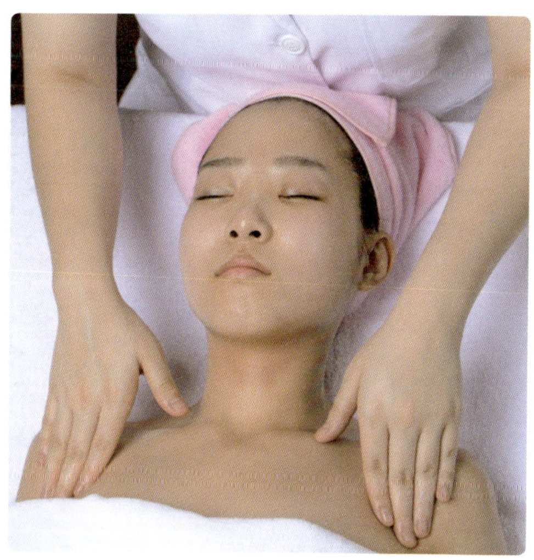

<table>
<tr><th colspan="6">수행준거별 평가 체크리스트</th></tr>
<tr><th>대분류</th><th>중분류</th><th>소분류</th><th>세분류(직무)</th><th>능력단위</th><th>능력단위코드</th></tr>
<tr><td>이용·숙박·여행·오락·스포츠</td><td>이·미용</td><td>이·미용서비스</td><td>피부미용</td><td>얼굴 매뉴얼 테크닉</td><td>1201010213_17v4</td></tr>
</table>

<table>
<tr><td>능력단위요소</td><td>1</td><td colspan="2">얼굴 매뉴얼테크닉 하기</td></tr>
<tr><td rowspan="4">수행준거</td><td>1.1</td><td>얼굴의 피부유형과 부위에 맞는 매뉴얼테크닉을 하기 위한 제품을 선택할 수 있다.</td><td rowspan="4">[지식]
• 공중위생과 소독에 관한 방법
• 피부구조와 생리
• 안면 근육 형태와 기능
• 매뉴얼 테크닉 기법
[기술]
• 매뉴얼 테크닉전 제품을 선택하여 도포하는 능력
• 쓸어서 펴바르기 능력
• 밀착하여 펴바르기 능력
• 어루만져 펴바르기 능력
• 토닥토닥 펴바르기 능력
• 떨며 펴바르기 능력
• 리듬, 강약 ,속도 ,시간, 밀착 등을 조절하는 능력
[태도]
• 고객을 배려(노출, 관리정도 등)하는 태도
• 고객과의 친밀감을 유지하려는 태도
• 고객 반응을 살피려는 객관적태도</td></tr>
<tr><td>1.2</td><td>선택된 제품을 피부에 도포할 수 있다.</td></tr>
<tr><td>1.3</td><td>5가지 기본 동작을 이용하여 매뉴얼테크닉을 적용 할 수 있다.</td></tr>
<tr><td>1.4</td><td>얼굴의 피부상태와 부위에 적정한 리듬, 강약, 속도, 시간, 밀착 등을 조절하여 매뉴얼 테크닉을 적용할 수있다. 얼굴관리가 끝난 후 토닉으로 피부정리를 할 수 있다.</td></tr>
</table>

<table>
<tr><th rowspan="2">수행준거</th><th rowspan="2">상세 수행준거</th><th rowspan="2">평가항목</th><th colspan="2">척도</th></tr>
<tr><th>YES</th><th>NO</th></tr>
<tr><td rowspan="2">1.1</td><td>1.1.1</td><td>얼굴피부유형을 구분 할 수 있다.</td><td></td><td></td></tr>
<tr><td>1.1.2</td><td>얼굴의 피부유형에 맞는 제품을 선택 할수 있다.</td><td></td><td></td></tr>
<tr><td>1.2</td><td>1.2.1</td><td>제품의 특성에 맞게 피부에 도포 할 수 있다.</td><td></td><td></td></tr>
<tr><td rowspan="2">1.3</td><td>1.3.1</td><td>수정된 눈썹 부위에 진정젤을 도포할 수 있다.</td><td></td><td></td></tr>
<tr><td>1.3.2</td><td>작업이 끝난 후 깨끗하게 주변정리를 할 수 있다.</td><td></td><td></td></tr>
<tr><td rowspan="2">1.4</td><td>1.4.1</td><td>피부상태를 고려하여 매뉴얼 테크닉 을 할 수 있다.</td><td></td><td></td></tr>
<tr><td>1.4.2</td><td>매뉴얼 테크닉후 토닉으로 피부 정돈을 할 수 있다.</td><td></td><td></td></tr>
<tr><td colspan="2">총계</td><td>7</td><td></td><td></td></tr>
</table>

2. 영양물질 도포하기

학습 목표

- 얼굴피부 유형에 따라 영양물질을 선택할 수 있다.
- 얼굴피부 유형에 따라 필요한 영양물질을 도포할 수 있다.
- 선택된 제품의 특성에 따라 영양물질이 흡수되도록 할 수 있다

<table>
<tr><th colspan="6">사전 진단평가 체크리스트</th></tr>
<tr><td>대분류</td><td>중분류</td><td>소분류</td><td>세분류(직무)</td><td>능력단위</td><td>능력단위코드</td></tr>
<tr><td>이용·숙박·여행·오락·스포츠</td><td>이·미용</td><td>이·미용서비스</td><td>피부미용</td><td>얼굴 매뉴얼 테크닉</td><td>1201010213_17v4</td></tr>
<tr><td rowspan="2">능력단위요소</td><td rowspan="2">2</td><td colspan="2" rowspan="2">영양물질 도포하기</td><td colspan="2">척도</td></tr>
<tr><td>YES</td><td>NO</td></tr>
<tr><td rowspan="4">수행준거별 평가항목</td><td>2.1</td><td colspan="2">피부유형에 따라 영양물질을 선택할 수 있다.</td><td></td><td></td></tr>
<tr><td>2.2</td><td colspan="2">피부유형에 따라 영양물질을 필요한 부위에 도포할 수 있다.</td><td></td><td></td></tr>
<tr><td>2.3</td><td colspan="2">제품의 특성에 따라 영양물질을 흡수되도록 할 수 있다.</td><td></td><td></td></tr>
<tr><td>합계</td><td colspan="2">3</td><td></td><td></td></tr>
</table>

1. 영양물질 도포의 정의

피부를 분석한 후 피부유형에 맞는 유효 성분을 피부에 도포하고 손 또는 기기를 활용하여 수용성 제품 또는 지용성 제품을 피부 표면에 흡수시키는 행위이다.

2. 피부 유형에 따른 영양물질 적용

피부유형	특징	적용 영양물질
정상피부 Normal skin	• T존에 피지가 분비되며 각질이 일어나거나 번들거림이 없다. • 유분과 수분이 적절한 상태로 표면이 매끄럽고 촉촉하다. • 피부결이 섬세하고 부드러우며 피부가 유연하고 탄력이 있다. • 모공은 작고 눈에 잘 띄지 않을 정도로 약간 보인다. • 표정으로 인한 주름 외에는 전반적으로 잔주름이 없다. • 피부의 색소침착이 없고 기미나 주근깨 등 잡티가 보이지 않는다.	지속적 유·수분을 적용시킨다.
건성 피부 Dry skin	• 피지분비량의 부족으로 윤기가 없고 당기는 느낌을 준다. • 피부표면이 수분 부족으로 건조하고 메말라 보인다. • 피부결이 거칠고 유연성이 없다. • 일반적으로 모공이 보이지 않으며 잔주름이 잘 나타난다. • 피부노화현상이 진행되어 얼굴표정에 따라 주름이 많이 생긴다.	유·수분 영양성분을 적용시킨다.
지성 피부 Oily skin	• 피지분비가 왕성하여 피부표면이 번들거리고 끈적거린다. • 손으로 만지면 기름이 묻어난다. • 피부결이 오렌지 껍질처럼 곱지 못하고 거칠다. • 모공이 열려 있고 일반적으로 각질층이 두껍고 여드름을 유발하기도 한다. • 피부 투명감이 부족하고 탁해 보인다.	피지조절 및 피부정화 작용 제품을 적용시킨다.
복합성 피부 Combination skin	• T존은 피지분비량이 많아 번들거리고 U존은 윤기가 없고 건조하다. • 피지분비량의 불균형으로 수분상태도 부분적으로 다르게 나타난다. • 피부결이 전체적으로 일정하지 않다. • T존은 모공이 크고 U존은 모공이 섬세하며 눈가에 잔주름이 쉽게 생긴다.	피부진정 및 보습제품을 적용시킨다.

3. 영양물질 종류 및 활성성분

(1) 보습 · 탄력

콜라겐, 엘라스틴, 펩타이드, 히알루론산, 세라마이드, 스쿠알렌, 글리세린, 레시틴, 소르비톨 등이 있다.

(2) 미백

비타민 C, 알부민, 감초 추출물, 닥나무 추출물, 아스코빌글루코사이드, 나이아신아마이드, 알파-비사보롤 등이 있다.

(3) 진정

카모마일, 알란토인, 위치하젤, 프로폴리스, 아줄렌, 알로에, 감초 추출물, 당귀 추출물, 아보카도오일 등이 있다.

(4) 세포재생

로열젤리, EGF(세포 생성 인자) 아데노신, 알란토인, 병풀 추출물, 엘라스틴 등이 있다.

(5) 정화

캄파, 썰파, 클레이, 살리실산, 티트리 등이 있다.

4. 영양물질 도포 시 주의사항

① 피부유형에 맞는 제품을 사용한다.

② 제품 도포 시 고객의 눈, 코, 입에 들어가지 않도록 주의한다.

영양물질 도포하기

Check Point

① 재료·자료

영양물질의 제품 사용 방법 설명서

영양물질의 제품 적용 방법 설명서

영양물질

② 기기(장비·공구)

왜건, 면봉, 스파츌라, 터번, 피부미용 기기

③ 안전·유의사항

- 고객을 위한 위생을 점검한다.
- 가슴이 노출되지 않도록 주의한다.
- 영양물질 도포 시 눈, 코, 입에 들어가지 않도록 주의한다.
- 피부관리사는 올바른 자세를 유지하도록 유의한다.
- 피부상태에 맞는 영양물질을 선택했는지 유의한다.
- 액세서리는 착용하지 않는다.
- 대타월로 고객을 덮어 준다.
- 터번으로 머리카락을 감싼다.
- 귀가 겹치지 않도록 한다.

<table>
<tr><th colspan="6">수행준거별 평가 체크리스트</th></tr>
<tr><th>대분류</th><th>중분류</th><th>소분류</th><th>세분류(직무)</th><th>능력단위</th><th>능력단위코드</th></tr>
<tr><td>이용·숙박·여행·오락·스포츠</td><td>이·미용</td><td>이·미용서비스</td><td>피부미용</td><td>얼굴 매뉴얼 테크닉</td><td>1201010213_17v4</td></tr>
<tr><th>능력단위요소</th><td>2</td><td colspan="4">영양물질 도포하기</td></tr>
<tr><th rowspan="3">수행준거</th><td>2.1</td><td>피부유형에 따라 영양물질을 선택할 수 있다.</td><td colspan="3" rowspan="3">[지식]
• 공중위생과 소독 방법
• 피부구조와 생리
• 화장품 종류·성분 및 사용법
• 피부미용 기기 종류와 사용법
[기술]
• 화장품의 제형에 따른 사용 능력
• 얼굴 피부유형에 따른 영양물질을 손을 이용하여 원하는 부위에 도포하는 능력
• 제품 특성에 따른 영양물질 흡수 능력
[태도]
• 고객을 배려하는 태도
• 고객과의 친밀감을 유지하려는 태도</td></tr>
<tr><td>2.2</td><td>피부유형에 따라 영양물질을 필요한 부위에 도포할 수 있다.</td></tr>
<tr><td>2.3</td><td>제품의 특성에 따라 영양물질을 흡수되도록 할 수 있다.</td></tr>
</table>

<table>
<tr><th rowspan="2">연번</th><th rowspan="2">상세 수행준거</th><th rowspan="2">평가항목</th><th colspan="2">척도</th></tr>
<tr><th>YES</th><th>NO</th></tr>
<tr><td rowspan="2">2.1</td><td>2.1.1</td><td>피부 유형을 구분할 수 있다.</td><td></td><td></td></tr>
<tr><td>2.1.2</td><td>얼굴의 피부유형에 맞는 제품을 선택할 수 있다.</td><td></td><td></td></tr>
<tr><td rowspan="2">2.2</td><td>2.2.1</td><td>피부유형에 맞게 영양물질을 도포할 수 있다.</td><td></td><td></td></tr>
<tr><td>2.2.2</td><td>피부유형에 맞게 영양물질을 사용할 수 있다.</td><td></td><td></td></tr>
<tr><td rowspan="2">2.3</td><td>2.3.1</td><td>제품의 특성을 설명할 수 있다.</td><td></td><td></td></tr>
<tr><td>2.3.2</td><td>영양물질의 특성에 맞게 흡수할 수 있다.</td><td></td><td></td></tr>
<tr><th colspan="2">총계</th><td>6</td><td></td><td></td></tr>
</table>

Chapter 7
피부미용 얼굴 팩·마스크

1. 얼굴 팩 · 마스크하기
2. 얼굴관리 마무리하기

Chapter. 7

피부미용 얼굴 팩 · 마스크

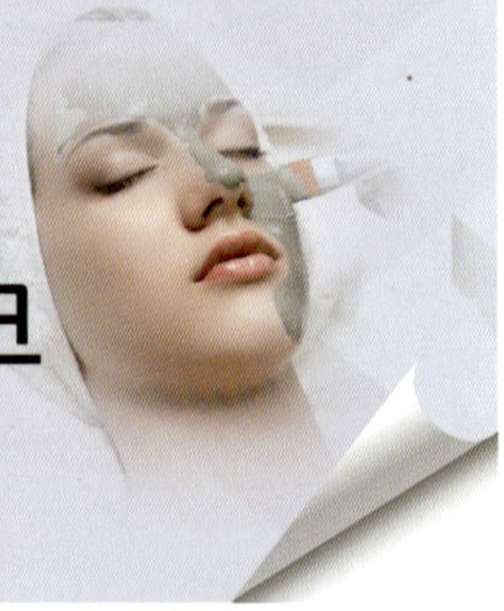

피부미용 얼굴 팩·마스크란?

얼굴 부위 피부에 적합한 팩과 마스크를 통하여 외부공기를 차단시켜 노폐물을 제거하고 영양물질을 흡수시켜 청결하고 위생적으로 마무리하는 능력이다.

Open Thinking

- **Client** : 어머나 어떻게! 라고 생각할 때 긴급 스킨케어가 있을까요?
- **Beauty Therapist** : 공부, 야근, 회식 등으로 인해 수면부족의 아침, 거울을 보고, "오늘 출근을 할 수 있을까?" 라고 고민하기 전에 즉시 효과가 나타나는 긴급 스킨케어를 실천해 봐요.

얼굴이 푸석푸석 할 때는 화장수나 로션 Pack

언제나 손쉽게 구할 수 있는 화장수나 로션 Pack으로 수분 공급을 …

화장수를 화장솜 2매에 듬뿍 적신 다음 그 중 1매에 로션을 2~3방울 떨어뜨려 다른 1매에도 묻혀지도록 두 장을 포개어 두드린다. 그 화장솜을 신경쓰이는 얼굴 부분에 3분간 얹어 두기만 하면 된다. 수분과 보습 성분이 충분히 침투한다. 건조할 때는 화장수만, 또는 로션만 사용해도 충분하다.

1. 얼굴 팩 · 마스크하기

학습 목표

- 피부 유형에 따라 팩과 마스크 종류를 선택할 수 있다.
- 제품 성질에 맞는 팩과 마스크를 적용할 수 있다.
- 관리 후 팩과 마스크를 안전하게 제거할 수 있다.

<table>
<tr><th colspan="6">사전 진단평가 체크리스트</th></tr>
<tr><td>대분류</td><td>중분류</td><td>소분류</td><td>세분류(직무)</td><td>능력단위</td><td>능력단위코드</td></tr>
<tr><td>이용·숙박·여행·오락·스포츠</td><td>이·미용</td><td>이·미용서비스</td><td>피부미용</td><td>얼굴 팩·마스크</td><td>1201010214_17v4</td></tr>
<tr><td rowspan="2">능력단위요소</td><td rowspan="2">1</td><td colspan="2" rowspan="2">얼굴 팩 · 마스크하기</td><td colspan="2">척도</td></tr>
<tr><td>YES</td><td>NO</td></tr>
<tr><td rowspan="4">수행준거별 평가항목</td><td>1.1</td><td colspan="2">피부유형에 따라 팩과 마스크 종류를 선택할 수 있다.</td><td></td><td></td></tr>
<tr><td>1.2</td><td colspan="2">제품 성질에 맞는 팩과 마스크를 적용할 수 있다.</td><td></td><td></td></tr>
<tr><td>1.3</td><td colspan="2">관리 후 팩과 마스크를 안전하게 제거할 수 있다.</td><td></td><td></td></tr>
<tr><td>합계</td><td colspan="2">3</td><td></td><td></td></tr>
</table>

1. 팩과 마스크의 이해

(1) 팩Pack과 마스크Mask의 정의

팩pack은 'package' 즉 '둘러싸다', '포장하다'에서 유래되었고 마스크Mask는 얼굴을 보호하거나 위장 또는 성능을 위해 착용되는 물체라는 뜻에서 사용되어 왔다. 그러나 유럽에서는 주로 마스크Mask로 통용되고 있고, 국내에서는 거의 같은 의미로 사용하고 있다.

팩과 마스크는 피부표면에 균일한 두께로 도포하여 일정 시간이 지난 후 닦아 내거나 떼어내는 것으로 피부의 청결, 보습, 영양 공급을 목적으로 사용된다.

(2) 팩과 마스크의 차이점

1) 팩

① 특징

팩은 얼굴에 바른 후 일정시간이 지나도 팩과 피부사이에 공기가 통할 수 있어서 피막을 형성하거나 굳어지지 않으므로 일정 시간이 지난 후 물로 헹구어 내거나 닦아낸다.

② 작용 및 효능

모세 혈관이 수축되고 피부 온도가 저하되어 보습력을 부여하며, 피부의 죽은 각질과 지방질을 제거한다. 또한 모공과 모낭을 수축해 피부에 긴장감을 주고 산소 및 이산화탄소, 가스, 열 등을 운반한다.

2) 마스크

① 특징

마스크는 재료에 피막형성제가 들어 있어서 얼굴에 바른 후 일정 시간이 지나면, 딱딱하게 굳어져 외부의 공기유입과 피부의 수분증발이 차단되므로 일정 시간이 지난 후에 떼어내는 것이다.

② 작용 및 효능

외부의 공기가 차단되고 피부로부터의 수분증발이 억제되므로, 피부 보습력이 더욱 향상되고 피부를 유연하게 하여 유효성분의 침투가 용이하게 된다. 또한 건조화 과정을 통해 피부의 긴장감과 수축효과를 얻을 수 있다.

팩과 마스크의 차이 *Check Point*

일반적으로 외부 공기와의 차단여부에 따라 분류한다.

(3) 팩 · 마스크의 목적

팩과 마스크는 피부로부터 각질과 피지 등을 흡착하므로 청결의 목적과 피부에 수분과 영양을 부여하는 보습의 목적이 있다.

팩 · 마스크의 효과

① 외부 공기와의 일시적 차단으로 수분증발이 억제되므로, 각질층에 수분 공급이 원활해진다.
② 팩에 함유된 유효성분의 침투가 용이하다.
③ 흡착작용에 의한 피지와 각질 제거로 청정작용이 있다.
④ 피부온도의 상승으로 혈액순환이 촉진된다.
⑤ 팩이 건조될 때 피부의 긴장 및 수축 효과로 인해 잔주름을 예방하고 피부탄력이 증진된다.

2. 팩 · 마스크의 분류와 특징

(1) 사용방법에 따른 분류

1) 필오프 타입Peel-off type

피부에 제품을 바른 후 일정시간이 지나면 응고되므로 굳은 피막을 필름처럼 떼어내는 타입으로, 피지와 각질 등의 노폐물이 함께 제거되어 청정작용에 도움이 된다. 대부분의 피부 타입에 적합하나 떼어낼 때 피부에 자극을 줄 수 있으므로 여드름 피부와 예민 피부에는 사용하지 않는다. 고무마스크와 석고마스크 등이 여기에 속하며, 젤 마스크는 필오프 타입과 워시오프 타입이 모두 가능하다.

필오프Peel off 타입

Check Point

- 얼굴에 팩을 바른 후 건조된 피막Film을 떼어내는 팩
- 효과
  ① 건조되는 동안의 피부 긴장감
  ② 피부의 각종 오염물, 죽은 각질세포를 제거하여 피부청결
- 주요성분
  ① 피막형성제 : 폴리비닐알코올(10 ~ 14%)
  ② 건조 및 피부청량감 : 알코올(6 ~ 10%)
  ③ 보습성 : 글리세린 등의 보습제

2) 워시오프 타입Wash off type

피부에 제품을 바른 후 일정 시간이 지나면 물로 씻어서 제거하는 타입으로 피부의 진정작용, 트러블 예방에 효과가 있으며 특히 보습작용에 매우 효과적이다. 피부에 자극이 적어 예민피부에 적합하며 크림, 젤, 클레이 타입 등의 다양한 종류가 있다.

워시오프 타입Wash off type

Check Point

- 머드Mud, 클레이Clay, 젤Gel 3가지 형태가 있음
- 얼굴에 바르고 20 ~ 30분 경과 후 따뜻한 물로 씻어내는 팩
- 대표적인 제품은 머드팩Mud pack
  ① 주성분은 진흙과 고령토로 30% 정도 배합
  ② 보습성을 위해 글리세린과 같은 보습제 배합
- 물을 이용하여 씻어내므로 상쾌한 사용감. 여름에 사용하면 효과적

3) 티슈오프 타입Tissue off type

피부에 제품을 바른 후 일정시간이 지나면 티슈로 닦아내는 타입으로, 크림타입의 팩이 이에 속하며 보습과 영양 공급이 가능하므로 건성 피부와 노화피부에 적합하고 매일 사용이 가능하다.

티슈오프 타입Tissue off type

Check Point

- 얼굴에 팩을 바른 후, 10 ~ 15분 경과 후 티슈로 닦아내는 팩
- 효과
  ① 부드러운 감촉 및 우수한 보습효과
  ② 피부에 부담감이 적어서 손쉽게 사용가능 : 민감성 피부에 사용
- 단점 : 다른 팩에 비해 긴장감과 청결효과가 떨어짐

4) 시트 타입Sheet type

콜라겐 등의 영양물질을 건조시킨 시트 타입으로, 피부에 유효한 물질이 흡수되고 난 다음에 제거한다. 수분 공급에 효과적이고 거의 피부에 트러블을 일으키지 않으므로 모든 피부 타입에 사용이 가능하다.

(2) 제품 형태에 따른 분류

1) 파우더 타입Power type

분말을 용액(증류수, 화장수 등)과 섞어 사용하는 것으로, 피부 도포 후에는 수분이 증발하면서 건조한다. 워시오프와 필오프 타입이 있으며 석고마스크, 모델링마스크, 효소팩, 머드팩 등이 있다.

파우더 타입Power type

Check Point

- 물에 개어서 바르도록 하는 분말(Powder) 형태의 팩
- 석고팩과 효소팩이 대표적인 제품
  ① 석고마스크 : 소석고를 물과 혼합 시에 생기는 발열작용을 이용하는 팩
  ② 효소팩 : 효소의 지방 및 단백질 분해효과를 이용한 팩
- 효소의 활성이 높아 미지근한 수분을 충분히 공급하면서 시술

2) 크림 타입Cream type

크림 형태로 피부에 도포하며, 사용감이 부드럽고 피부에 부담감이 적어 손쉽게 사용할 수 있다. 일정시간이 지나도 유효성분만 흡수되고 제품은 그대로 남아있는 워시오프 타입이다.

3) 젤 타입Gel type

투명, 반투명의 젤 형태로 피부에 도포하며, 자극이 적고 티슈오프 타입이다.

4) 패치 타입Patch type

화장수, 앰플 또는 물에 적셔 피부에 직접 밀착시키는 패치형태로 필오프 타입이다. 콜라겐을 주성분으로 하는 벨벳마스크와 수분과 주름의 활성성분을 주성분으로 하는 아이마스크 등이 있다.

Check Point

패치 타입Patch type

- 테이프와 같이 붙이는 패치Patch 형태의 팩
- 콧등에 부착한 후, 떼어내면 코주위의 오염물 및 피지를 간단히 제거가능
  ① 패치를 그대로 붙여 사용하는 것 : 피지제거 패치 등
  ② 화장수나 물에 적신 후 피부에 사용하는 것 : 아쿠아Aqua

5) 왁스 타입Wax type

파라핀에 열을 가하여 왁스형태로 피부 위에 거즈를 깔고 도포하는 필오프 타입이다. 혈액순환 촉진, 보습 집중관리에 효과적이다.

(3) 온도에 따른 분류

1) 웜 마스크Warm mask

열의 발생으로 피부를 따뜻하게 하여, 혈액순환을 촉진시킴으로써 피부의 생리기능을 활성화시키고 제품의 흡수에도 도움을 준다. 석고마스크, 파라핀 마스크 등이 있다.

2) 쿨 마스크Cool mask

차가운 팩으로 피부에 수렴작용을 촉진시킴으로써 모공 수축과 탄력 증진에 도움을 준다. 냉동요법, 냉스팀 타월팩 등이 있다.

(4) 팩 · 마스크의 종류와 특징

1) 모델링 마스크Modeling mask

① 특성

해초에서 추출한 성분알긴산, 미네랄 등을 함유한 파우더 형태의 마스크로 피부 보습효과가 우수하며, 건조 후에는 고무막처럼 응고되는 필오프 타입이다.

② 효과

피부에 수분과 영양을 공급하고 탄력과 진정에 효과적이다.

③ 적용 피부

건성 피부나 노화피부 등 모든 피부타입, 특히 민감성 피부와 여드름 피부에 효과적이다.

2) 석고마스크Gypsum mask

① 특성

석고 분말황산칼슘 등이 물과 혼합되면서 발열효과를 가지므로, 피부온도의 상승으로 혈액순환을 촉진시키고 피부에 도포한 크림의 유효성분 흡수를 도와준다. 금기 사항으로는 매우 신경질적이거나, 고혈압을 가진 고객에게는 적용하지 않는 것이 좋다.

② 효과

피부에 탄력을 부여하고, 보습으로 생기를 주며 세포의 재생을 증가시킨다.

③ 적용 피부

민감성 피부, 화농성 여드름피부, 모세혈관확장피부에는 사용하지 않는다.

노화피부, 건성 피부, 주름피부에 효과적이다.

3) 왁스마스크Wax Mask

① 특성

고형의 왁스파라핀, 에틸알코올, 스테아린알코올 등을 녹여서 45℃의 열을 이용한 웜마스크로, 성분 자체의 효과보다는 피부를 따뜻하게 하여 노폐물 배출과 혈액순환을 촉진시킨다. 특히 진피층까지 수분을 공급하여 보습력이 뛰어나 거칠어진 피부에 적용하면 효과적이다.

② 효과

피부에 보습력과 탄력을 부여하고, 노폐물 배출과 혈액순환 촉진에 도움을 준다.

③ 적용 피부

모든 피부, 특히 수분이 부족한 건성 피부와 노화피부에 효과적이다.

4) 콜라겐 벨벳 마스크Collagen velvet mask

① 특성

콜라겐 성분을 냉동 건조시켜 종이 형태로 만든 것으로, 물에 잘 녹으므로 습기를 피하고 건조한 곳에 보관해야 한다.

② 효과

세포재생과 보습효과가 뛰어나 노화피부, 수분부족 피부에 적합하고 레이저 시술 등으로 자극받은 진정관리에도 효과적이다.

③ 적용 피부

모든 피부, 특히 수분이 부족한 건성 피부, 노화피부, 여드름피부, 필링 후 재생이 필요한 피부에 효과적이다.

Check Point

천연팩의 기원

- 고대 로마의 시인 오비디우스의 기록 : 양털에서 얻은 기름 성분인 라놀린에 벌꿀 + 달걀 + 밀가루 + 바닷새의 배설물 등을 배합하여 팩으로 사용
- 클레오파트라는 진흙팩을, 네로황제의 부인은 당나귀 젖을 이용한 팩을 즐겼다는 기록이 있음
- 고대 로마인들에 의해 점차 보급되어 천연재료의 사용이 대중화 됨

5) 천연팩

① 특성

- 천연팩의 재료는 대부분 사람이 먹을 수 있고 우리 주변에서 손쉽게 구할 수 있는 것으로 과일, 식물, 허브, 계란, 요구르트, 꿀, 오트밀 특히 한약재 등 매우 다양하다.
- 천연팩을 실시하기 전 주의해야 할 사항으로는 천연의 재료는 변질되기 쉬우므로 제철의 신선한 것을 사용하고 반드시 팩을 바르기 직전에 만들어야 한다.
- 천연의 재료 중에는 부작용을 일으키는 것도 있으므로 미리 패치테스트를 하여 부작용이 없는지 확인한다.

Check Point

패치 테스트Patch test

- 테스트 할 제품을 팔의 안쪽에 바르고 거즈와 랩으로 고정시킨다.
- 24 ~ 48시간 후 떼어내고 피부의 반응을 본다.
- 반응이 나타나지 않으면 그 제품을 사용한다.

② 천연물질의 효과 및 적용피부

재료	효과	적용피부
아보카도	비타민과 미네랄이 풍부	건성 피부, 민감성 피부, 노화피부
계란 흰자	탄력, 모공수축	지성 피부
계란 노른자	피부에 영양 공급	건성 피부에 가장 좋음
꿀	오염과 각질 제거, 피부를 맑게 해주고 보습, 주름예방	모든 피부
바나나	칼륨, 칼슘, 비타민 함유	건성 피부, 민감성 피부
오이	시원하게 하는 쿨링 효과	모든 피부
딸기 등 소프트 과일	건성 피부의 pH 조절과 수분 농도 증가 (피부에 산성 반응을 나타낼 수 있으므로 요구르트, 계란 흰자, 크림 등을 섞어 산성 반응을 감소시킬 수 있음)	건성 피부
천연 요구르트	팩의 좋은 성분	민감성 피부
레몬 쥬스	매우 자극적	지성 피부
오트밀	각질제거	모든 피부
맥아	비타민E	건성 피부, 노화피부
키위	비타민C, 보습	건성 피부
해조류	수분공급, 진정작용	모든 피부
허브	피부 밸런스, 피부재생, 피부자극	모든 피부

③ 천연팩의 피부 생리기능

천연팩은 거의 모든 피부 타입에 적합하고 효과도 좋으며, 다음과 같은 문제성 피부에도 생리기능을 활성화시킬 수 있다.

- 민감성 피부 : 천연팩은 산성 · 염기성을 조절하여 활력을 주고 깨끗하게 피부를 정화하며, 세포재생 속도를 촉진시킨다.
- 수분부족 건성 피부 : 천연팩은 피부의 수분손실 없이 자극을 줄 수 있으며, 피부를 상큼하고 촉촉하게 또 부드럽게 함과 동시에 피부의 죽은 세포를 제거해 준다.
- 노화피부 : 천연팩은 활성 성분으로 염증발생과 수분감소 없이 피부를 회복시키는데 도움을 준다.

- 지성 피부·문제성 피부 : 천연팩은 딥클렌징, 각질제거 및 유분기를 없애주며 피부표면의 노폐물과 박테리아를 제거해 준다.

Check Point

천연팩의 레시피 제안

- 민감성 피부 : 요구르트를 기제로 사용한다.
- 건성 피부 : 바나나 절반, 아몬드와 올리브 오일을 사용한다.
- 지성 피부 : 가볍게 저은 계란 흰자에 레몬주스 몇 방울을 섞는다.
- 지성 또는 복합성 피부 : 소금, 올리브오일, 레몬주스 절반을 섞어서 손가락 끝으로 피부에 부드럽게 문지른다.

3. 얼굴 팩 · 마스크 실기

피부에 유익한 영양물질을 흡수시켜 유·수분 및 보습의 효과를 높이고 얼굴에 오래된 각질을 제거하는데 도움을 주기 위해 얼굴에 도포하는 것이다.

※ **팩의 효과** : 진정, 수렴, 세포재생의 효능이 있다.

준비물

- 팩·마스크제
- 아이패드
- 거즈
- 베드
- 의자
- 정리대웨건
- 타올
- 터번
- 마스크
- 보울유리볼, 고무볼
- 스파츌라
- 미용솜
- 해면일회용
- 붓
- 티슈
- 냉·온습포
- 화장수

TIP

※ 팩과 마스크의 종류
- 마스크 : 시트마스크, 석고마스크, 모델링
- 팩 : 파라핀팩, 젤라틴팩, 천연팩, 한방팩

Tip

- 적용시간은 약 20분 정도다.
- 팩 제거 시 눈, 코, 입에 들어가지 않도록 한다.
- 건조되는 팩은 입술 가까이 도포하지 않는다.
- 머리카락에 묻지 않도록 주의한다. (터번을 씌운다)
- 천역팩은 사용 직전에 바로 만들어 사용한다.
- 팩을 바를 때 정해진 순서는 없으나 얼굴에서 가장 온도가 낮은 곳부터 올리는 것이 좋다.

수행순서 1 크림팩

1. 피부유형에 맞는 크림팩을 준비한다.
2. 터번으로 머리를 감싼다.
3. 손을 소독한다.
4. 볼에 크림팩을 적당량 덜어 놓는다.
5. 준비된 크림팩을 얼굴에 골고루 펴 바른다.
6. 아이패드를 올린다.
7. 일성시간10~15분 정도 경과 후 일회용 해면으로 살짝 닦아낸다.
8. 냉습포로 잔여물을 닦아낸다.
9. 토닉으로 정리한다.

① 볼에 크림팩을 적당량 덜어 놓는다.

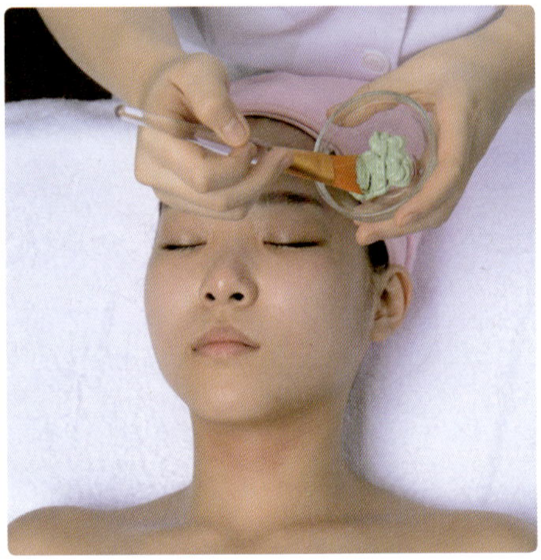

② 준비된 크림팩을 얼굴에 골고루 펴 바른다.

③ 얼굴 전체에 펴 바른 후 아이패드를 올린다.

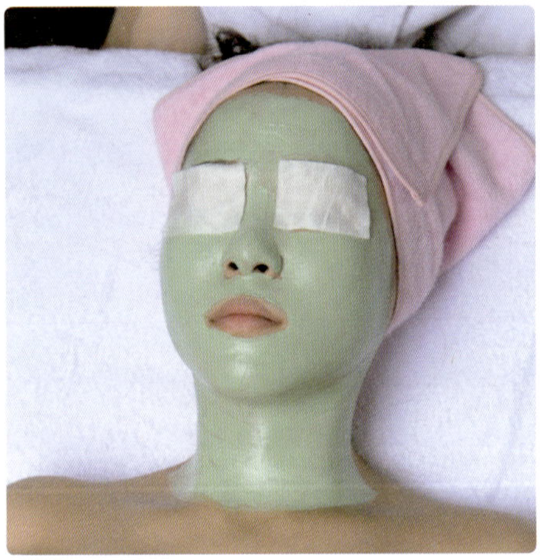

④ 일정시간(10~15분) 경과 후 일회용 해면으로 살짝 닦아낸다.

⑤ 냉습포로 잔여물을 닦아 낸다.

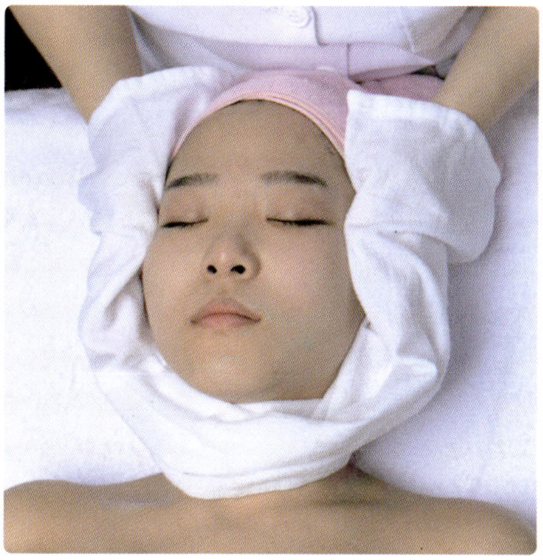

Tip

• 아이패드는 팩 도포 전·후 올려도 무방하다.

수행순서 2 석고마스크

1. 석고파우더와 물을 준비한다.
2. 터번으로 머리를 감싼다.
3. 손을 소독한다.
4. 볼에 영양크림을 적당량 덜어놓는다.
5. 쓰다듬기 또는 밀착하여 펴 바르기 동작으로 얼굴에 영양물질을 흡수시킨다.
6. 눈과 눈썹은 젖은 아이패드로 덮어 준다.
7. 젖은 거즈를 얼굴에 덮는다.
8. 준비된 볼에 파우더와 물을 넣고 흐르지 않는 농도로 개어 얼굴에 골고루 올려놓는다.
9. 일정시간15분~20분 지나서 단단하게 굳으면 떼어 낸다.
10. 일회용 해면으로 닦아낸다.
11. 냉습포로 잔여물을 닦아낸다.
12. 토닉으로 정리한다.

Tip

- 민감한 피부는 온도가 올라 화상의 염려가 있으니 꼭 물에 적신 거즈를 올려야 한다.
- 헤어라인에 석고가 묻지 않도록 주의한다.

① 얼굴에 영양물질과 베이스크림을 충분히 발라준다.

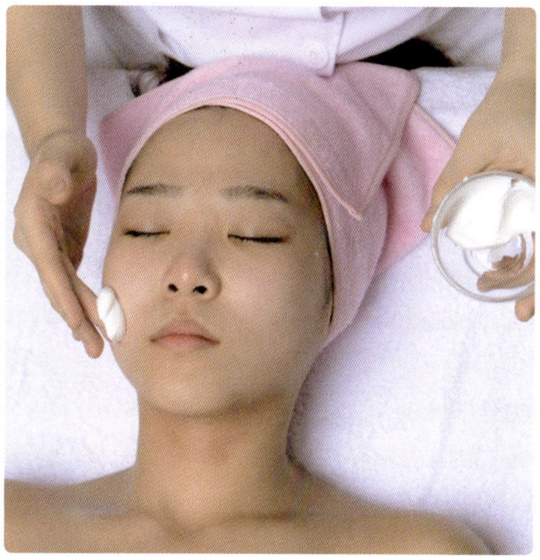

② 눈과 눈썹은 젖은 아이패드로 덮어 준다.

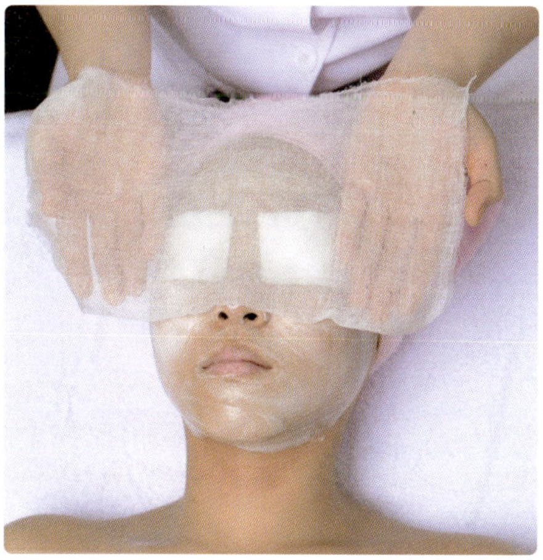

③ 젖은 거즈를 얼굴에 덮는다.

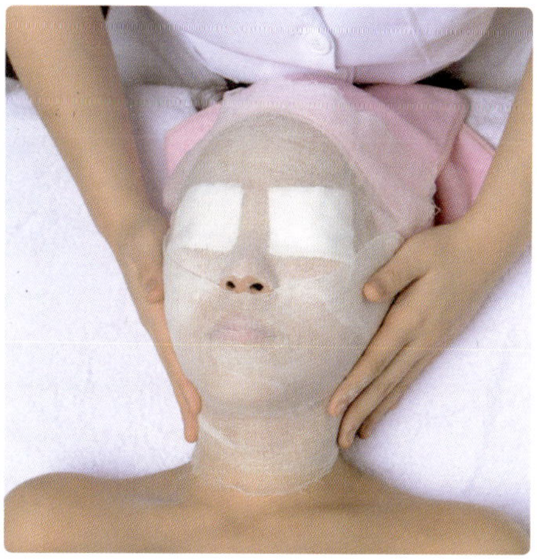

④ 볼에 파우더와 물을 넣는다.

⑤ 흐르지 않는 농도로 갠다.

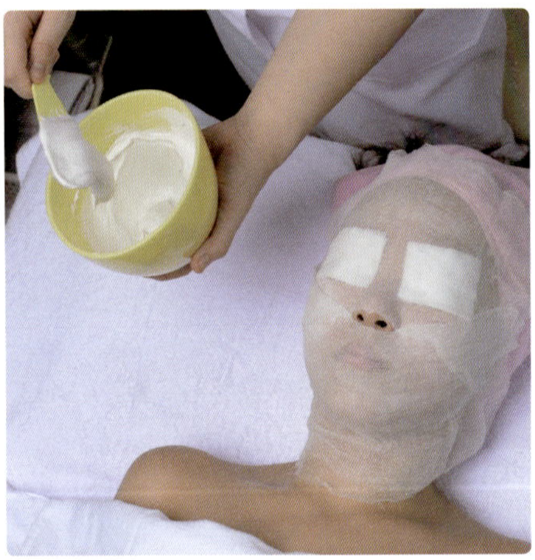

⑥ 얼굴에 골고루 올려놓는다.

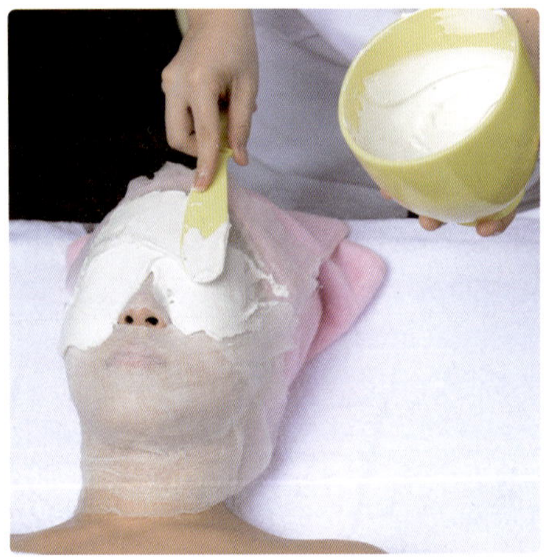

⑦ 일정시간(15~20분) 방치한다.

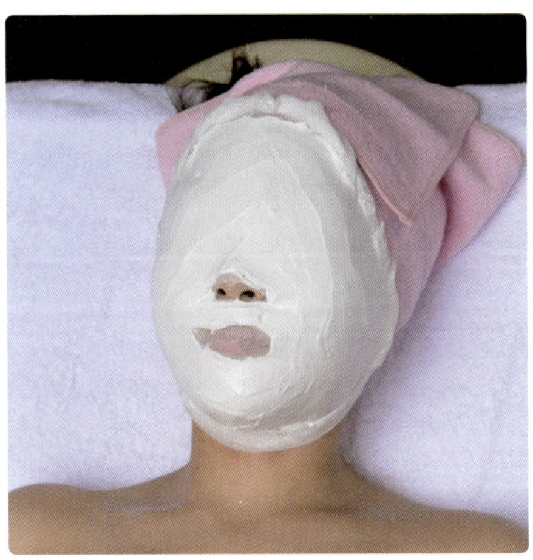

⑧ 석고가 단단하게 굳으면 떼어낸다.

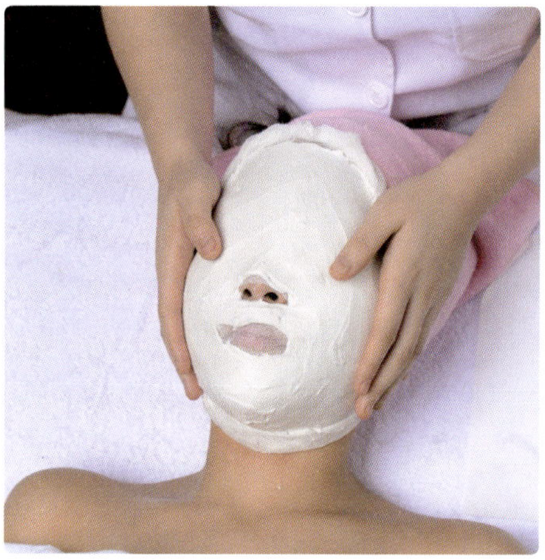

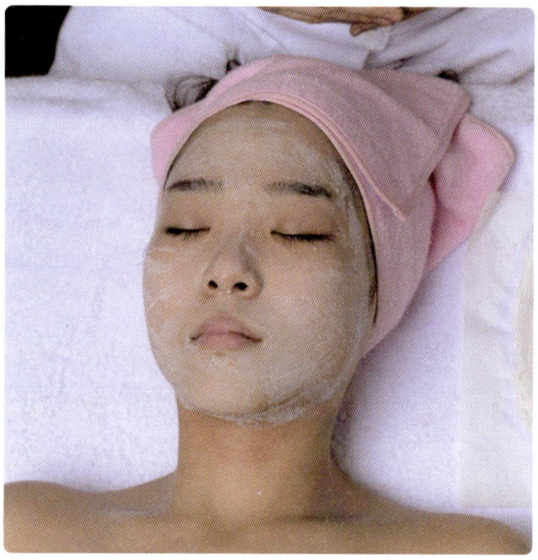

⑨ 일회용 해면으로 닦아 낸다.

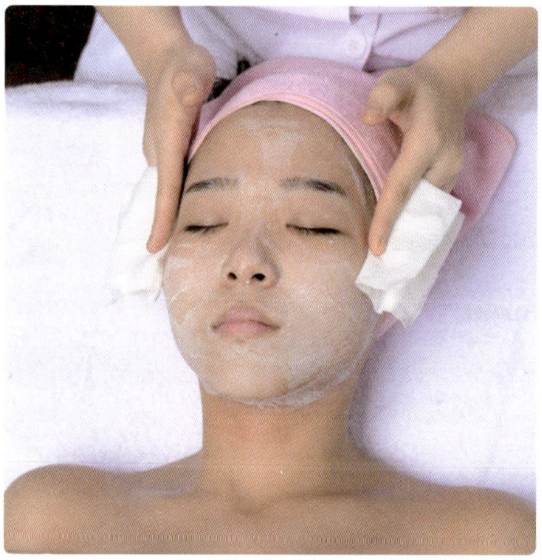

⑩ 영양크림을 발라 마무리한다.

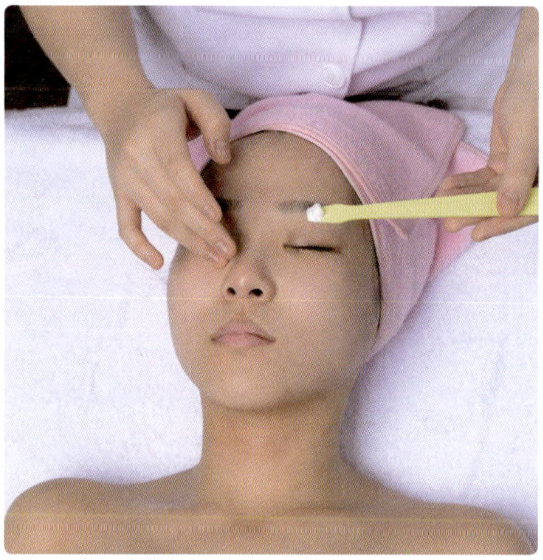

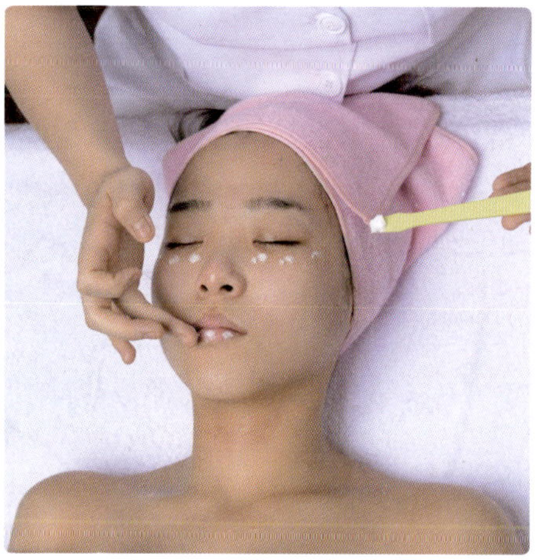

수행순서 3 모델링마스크

1. 파우더와 물을 준비한다.
2. 터번으로 머리를 감싼다.
3. 손을 소독한다.
4. 볼에 영양물질을 적당량 덜어 놓는다.
5. 쓰다듬기 또는 밀착하여 펴 바르기로 영양물질을 얼굴에 도포한다.
6. 아이패드를 올린다.
7. 준비된 볼에 파우더와 물을 넣고 걸죽한 농도로 개어 얼굴에 고루 펴서 올린다.
8. 일정시간15분~20분 지난 후 굳으면 떼어 낸다.
9. 냉습포로 닦아 낸다.
10. 토닉으로 정리한다.

Tip

- 너무 묽게 개어 팩제가 흐르지 않도록 주의해야 한다.

① 얼굴에 영양물질을 충분히 바른다.

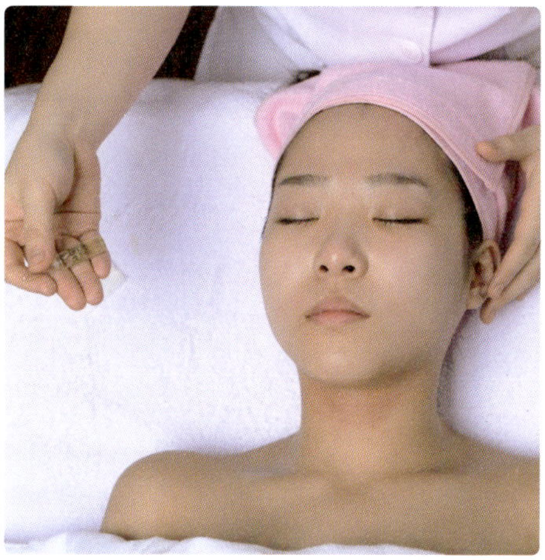

② 준비된 볼에 파우더와 물을 넣고 섞는다.

③ 걸죽한 농도로 갠다.

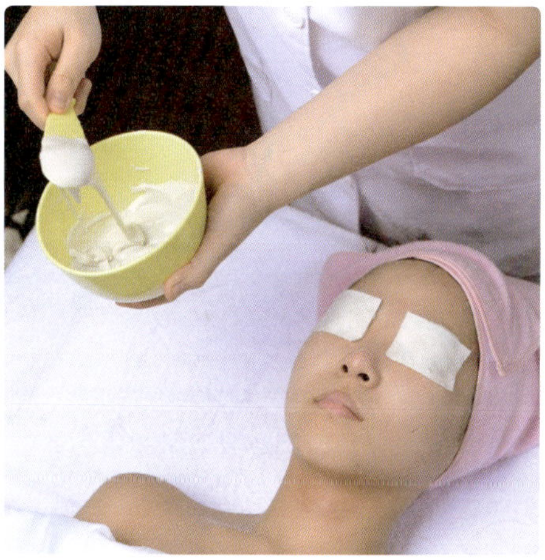

④ 아이패드를 올리고 얼굴에 고루 펴서 올린다.

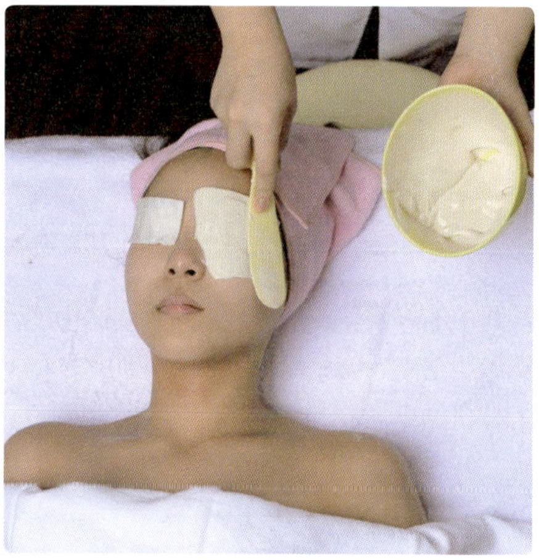

⑤ 일정시간 (15~20분) 방치한다.

⑥ 팩이 완전히 굳으면 떼어 낸다.

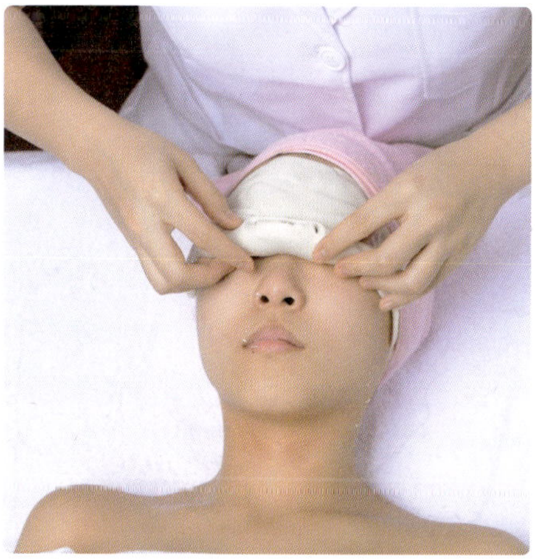

수행순서 4 시트마스크

1. 피부상태를 파악하고 시트제를 준비한다.
2. 터번으로 머리를 감싼다.
3. 손을 소독한다.
4. 가벼운 동작으로 보습제를 얼굴에 흡수시킨다.
5. 준비된 시트제를 얼굴에 펴서 물을 적시면서 피부에 밀착되도록 바른다.
6. 일정시간15분~20분 경과 후 시트제를 떼어낸다.
7. 가볍게 손으로 토닥토닥 해준다.
8. 토닉으로 정리한다.

Tip

- 기포가 생기지 않게 밀착하여 밀어준다.
- 얼굴형을 잘 보고 재단하여 자른다.
- 정제수를 바를 때 솜이나 거즈에 묻혀 바르면 효과적이다.

① 얼굴에 영양물질을 충분히 바른다.

② 얼굴 형태에 맞게 재단한다.

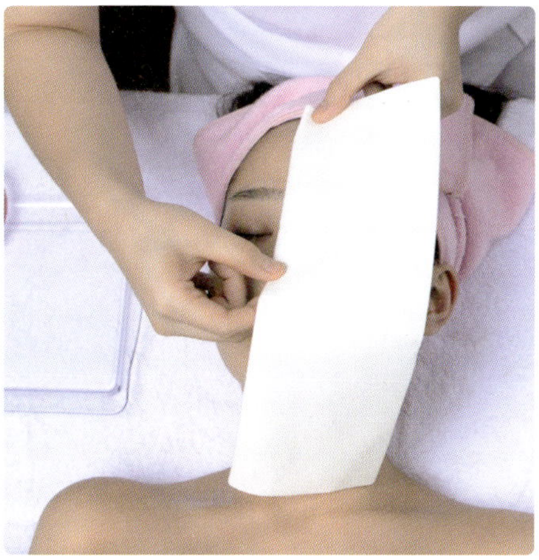

③ 재단 후 자른다.

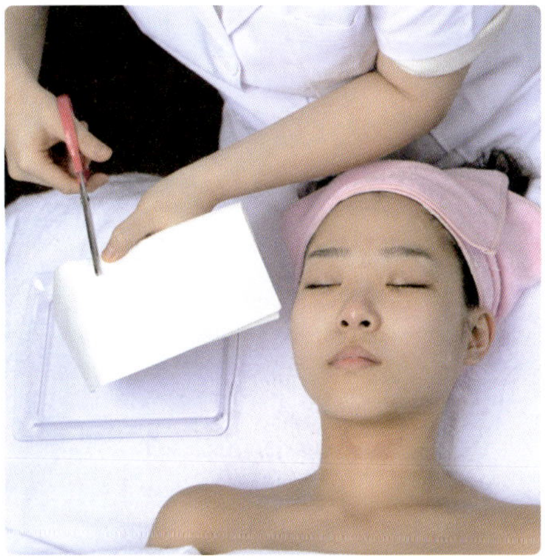

④ 준비된 시트지를 얼굴에 올린다.

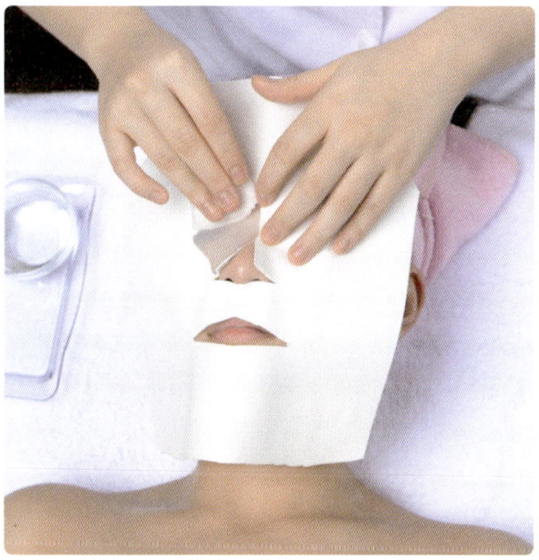

⑤ 솔루션이나 정제수를 솜이나 거즈에 묻혀 얼굴에 밀착되도록 바른다.

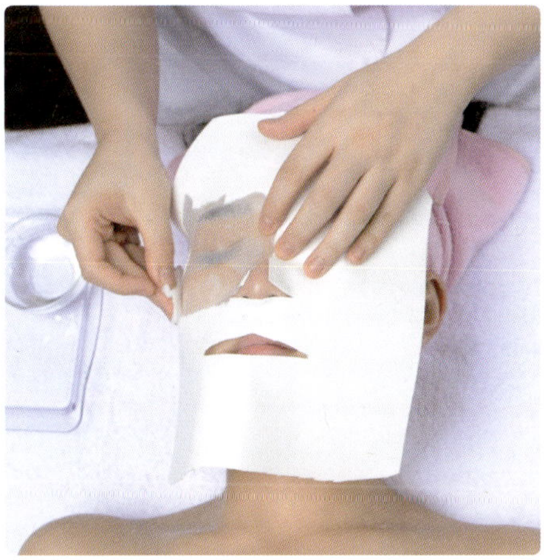

⑥ 일정시간(15~20분) 방치한다.

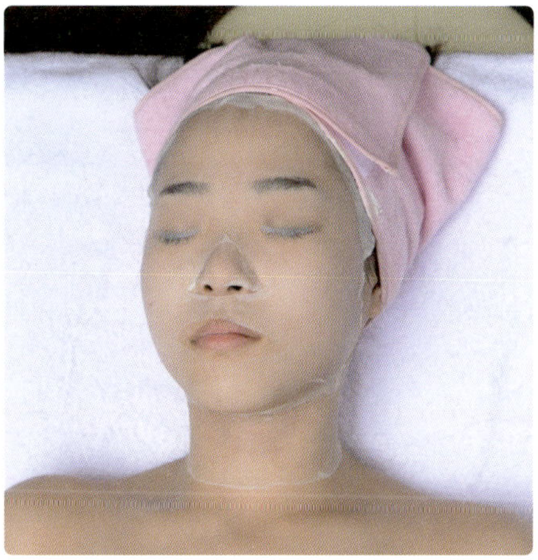

<table>
<tr><th colspan="6">수행준거별 평가 체크리스트</th></tr>
<tr><th>대분류</th><th>중분류</th><th>소분류</th><th>세분류(직무)</th><th>능력단위</th><th>능력단위코드</th></tr>
<tr><td>이용·숙박·여행·오락·스포츠</td><td>이·미용</td><td>이·미용서비스</td><td>피부미용</td><td>얼굴 팩·마스크</td><td>1201010214_17v4</td></tr>
<tr><td>능력단위요소</td><td>1</td><td colspan="4">얼굴 팩·마스크하기</td></tr>
<tr><td rowspan="3">수행준거</td><td>1.1</td><td>피부유형에 따라 팩과 마스크 종류를 선택할 수 있다.</td><td colspan="3" rowspan="3">[지식]
• 공중위생과 소독 방법
• 화장품 종류·성분 및 사용법
• 피부구조와 생리
• 팩과 마스크의 종류 및 성질
[기술]
• 팩과 마스크의 종류에 따른 피부유형에 맞는 선택과 적용능력
• 팩과 마스크의 종류에 따라서 사용하는 능력
• 팩과 마스크 사용 후 제거 능력
[태도]
• 고객이 편안히 이완할 수 있도록 배려하려는 태도
• 위생적으로 고객을 배려하려는 태도
• 고객의 반응을 살피려는 객관적 태도</td></tr>
<tr><td>1.2</td><td>제품 성질에 맞는 팩과 마스크를 적용할 수 있다.</td></tr>
<tr><td>1.3</td><td>관리 후 팩과 마스크를 안전하게 제거할 수 있다.</td></tr>
</table>

<table>
<tr><th rowspan="2">수행준거</th><th rowspan="2">상세 수행준거</th><th rowspan="2">평가항목</th><th colspan="2">척도</th></tr>
<tr><th>YES</th><th>NO</th></tr>
<tr><td rowspan="3">1.1</td><td>1.1.1</td><td>팩·마스크의 종류를 열거할 수 있다.</td><td></td><td></td></tr>
<tr><td>1.1.2</td><td>팩·마스크의 특징과 효과를 설명할 수 있다.</td><td></td><td></td></tr>
<tr><td>1.1.3</td><td>피부유형에 적합한 팩·마스크를 선택할 수 있다</td><td></td><td></td></tr>
<tr><td rowspan="2">1.2</td><td>1.2.1</td><td>팩·마스크 적용 시 유의사항을 설명할 수 있다.</td><td></td><td></td></tr>
<tr><td>1.2.2</td><td>피부유형에 맞는 팩·마스크를 적용할 수 있다.</td><td></td><td></td></tr>
<tr><td rowspan="2">1.3</td><td>1.3.1</td><td>팩과 마스크 제거 시 유의사항을 설명할 수 있다.</td><td></td><td></td></tr>
<tr><td>1.3.2</td><td>고객을 배려하여 팩·마스크를 제거할 수 있다.</td><td></td><td></td></tr>
<tr><td colspan="2">총계</td><td>7</td><td></td><td></td></tr>
</table>

2. 얼굴관리 마무리하기

학습 목표

- 얼굴관리가 끝난 후 토닉으로 피부정리를 할 수 있다.
- 고객의 얼굴 피부유형에 따른 기초 화장품류를 선택할 수 있다.
- 영양물질을 흡수시키고 자외선 차단제를 사용하여 마무리 할 수 있다.

사전 진단평가 체크리스트					
대분류	중분류	소분류	세분류(직무)	능력단위	능력단위코드
이용·숙박·여행·오락·스포츠	이·미용	이·미용서비스	피부미용	얼굴 팩·마스크	1201010214_17v4
능력단위요소	2	얼굴관리 마무리하기		척도	
				YES	NO
수행준거별 평가항목	2.1	얼굴관리가 끝난 후 토닉으로 피부정리를 할 수 있다.			
	2.2	고객의 얼굴 피부유형에 따른 기초 화장품류를 선택할 수 있다.			
	2.3	영양물질을 흡수시키고 자외선 차단제를 사용하여 마무리 할 수 있다.			
	합계	3			

1. 얼굴관리 마무리의 이해 및 제품의 분류

(1) 얼굴관리 마무리의 개념

얼굴관리 마무리는 팩·마스크를 제거하고 해면과 습포로 얼굴을 닦아낸 다음에 하는 얼굴 피부관리의 마지막 단계이다. 피부유형별 기초화장품을 선택하여 토닉으로 피부를 정돈한 후 영양물질을 흡수시키고 자외선차단 크림으로 마무리하는 과정까지를 말한다.

(2) 마무리에 사용되는 기초화장품의 분류

마무리 관리 시 기초화장품의 적용 순서는 다음과 같다.

정돈스킨토너 → 영양보습에센스, 크림 → 보호자외선 차단크림

1) 화장수토닉

① 특성

화장수의 사용목적은 피부의 pH 밸런스를 조절하여 피부를 촉촉하게 하고, 모공수축과 팩의 잔여물을 완전히 제거하기 위해 사용된다.

② 종류

- 유연화장수 : 각질층에 수분을 공급하고 피부를 유연하게 해주어 다음단계 화장품의 흡수를 도와준다. 건성, 중성, 복합성, 민감성, 노화피부에 적합하다.
- 수렴화장수 : 유연화장수에 비해 알코올 함량이 많은 것으로 각질층에 수분을 공급하고 모공수축, 메이크업 잔여물 제거, 세균으로부터 피부보호 등 피부 청결을 유지해 주므로, 지성 피부, 여드름피부에 사용하는 것이 좋다. 수렴화장수는 피부표면을 건조시키므로 노화피부, 건성 피부, 민감성 피부에는 사용하지 않는다.

2) 유액로션

① 특성

이멀젼Emulsion이라고도 불리며 수분이 60~80%이고 유분은 30% 이하로 점성이 낮은 크림이다. 피부의 유 · 수분 밸런스를 조절하여 피부의 항상성을 유지시켜 준다. 유분의 함량에 따라 건성용 로션, 지성용 로션, 모든 피부용 로션 등으로 분류할 수 있다.

② 종류

- 건성용 로션 : 유분량이 20 ~ 30%
- 지성용 로션 : 유분량이 3 ~ 8%

• 모이스쳐 로션 : 유분량이 10 ~ 20%

3) 에센스

① 특성

에센스는 보습, 피부보호, 영양공급을 위한 미용성분을 고농축해 놓은 미용액으로 컨센트레이트Concentrate, 앰플Ampoule, 유럽에서는 쎄럼Serum이라는 명칭으로 불린다.

② 종류

토너 타입, 유화 타입, 오일 타입, 젤 타입으로 구분할 수 있다. 이들 중 다량의 보습 제를 함유할 수 있는 토너 타입이 가장 많이 사용되고 있다.

4) 크림

① 특성

크림은 소실된 천연보호막을 일시적으로 보충해 주기 위해 피부에 촉촉함을 부여하는 보습과 외부자극으로부터 피부보호, 유효성분으로부터 피부의 문제점 개선 등 영양공급을 위해 사용한다.

② 종류

• 데이크림 : 햇빛이나 건조한 공기, 공해 등 낮 동안의 외부자극으로부터 피부보호를 위해 사용한다.
• 나이트크림 : 대체로 유분이 많이 함유되어 있어 영양공급을 위해 밤이나 취침 전에 사용한다.
• 아이크림 : 눈 주위에 바르는 영양 크림으로 사용한다.

피부의 천연보호막 — Check Point

• 천연보호막은 피지와 땀 그리고 세포간지질로 형성되어 수분손실 및 외부오염 방지 역할
• 세안을 하면 피부가 당기는 느낌은 피부표면의 천연보호막이 씻겨서 제거되었기 때문

5) 자외선 차단제

① 특성

피부에 유해한 자외선으로부터 피부를 보호하기 위하여 자외선을 차단시켜 주는 로션이나 크림 형태이다. 기초화장품 적용 단계에서 저녁을 제외한 시간대에는 마무리 때 자외선 차단제를 발라준다.

② 종류

- 자외선 산란제 : 이산화티탄, 산화아연과 같은 무기물질을 이용하여 물리적인 산란 작용에 의해 자외선이 피부 속으로 침투되는 것을 막아준다. 시간의 경과에 따른 차단 효과의 저하가 없고 안전성이 높으며 백탁 현상이 있고 메이크업화장품에 사용되고 있다.
- 자외선 흡수제 : 옥틸디메칠파바Octyldimethyl PABA, 옥틸메톡시신나메이트Octylmethoxy cinnamate와 같은 유기물질을 이용하여 화학적인 방법으로 자외선을 흡수시켜 자외선이 피부 속으로 침투되는 것을 막아준다. 백탁 현상이 없어 사용감은 좋으나 접촉성 피부염을 유발할 수 있어 국가별로 배합 한도를 엄격히 규제하고 있다. 주로 크림과 로션에 사용되고 있다.

크림의 분류

Check Point

- 유분 함량에 따른 크림 분류
  ① 건성 피부용 크림 : 50% 이상 함유
  ② 모든 피부용 크림 : 30 ~ 50% 함유
  ③ 지성 피부용 크림 : 10 ~ 30% 함유
- 유화 형태에 따른 크림 분류
  ① 수중유형 유화 : O/WOil in Water형 크림으로 모이스쳐 로션, 클렌징 로션, 베이비크림이 있으며, 사용감이 산뜻하고 퍼짐성이 좋다.
  ② 유중수형 유화: W/OWater in Oil형 크림으로 유성 함유량이 50% 이상의 클렌징크림, 나이트크림이 있으며, O/W형 크림에 비해 퍼짐성은 낮으나 수분 손실이 적어 지속성이 좋다.

2. 피부 유형에 따른 기초 화장품의 선택

(1) 정상피부

1) 특징

가장 이상적인 피부 유형으로, 모든 피부의 기능이 정상적으로 유지되는 피부이므로, 피부를 현재 상태로 유지하기 위해 유분과 수분의 균형을 이루는 화장품 선택이 중요하다.

2) 기초화장품 선택

피부의 pH 밸런스를 맞추기 위해 정상피부용 화장수와 보습효과가 있는 크림 등 대부분의 화장품 사용이 가능하나 계절적 변화요인을 고려하여 화장품을 선택한다.

(2) 지성 피부

1) 특징

피지가 과다하게 분비되는 피부유형으로, 모공이 정상 피부보다 크고 각질층이 두꺼우며 피부표면의 번들거림이 심한 피부유형이다. 호르몬 분비가 왕성한 사춘기에 많이 나타나는 피부유형이다.

2) 기초화장품 선택

과다하게 분비된 피지를 정리하기 위해 위치하젤, 캄파 성분의 수렴작용이 있는 화장수와 수분함량이 높은 크림, 특히 젤타입의 기초화장품이 적합하다.

(3) 건성 피부

1) 특징

피지선과 땀샘의 기능 저하로 피지와 수분의 분비량이 적게 분비되어 피부 표면에 주름이 생기기 쉬운 피부이다. 즉 피지 분비가 적어 수분을 보유하기 어렵고 모공이 작아 피부 표면은 매끄럽지만 탄력과 윤기가 부족하다.

2) 기초화장품 선택

피부표면에 수분과 유분을 보충해 주어 피부를 촉촉하고 윤기있게 가꾸어 줄 수 있도록 보습효과가 높은 화장수와 영양성분이 높은 건성용 크림의 기초화장품이 적합하다.

(4) 민감성 피부

1) 특징

선천적으로 피부결이 섬세하고 피부 조직이 얇아 피부가 건조하기 쉬우며 자극에 예민하여 자주 붉어지기도 하며, 화장품 성분에 따라 민감해지기 쉬우므로 과도한 성분이 함유된 제품은 사용하지 않아야 한다.

2) 기초화장품 선택

항산화 작용이 있는 안티옥시던트 화장수나 무알코올 화장수를 사용하고, 식물성 보습 크림 등 자극이 없는 화장품으로 자주 교체하지 말고 자신의 피부에 적합한 제품을 오래 사용하도록 한다.

(5) 복합성 피부

1) 특징

피지 분비량이 일정하지 않은 두 가지 이상의 피부 형태가 나타나는 피부로, 얼굴의 T–zone은 피지가 많아 지성이고 U–zone 또는 목의 피부는 건성 또는 정상 피부로 부위별로 다른 피부유형을 나타낸다. 피부결이 전체적으로 균일하지 않고 T–zone 부위에는 여드름이나 뾰루지가 나는 반면에 U–zone 부위는 건조하여 눈가에 잔주름이 보이고 색소가 침착되기도 쉽다.

2) 기초화장품 선택

T–zone 부위에는 수렴화장수와 수분함량이 높은 크림을 사용하고, U–zone 부위에는 보습효과가 높은 화장수와 영양성분이 높고 보습효과가 있는 건성용 크림을 사용한다.

기초화장품의 선택 시 유의점 *Check Point*

- 연령에 따라, 계절에 따라, 피부유형에 따라 피부의 생리기능이 변화할 수 있으므로 피부의 상태를 고려하여 적절한 마무리 기초화장품을 선택하여 사용한다.

수행준거별 평가 체크리스트

대분류	중분류	소분류	세분류(직무)	능력단위	능력단위코드
이용·숙박·여행·오락·스포츠	이·미용	이·미용서비스	피부미용	얼굴 팩·마스크	1201010214_17v4

능력단위요소	2	얼굴관리 마무리하기	
수행준거	2.1	얼굴관리가 끝난 후 토닉으로 피부 정리를 할 수 있다.	[지식] • 공중위생과 소독 방법 • 화장품 종류·성분 및 사용법 • 피부구조와 생리 [기술] • 피부 정돈 능력 • 화장품 도포 능력 • 자외선 차단제 선택 및 도포 능력 [태도] • 고객이 편안히 이완할 수 있도록 배려하려는 태도 • 위생적으로 고객을 배려하려는 태도 • 고객의 반응을 살피려는 객관적 태도
	2.2	고객의 얼굴 피부 유형에 따른 기초 화장품류를 선택할 수 있다.	
	2.3	영양물질을 흡수시키고 자외선 차단제를 사용하여 마무리 할 수 있다.	

수행준거	상세 수행준거	평가항목	척도	
			YES	NO
2.1	2.1.1	토닉으로 피부를 정돈하는 목적을 설명할 수 있다.		
	2.1.2	피부유형에 적합한 토닉을 선택할 수 있다.		
	2.1.3	토닉을 적신 화장솜으로 피부결 따라 피부를 정리할 수 있다.		
2.2	2.2.1	기초화장품의 종류를 열거할 수 있다		
	2.2.2	기초화장품의 성분과 사용법을 설명할 수 있다		
	2.2.3	피부유형에 맞는 기초화장품을 선택할 수 있나.		
2.3	2.3.1	영양물질을 적당량 도포하고 흡수시킬 수 있다.		
	2.3.2	피부유형, 낮과 밤을 구분하여 자외선 차단제를 선택할 수 있다.		
	2.3.3	자외선 차단제를 도포할 수 있다.		
총계		9		

Chapter 8

피부미용 고객마무리관리

1. 관리 후 상담하기
2. 고객유지관리하기
3. 홈케어 조언하기

Chapter. 8

피부미용 고객마무리관리

피부미용 고객마무리관리란?

피부관리를 마친 고객의 만족도를 상담한 후 지속적인 유지 관리를 시행하고 홈케어를 조언할 수 있다.

Open Thinking

- **Client** : 전문가의 손길로 피부관리를 받으니 얼굴이 넘 예뻐진거 같아요. 집에서는 특별히 관리하지 않아도 지금 피부상태가 유지되는 건가요?
- **Beauty Therapist** : 오늘의 보습관리에 만족하셨다니 감사합니다. 피부관리는 피부샵에 와서 주기적으로 관리하는 것이 효과적이며, 집에서 홈케어 및 올바른 생활습관이 중요합니다. 평상 시 균형잡힌 식생활, 질높은 수면, 고객에게 맞는 올바른 화장품 사용 등, 자가 피부관리가 병행되었을 때 아름다운 피부를 유지할 수 있습니다.

1. 관리 후 상담하기

학습 목표

- 고객을 상담실로 안내하여 서비스를 제공할 수 있다.
- 안내받은 고객과의 상담을 통해 만족도를 측정할 수 있다.
- 상담 후 고객관리카드를 정리할 수 있다.

<table>
<tr><th colspan="6">사전 진단평가 체크리스트</th></tr>
<tr><th>대분류</th><th>중분류</th><th>소분류</th><th>세분류(직무)</th><th>능력단위</th><th>능력단위코드</th></tr>
<tr><td>이용·숙박·여행·오락·스포츠</td><td>이·미용</td><td>이·미용서비스</td><td>피부미용</td><td>피부미용 고객마무리 관리</td><td>1201010206_17v4</td></tr>
<tr><td rowspan="2">능력단위요소</td><td rowspan="2">1</td><td colspan="2" rowspan="2">관리 후 상담하기</td><td colspan="2">척도</td></tr>
<tr><td>YES</td><td>NO</td></tr>
<tr><td rowspan="4">수행준거별 평가항목</td><td>1.1</td><td colspan="2">고객을 상담실로 안내하여 서비스를 제공할 수 있다.</td><td></td><td></td></tr>
<tr><td>1.2</td><td colspan="2">안내받은 고객과의 상담을 통해 만족도를 측정할 수 있다.</td><td></td><td></td></tr>
<tr><td>1.3</td><td colspan="2">상담 후 고객관리카드를 정리할 수 있다.</td><td></td><td></td></tr>
<tr><td>합계</td><td colspan="2">3</td><td></td><td></td></tr>
</table>

1. 피부미용관리 후 상담의 목적

피부미용관리 후 상담은 피부분석에 따라 시행한 피부관리 프로그램을 고객에게 재설명함으로써 피부관리 방문 목적을 충족시키고, 피부관리 시 불편사항 확인, 피부 개선을 위한 피부관리 프로그램이나 홈케어 제품 등을 추천해줌으로써 아름다운 피부를 유지할 수 있도록 설명하기 위함이다.

피부미용관리 후 상담이 중요한 것은 고객의 요구 및 만족도 파악을 통해 고객의 불편사항을 해결하고, 고객과의 지속적인 관계를 유지할 수 있기 때문이다.

관리 후 상담 시 질문 내용은 다음과 같다.

① 피부관리 중 고객이 느꼈던 불편사항, 불만사항

② 피부관리 직후 느끼는 피부상태 변화의 정도

③ 피부관리 전, 중, 후 고객의 만족 정도

④ 추가적인 피부관리 프로그램에 대한 제안

⑤ 다음 피부관리 계획과 관리 시간 예약

2. 고객의 요구 파악

고객의 실제 요구내용은 서비스 제공자가 생각하는 것과 차이를 보이는 경우가 많이 있다. 따라서 고객의 기대치를 이해하고 고객만족을 이끌어내기 위해서는 고객의 기대가 무엇이고, 고객이 무엇을 원하는 지 요구사항을 정확하게 파악하는 것이 무엇보다 중요하다.

고객의 뷰티서비스에 대한 기대는 매우 단순하고 기본적이다. 고객은 피부관리실에서 제공해주기로 약속한 것만을 그대로 해주기를 바라고, 환상적인 것을 원하는 것이 아니라 기본적인 것을 원하며, 공허한 약속보다는 실제 실행해 주기를 원한다. 또한 고객은 단순히 피부관리를 받는 것에만 국한되어 있지 않고, 피부관리를 받을 때 환경의 쾌적성, 편리성, 상징성과 같은 효용성을 구매한다.

고객은 자신이 지불한 돈의 가치에 상응하는 효과적이고 효율적인 서비스를 원하고, 서비스를 받는 동안에도 무언가를 기대하게 된다.

(1) 고객이 요구하는 일반적 사항

1) 상품요소

① **품질** : 사용목적에 알맞은 상품의 적합정도

② **가격** : 상품 구매를 위해 고객이 지불해야 할 금전적 비용

③ **유연성** : 상품자체를 변경할 수 있는 유연성, 교환이나 환불의 용이성

④ **안전** : 신체에 해를 입히지 않는 안전도

⑤ **리드타임** : 시기적절한 서비스와 적절하고 편리한 문제해결

2) 인적 요소

① **전문가적 자질** : 정보의 정확성

② 예의를 갖춘 정중한 서비스

③ 열정적이고 적극적인 서비스

④ 정당한 대우

⑤ **고객인식** : 고객을 알아봐 주기를 바라는 욕구

⑥ **서비스수준** : 서비스 요구 시 즉시 제공할 수 있는 능력

⑦ **공감** : 고객의 입장에서 이해받기를 원하는 욕구

⑧ **인내심** : 고객이 부당하고 비현실적인 요구를 하더라도 이에 감정적으로 말하고 반응하려는 욕구를 참는 뷰티서비스인의 인내심

3. 고객만족

고객만족은 너무나 당연한 기업의 원칙이며, 현실적으로 고객만족을 실현하지 못하면 고객의 지지와 신뢰를 얻지 못하게 된다. 고객에게 만족을 제공하는 것은 피부미용실이 살아남을 수 있는 절대적인 조건이다. 고객만족이 왜 중요할까? 고객만족은 서비스의 직접적인 성과로 고객이탈의 최소화를 통해 수익성을 높이며, 고객의 긍정적인 구전효과를 발생시킬 수 있기 때문이다. 즉, 고객만족도를 통해 고객의 재방문을 높이고 장기적인 고객충성도를 증가시켜 신규고객의 유치비용을 절감시킬 수 있다.

고객만족은 뷰티서비스 종사자에게도 긍정적인 경험과 보람을 제공함으로써 직원의 직무만족, 근무태도 향상을 통해 이직률을 낮추게 된다. 궁극적으로 고객만족은 기업의 입장에서 비용의 감소 및 안정적인 서비스 질의 유지와 발전에 도움을 주게 된다.

(1) 고객만족이란?

만족이란 한자로 滿찰 만, 足발 족으로, satis충분+facere만들다라는 라틴어에서 유래되었으며, 고객만족은 고객이 바라고 원하는 것을 채우는 것이라고 할 수 있다. 고객만족의 기준은 고객의 기대보다 인식이 크거나 높은 상태를 의미하는 것으로, 고객만족은 고객이 느끼는 가치에 따라 다르게 인지하기 때문에 주관적인 요소를 포함하고 있으며 고객의 기대와 제공되는 서비스 정도에 따라 결과가 다양하게 나타난다.

- 대만족환상적/감동적 : 기대치 〈 결과치
- 만족합리적/순응적 : 기대치 〈= 결과치
- 불만족부정적/반항적 : 기대치 〉 결과치

(2) 고객만족의 구성요소

고객만족의 구성요소는 상품과 서비스 같은 직접적 요소와 기업의 이미지인 간접요소로 구성할 수 있다.

1) 상품직접요소

① **상품의 하드웨어적 가치** : 품질, 기능, 성능, 효율, 가격

② **상품의 소프트웨어적 가치** : 디자인, 컬러, 향기, 소리, 편리성, 사용설명서

2) 서비스직접요소

① **점포 내 분위기** : 호감도, 쾌적성

② **판매원의 접객서비스** : 복장, 언행, 배려, 인사, 응답, 미소, 상품지식, 신속성

③ **애프터, 정보서비스** : 상품의 애프터서비스, 라이프스타일 제안, 정보제공 서비스

3) 기업의 이미지간접요소

① **사회공헌활동** : 문화·스포츠활동 지원, 지역주민시설 개방, 복지활동

② **환경보호활동** : 리사이클링, 환경보호활동

4. 고객만족서비스 프로세스의 관리

(1) 대기관리

대기는 '고객이 서비스를 받을 준비가 되어 있는 시간부터 서비스가 개시되기까지를 의미하는 것'으로 서비스를 제공받기 전과 서비스 제공 중, 서비스 제공 후에 모두 발생할 수 있는데 대부분의 고객은 서비스를 받기 위해 기다리는 것을 부정적인 경험으로 인식하고 있다.

Check Point

대기 시 고객이 인지하는 경험

① 구매 전 대기가 구매 중 대기보다 더 길게 느껴진다.
② 얼마나 기다려야 서비스를 제공받는지 아는 것이 언제 서비스를 받을지 모른 채 무조건 기다리는 것보다 대기시간이 더 길게 느껴진다.
③ 불공정한 대기시간이 더 길게 느껴진다.
④ 혼자 기다리는 것이 여러 명과 기다릴 때보다 더 길게 느껴진다.
⑤ 원인이 설명되지 않은 대기시간은 더 길게 느껴진다.
⑥ 제공되는 서비스가 가치가 있을수록 더 오랫동안 기다릴 수 있다.

(2) 구매과정 관리-진실의 순간Moments of truth

고객은 몇 초간의 짧은 접촉에도 만족과 감동, 또는 불만을 느낄 수 있는데, 서비스에 대한 품질을 인식하는데 결정적인 역할을 하는 순간을 MOTMoments of truth라고 하며 '진실의 순간', '결정적인 순간'이라고도 한다. 결정적 순간에 어떠한 서비스가 제공되느냐에 따라 전체 서비스의 품질을 결정하게 된다.

고객과의 접점에서 발생하는 결정의 순간이 중요한 이유는 고객이 경험하는 서비스품질은 곱셈의 법칙이 적용되어 고객은 서비스를 더하기가 아니라 곱셈의 개념으로 받아들인다. 또한 한번 0점이나 마이너스를 받게되면 어떠한 노력으로도 만회가 어려운데, 고객만족에서 100−1은 99가 아니라 0이 된다.

5. 고객만족 측정

고객만족관리를 위한 첫 출발은 정확한 고객만족도 측정으로부터 비롯되는데 고객만족을 위해 가장 중요한 것은 고객의 기대수준과 내용을 정확하게 파악해서 그에 적합한 서비스를 제공하는 것이다.

고객만족을 측정하는 방법으로 고객과의 직접 상담, 설문지를 이용한 고객만족도 측정, 인터넷을 통한 고객만족도 측정이 있다.

① 고객과 직접상담

② 설문지 사용

③ 인터넷

Check Point

피부관리실을 방문하는 고객의 만족도를 파악하기 위해 피부관리 서비스 제공 전, 중, 후로 나누어 고객만족도 설문지를 만들어 봅시다!

6. 상담 후 고객관리차트 작성의 중요성

① 관리 후 피부의 변화를 적을 수 있다.

② 고객의 만족도를 적을 수 있다.

③ 유지관리 고객인지를 파악할 수 있다.

④ 예약관리의 스케줄을 미리 정할 수 있다.

<table>
<tr><th colspan="7">수행준거별 평가 체크리스트</th></tr>
<tr><th colspan="2">대분류</th><th>중분류</th><th>소분류</th><th>세분류(직무)</th><th>능력단위</th><th>능력단위코드</th></tr>
<tr><td colspan="2">이용·숙박·여행·오락·스포츠</td><td>이·미용</td><td>이·미용서비스</td><td>피부미용</td><td>피부미용 고객마무리 관리</td><td>1201010206_17v4</td></tr>
<tr><td colspan="2">능력단위요소</td><td>1</td><td colspan="4">관리 후 상담하기</td></tr>
<tr><td colspan="2" rowspan="3">수행준거</td><td>1.1</td><td>고객을 상담실로 안내하여 서비스를 제공할 수 있다.</td><td colspan="3" rowspan="3">[지식]
• 상담·심리학
• 피부관리학
• 화장품학
[기술]
• 상대의 심리를 파악하는 대화능력
• 피부유형 식별 능력
• 화장품판매 능력
[태도]
• 고객을 배려하는 태도
• 고객의 의견에 귀를 기울이는 태도
• 고객과의 상담내용에 대한 비밀준수태도
• 객관적인 자세</td></tr>
<tr><td>1.2</td><td>안내받은 고객과의 상담을 통해 만족도를 측정할 수 있다.</td></tr>
<tr><td>1.3</td><td>상담 후 고객관리카드를 정리할 수 있다.</td></tr>
</table>

<table>
<tr><th rowspan="2">수행준거</th><th rowspan="2">상세 수행준거</th><th rowspan="2">평가항목</th><th colspan="2">척도</th></tr>
<tr><th>YES</th><th>NO</th></tr>
<tr><td rowspan="2">1.1</td><td>1.1.1</td><td>고객을 상담실로 올바르게 안내할 수 있다.</td><td></td><td></td></tr>
<tr><td>1.1.2</td><td>고객에게 상남실에서 서비스를 제공할 수 있다.</td><td></td><td></td></tr>
<tr><td rowspan="3">1.2</td><td>1.2.1</td><td>안내받은 고객과 상담을 할 수 있다.</td><td></td><td></td></tr>
<tr><td>1.2.2</td><td>고객만족도 측정을 위한 설문시를 제직할 수 있다.</td><td></td><td></td></tr>
<tr><td>1.2.3</td><td>고객만족도 측정결과를 해서할 수 있다.</td><td></td><td></td></tr>
<tr><td rowspan="2">1.3</td><td>1.3.1</td><td>상담 후 고객관리 카드를 작성할 수 있다.</td><td></td><td></td></tr>
<tr><td>1.3.2</td><td>작성된 고객관리카드를 활용할 수 있다.</td><td></td><td></td></tr>
<tr><td colspan="2">총계</td><td>7</td><td></td><td></td></tr>
</table>

2. 고객유지관리하기

학습 목표

- 개인정보수집·이용에 관한 동의서를 받을 수 있다.
- 수집된 정보를 정리하여 활용할 수 있다.
- 고객일정에 따른 스케줄을 관리할 수 있다.
- 고객기념일과 특정일에 부가적인 서비스를 안내할 수 있다.
- 불만고객에 대한 리스트를 작성하여 문제점을 중점 관리할 수 있다.
- 고정고객 외 재방문 하지 않는 고객의 문제점을 분석할 수 있다.

<table>
<tr><th colspan="6">사전 진단평가 체크리스트</th></tr>
<tr><th>대분류</th><th>중분류</th><th>소분류</th><th>세분류(직무)</th><th>능력단위</th><th>능력단위코드</th></tr>
<tr><td>이용·숙박·여행·오락·스포츠</td><td>이·미용</td><td>이·미용서비스</td><td>피부미용</td><td>피부미용 고객마무리 관리</td><td>1201010206_17v4</td></tr>
<tr><td rowspan="2">능력단위요소</td><td rowspan="2">2</td><td colspan="2" rowspan="2">고객유지관리하기</td><td colspan="2">척도</td></tr>
<tr><td>YES</td><td>NO</td></tr>
<tr><td rowspan="7">수행준거별 평가항목</td><td>2.1</td><td colspan="2">개인정보수집·이용에 관한 동의서를 받을 수 있다.</td><td></td><td></td></tr>
<tr><td>2.2</td><td colspan="2">수집된 정보를 정리하여 활용할 수 있다.</td><td></td><td></td></tr>
<tr><td>2.3</td><td colspan="2">고객일정에 따른 스케줄을 관리할 수 있다.</td><td></td><td></td></tr>
<tr><td>2.4</td><td colspan="2">고객기념일과 특정일에 부가적인 서비스를 안내할 수 있다.</td><td></td><td></td></tr>
<tr><td>2.5</td><td colspan="2">불만고객에 대한 리스트를 작성하여 문제점을 중점 관리할 수 있다.</td><td></td><td></td></tr>
<tr><td>2.6</td><td colspan="2">고정고객 외 재방문 하지 않는 고객의 문제점을 분석할 수 있다.</td><td></td><td></td></tr>
<tr><td>합계</td><td colspan="2">6</td><td></td><td></td></tr>
</table>

1. 고객유지관리의 목적

고객유지관리는 피부관리 서비스를 제공받은 고객으로부터 수집된 정보를 이용하여 부가서비스를 제공하거나 고객과의 접촉을 통해 이루어지는 모든 고객활동을 개선하기 위함이다. 또한 고객과의 관계를 긴밀히 유지하여 고객이탈을 최소화하고, 고객과의 관계 강화를 통해 기존 고객을 우량 고객으로 변화시켜 피부미용실의 성과를 지속적으로 유지, 향상시키는데 그 목적이 있다.

고객을 창출하는 과정에서 가장 어렵고 비용이 많이 드는 것은 첫 번째 고객을 유치하는 것이다. 최근 뷰티서비스산업체 간에 경쟁이 심하여 신규고객의 확보는 더욱 어렵게 되었고, 신규고객창출은 유지보다 비용이 3~5배 정도 더 들며 유치가 어렵다. 따라서 고객유지관리에서는 신규 고객의 수를 늘리려는 노력보다 기존 고객과의 관계를 유지하여 고객이탈을 줄이는 전략이 필요하다.

2. 고객유지관리

(1) 사후관리

피부관리 후 다음 방문일자 예약관리를 통해 고객의 일정관리를 도와주고, 고객과의 지속적인 관계유지관리를 위해 피부관리 1일 후에 전화통화나 문자메시지를 통해 피부관리 후 증상이 어떠한지 확인한다.

(2) 예약관리

고객의 피부미용실 방문 예약 1일 전에는 전화통화 또는 문자로 예약알림을 전하고 확인한다.

(3) 고객기념일 및 특정일 관리

고객의 생일이나 결혼기념일 등 기념일에 축하 문자메시지를 보내거나 월별 기념일에는 프로모션 행사관련 쿠폰 및 문자메시지를 발송한다.

(4) 기존고객관리

VIP고객, 기존고객, 유휴고객, 불만고객 등을 선별하여 고객에 맞는 사후관리DM발송, 문자메시지, 전화통화, 이메일 등를 시행한다.

Check Point

피부미용실에서 사용 가능한 프로모션을 만들어 보세요!
예) 쿠폰 마케팅, 마일리지 마케팅, VIP 마케팅, 계절 마케팅 등

3. 불평고객관리

소비자의 욕구가 점차 다양화되면서 피부미용서비스 전 과정에 걸친 수많은 요인들이 고객의 불만족 요인으로 작용할 수 있다. 불만족을 경험한 고객은 친구, 이웃, 친지 등에게 자신의 불만족스러운 경험에 대해서 적극적으로 이야기하게 되는데 불평고객관리가 중요한 이유는 불만사항을 일찍 파악하여 해결할 수 있도록 도와주며, 이를 통한 고객유지율을 증가시키고, 부정적인 구전효과를 최소화 할 수 있기 때문이다.

피부미용서비스의 실패 원인을 살펴보면 산업체요소, 직원요소, 고객요소의 3가지로 나누어 볼 수 있다.

(1) 산업체 요소

피부미용실에서 제공하는 프로그램, 내부커뮤니케이션, 가격 등

(2) 직원요소

피부미용사 및 직원의 지식, 기술적인 부분, 커뮤니케이션 부분

(3) 고객요소

피부관리 후 피부미용사의 지시사항을 고객이 제대로 완수하지 못하거나 화장품 사용을 정확하게 하지 못했을 경우

4. 서비스회복

뷰티서비스 종사자는 고객의 불만사항을 해결하고 충성도를 높이기 위한 불만고객관리 전략인 서비스회복관리 방법을 알아둠으로서 불만고객을 고객만족으로 전환시켜 평생고객을 만들 수 있다. 고객이 불만 및 불편사항을 제기 시 다음과 같은 순서로 해결하도록 한다.

① 고객의 불편사항을 경청한다.

② 고객의 불편사항 내용에 대해 공감하고, 감사의 인사를 한다.

③ 진심어린 사과를 한다.

④ 불만, 불편사항을 해결하기 위해 고객이 납득할 해결방안을 제시하고, 문제 시정을 위해 어떠한 조치를 취할 것인지 설명하고 해결을 약속한다.

⑤ 신속한 처리를 한다.

⑥ 불만사항 처리 후 고객에게 결과를 알리고 모든 일을 해결한 후 다시 한번 사과한다.

⑦ 재발방지책을 수립한다.

5. 고객유지관리 수행 순서

① 수집된 고객 정보(신상정보, 생활 환경, 취미 등)를 정리한다.

② 고객 일정에 따라 서비스를 제공 받을 수 있는 스케줄을 관리한다.

③ 고객유지관리를 위해 고객의 기념일과 특정일에 부가 서비스를 제공한다.

④ 불만을 표현한 고객리스트를 작성하고, 불만의 원인을 분석, 문제점 해결을 통해 재발방지법을 수립한다.

⑤ 피부관리 후 재방문을 하지 않는 고객이 있다면 문제점이 무엇인지 분석한다.

<table>
<tr><th colspan="6">수행준거별 평가 체크리스트</th></tr>
<tr><th>대분류</th><th>중분류</th><th>소분류</th><th>세분류(직무)</th><th>능력단위</th><th>능력단위코드</th></tr>
<tr><td>이용·숙박·여행·오락·스포츠</td><td>이·미용</td><td>이·미용서비스</td><td>피부미용</td><td>피부미용 고객마무리관리</td><td>1201010206_17v4</td></tr>
</table>

<table>
<tr><th>능력단위요소</th><th>2</th><th colspan="2">고객유지관리하기</th></tr>
<tr><td rowspan="6">수행준거</td><td>2.1</td><td>개인정보수집·이용에 관한 동의서를 받을 수 있다.</td><td rowspan="6">[지식]
• 피부관리학 • 화장품학
• 소비자보호법
[기술]
• 문제해결 능력 • 화장품판매 능력
• IT 활용능력 • 정보분석능력
• 피부유형 식별 능력
• 불만에 대한 고충처리 능력
[태도]
• 고객에게 신뢰를 주기 위해 노력하는 태도
• 고객의 의견에 귀를 기울이는 태도
• 업무에 객관적인 태도
• 개인정보 보호법에 의한 사항을 준수하는 태도</td></tr>
<tr><td>2.2</td><td>수집된 정보를 정리하여 활용할 수 있다.</td></tr>
<tr><td>2.3</td><td>고객일정에 따른 스케줄을 관리할 수 있다.</td></tr>
<tr><td>2.4</td><td>고객기념일과 특정일에 부가적인 서비스를 안내할 수 있다.</td></tr>
<tr><td>2.5</td><td>불만고객에 대한 리스트를 작성하여 문제점을 중점 관리 할 수 있다.</td></tr>
<tr><td>2.6</td><td>고정고객 외 재방문 하지 않는 고객의 문제점을 분석할 수 있다.</td></tr>
</table>

<table>
<tr><th rowspan="2">수행준거</th><th rowspan="2">상세 수행준거</th><th rowspan="2">평가항목</th><th colspan="2">척도</th></tr>
<tr><th>YES</th><th>NO</th></tr>
<tr><td rowspan="2">2.1</td><td>2.1.1</td><td>개인정보보호법에 의한 사항을 준수할 수 있다.</td><td></td><td></td></tr>
<tr><td>2.1.2</td><td>개인정보수집·이용에 관한 동의서를 작성할 수 있다.</td><td></td><td></td></tr>
<tr><td rowspan="2">2.2</td><td>2.2.1</td><td>고객의 정보를 수집할 수 있다.</td><td></td><td></td></tr>
<tr><td>2.2.2</td><td>수집한 고객의 정보를 활용할 수 있다.</td><td></td><td></td></tr>
<tr><td rowspan="2">2.3</td><td>2.3.1</td><td>고객일정을 정리할 수 있다.</td><td></td><td></td></tr>
<tr><td>2.3.2</td><td>고객일정에 따른 스케줄을 관리할 수 있다.</td><td></td><td></td></tr>
<tr><td rowspan="2">2.4</td><td>2.4.1</td><td>고객의 기념일과 특정일을 분류할 수 있다.</td><td></td><td></td></tr>
<tr><td>2.4.2</td><td>고객기념일과 특정일에 맞는 부가적인 서비스를 기획할 수 있다.</td><td></td><td></td></tr>
<tr><td rowspan="3">2.5</td><td>2.5.1</td><td>불만고객 리스트를 작성할 수 있다.</td><td></td><td></td></tr>
<tr><td>2.5.2</td><td>고객의 불만을 파악할 수 있다.</td><td></td><td></td></tr>
<tr><td>2.5.3</td><td>고객의 불만족부분을 관리할 수 있다.</td><td></td><td></td></tr>
<tr><td rowspan="2">2.6</td><td>2.6.1</td><td>재방문하지 않는 고객을 분류할 수 있다.</td><td></td><td></td></tr>
<tr><td>2.6.2</td><td>재방문하지 않는 고객의 문제점을 분석할 수 있다.</td><td></td><td></td></tr>
<tr><td colspan="2">총계</td><td>13</td><td></td><td></td></tr>
</table>

3. 홈케어 조언하기

학습 목표

- 서비스를 제공받은 고객에게 맞는 제품을 선별할 수 있다.
- 추천한 제품에 대한 사용방법을 설명할 수 있다.
- 잘못된 생활환경 및 습관에 대해 조언할 수 있다.
- 홈케어 진행과정을 정기적으로 확인할 수 있다.

<table>
<tr><th colspan="6">사전 진단평가 체크리스트</th></tr>
<tr><td>대분류</td><td>중분류</td><td>소분류</td><td>세분류(직무)</td><td>능력단위</td><td>능력단위코드</td></tr>
<tr><td>이용·숙박·여행·오락·스포츠</td><td>이·미용</td><td>이·미용서비스</td><td>피부미용</td><td>피부미용 고객마무리 관리</td><td>1201010206_17v4</td></tr>
<tr><td rowspan="2">능력단위요소</td><td rowspan="2">3</td><td rowspan="2" colspan="2">홈케어 조언하기</td><td colspan="2">척도</td></tr>
<tr><td>YES</td><td>NO</td></tr>
<tr><td rowspan="5">수행준거별 평가항목</td><td>3.1</td><td colspan="2">서비스를 제공받은 고객에게 맞는 제품을 선별할 수 있다.</td><td></td><td></td></tr>
<tr><td>3.2</td><td colspan="2">추천한 제품에 대한 사용방법을 설명할 수 있다.</td><td></td><td></td></tr>
<tr><td>3.3</td><td colspan="2">잘못된 생활환경 및 습관에 대해 조언할 수 있다.</td><td></td><td></td></tr>
<tr><td>3.4</td><td colspan="2">홈케어 진행과정을 정기적으로 확인할 수 있다.</td><td></td><td></td></tr>
<tr><td>합계</td><td colspan="2">4</td><td></td><td></td></tr>
</table>

1. 홈케어 조언하기의 목적

홈케어 조언은 아름답고 건강한 피부를 유지하기 위해서 피부미용실에서 제공하는 전문가의 피부관리 뿐만 아니라 고객이 집에서 스스로 피부관리를 하는 홈케어도 중요하다. 이를 위해서 평상 시 고객의 올바른 생활습관, 질 높은 수면, 균형잡힌 식생활, 올바른 화장품 사용 등 자가 피부관리가 병행되어야만 좋은 피부를 유지시킬 수 있음을 인식시키고 고객 스스로 홈케어 관리를 잘 수행할 수 있도록 조언해 주는 과정이다.

2. 피부유형별 관리법과 홈케어 조언

(1) 정상 피부Normal skin

정상 피부란 한선과 피지선의 활동이 정상적인 상태로 피부의 유·수분 밸런스가 균형이 잡혀있는 상태이다. 피부 조직이 치밀하고, 피부의 생리 기능이 양호한 피부 상태를 말한다. 그러나 정상 피부도 외부·생리적 요인 등에 의해 변화될 수 있으므로 지속적인 관리가 필요하다.

① **관리 목적** : 피부 보호능력 저하를 최소화하고, 피부보습 유지관리를 목적으로 한다.

② **제품 선택** : 피부 보호 성분 중 천연보습인자Natural moisturizing factor, NMF가 함유된 제품을 사용하여 피부 보습 유지와 노화방지 관리를 한다.

〈홈케어 조언〉

① 아침

- 세안 시 클렌저를 사용하지 않고 미지근한 물로 세안한다.
- 토너 사용 후 눈 주변에 아이케어 제품을 사용한다.
- 보습용 에센스를 얼굴 및 목 전체에 사용한다.
- 보습 크림을 얼굴 및 목 전체에 바른 후 자외선 차단제로 마무리 관리한다.

② 저녁

- 세안 시 젤 클렌저로 메이크업 화장품 및 피부의 분비물을 제거한다.
- 주 1회 효소클렌저를 이용하여 각질을 정리한다.
- 토너 사용 후 눈 주변에 아이케어 제품을 사용한다.
- 수분 에센스와 보습크림을 얼굴과 목 전체에 사용한다.

(2) 지성 피부Oily skin

지성 피부란 피지선 기능이 비정상적으로 항진되어 피지가 과다하게 분비되어 피부 표면이 번들거리고, 모공이 넓고 각질이 두꺼워져 칙칙해 보이는 피부 상태로, 경우에 따라 여드름이 발생되기 쉬운 피부 유형이다.

① **관리 목적**: 모공 속 피지와 노폐물을 제거하여 여드름을 예방하고, 피지를 조절한다.

② **제품 선택**: 수분전용 에센스를 사용한다.

〈홈케어 조언〉

① 아침

- 세안 시 젤 타입의 클렌징으로 세안한다.
- 수분크림, 피지조절 크림으로 관리한다.
- 자외선 차단제로 마무리 관리한다.

② 저녁

- 세안 시 2중 세안을 한다.
- 화장수와 수분 크림을 얼굴 및 목 전체에 사용한다.

(3) 건성 피부Dry skin

건성피부는 유·수분 밸런스를 정상화시키는 관리가 필요하므로 알칼리성 비누를 통한 지나친 세안을 자제하고, 세안 후 바로 보습 효과가 우수한 화장품을 발라주어야 한다. 유분이 지나치게 함유된 화장품은 피하고, 계절에 따라 보습제 및 화장품의 선택을 달리하여 환경에 민감하지 않도록 냉·난방 조절로 실내의 습도 유지에 주의하여 수분 증발을 방지한다. 세안을 자주하거나 뜨거운 물 세안을 피한다. 사우나 및 뜨거운 입욕 등과 같은 고온은 피한다. 혈액 순환을 돕고, 피지선 기능을 촉진시키는 마사지와 일주일 1~2번 보습 및 영양팩 관리가 효과적이다.

① **관리 목적** : 피지선과 한선의 기능을 강화시켜 피부 보호막이 상실되지 않도록 하며, 표피의 보습기능을 강화시켜 유·수분 공급으로 피부의 균형을 되찾아 준다.

② **제품선택** : 보습 앰플(히알루론산, 콜라겐 등), 유분 앰플(필수 지방산, 비타민 A, 비타민 E 등)

〈홈케어 조언〉

① 아침

- 세안 시 미지근한 물로 가볍게 물세안 한다.
- 건성 피부용 토너, 보습 및 보호 크림, 자외선 차단제를 사용한다.

② 저녁

- 보습 효과가 뛰어난 에센스 및 크림을 얼굴 및 목 전체에 사용한다.

3. 피부에 악영향을 미치는 생활습관

(1) 흡연

흡연은 피부의 콜라겐과 엘라스틴을 파괴하여 피부탄력을 저하시키고, 혈관을 수축시켜 산소공급을 방해하여 혈액순환을 둔화시킨다. 또한 흡연은 유리기 생성을 촉진하여 피부노화를 빨리 가져오게 한다.

(2) 카페인

카페인 함량이 많은 음료를 과도하게 마시면 이뇨작용을 촉진해 피부의 수분이 지나치게 손실될 수 있다.

(3) 알코올

알코올 섭취는 피부를 건조하게 하고 주름의 원인이 되며, 피부노화 및 모세혈관 확장을 가져올 수 있다.

<table>
<tr><th colspan="6">수행준거별 평가 체크리스트</th></tr>
<tr><th>대분류</th><th>중분류</th><th>소분류</th><th>세분류(직무)</th><th>능력단위</th><th>능력단위코드</th></tr>
<tr><td>이용·숙박·여행·오락·스포츠</td><td>이·미용</td><td>이·미용서비스</td><td>피부미용</td><td>피부미용 고객마무리관리</td><td>1201010206_17v4</td></tr>
<tr><td>능력단위요소</td><td>3</td><td colspan="4">홈케어 조언하기</td></tr>
<tr><td rowspan="4">수행준거</td><td>3.1</td><td>서비스를 제공받은 고객에게 맞는 제품을 선별할 수 있다.</td><td colspan="3" rowspan="4">[지식]
• 피부관리학
• 화장품학
• 운동생리와 영양 이론
• 라이프사이클 트랜드 이론
[기술]
• 대화 능력
• 피부유형 식별 능력
• 화장품판매 능력
• 불만에 대한 고충처리 능력
[태도]
• 고객에게 신뢰를 주기 위래 노력하는 태도
• 고객의 의견에 귀를 기울이는 태도
• 업무에 객관적인 태도
• 개인정보 보호법에 의한 사항을 준수하는 태도</td></tr>
<tr><td>3.2</td><td>추천한 제품에 대한 사용방법을 설명할 수 있다.</td></tr>
<tr><td>3.3</td><td>잘못된 생활환경 및 습관에 대해 조언할 수 있다.</td></tr>
<tr><td>3.4</td><td>홈케어 진행과정을 정기적으로 확인할 수 있다.</td></tr>
</table>

<table>
<tr><th rowspan="2">수행준거</th><th rowspan="2">상세 수행준거</th><th rowspan="2">평가항목</th><th colspan="2">척도</th></tr>
<tr><th>YES</th><th>NO</th></tr>
<tr><td rowspan="2">3.1</td><td>3.1.1</td><td>고객의 피부타입에 맞는 홈케이 제품 을 선별할 수 있다.</td><td></td><td></td></tr>
<tr><td>3.1.2</td><td>고객의 피부타입에 맞는 홈케어 제품을 추천할 수 있다.</td><td></td><td></td></tr>
<tr><td>3.2</td><td>3.2.1</td><td>추천한 제품의 사용방법을 설명할 수 있다.</td><td></td><td></td></tr>
<tr><td>3.3</td><td>3.3.1</td><td>피부에 악영향을 주는 질못된 생활습관에 대해 조언할 수 있다.</td><td></td><td></td></tr>
<tr><td>3.4</td><td>3.4.1</td><td>고객의 홈케어 방법을 정기적으로 점검할 수 있다.</td><td></td><td></td></tr>
<tr><td colspan="2">총계</td><td>5</td><td></td><td></td></tr>
</table>

Chapter 9

피부미용 응용제모

1. 얼굴제모하기

Chapter. 9

피부미용 응용제모

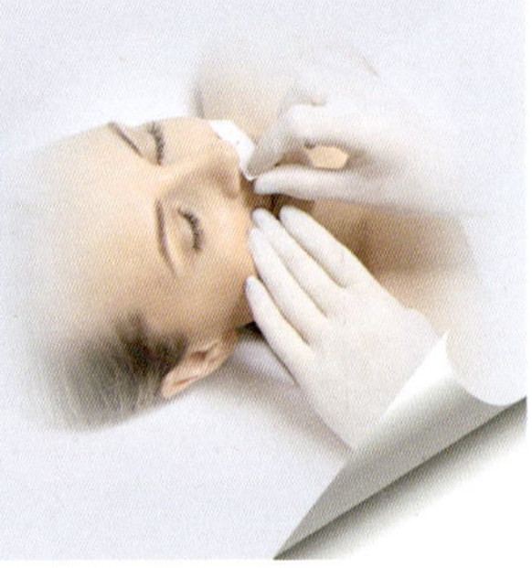

피부미용 응용제모란?

얼굴 및 몸매 부위에 분포된 불필요한 털을 부위에 맞는 제모 제품을 이용하여 위생적으로 제거하는 능력이다.

※ 이 장에서는 얼굴제모에 대해서만 기술하고자 한다.

Open Thinking

- Client : 왁스를 이용한 제모를 하면 더 이상 털이 자라지 않나요?
- Beauty Therapist : 그건 아니랍니다. 왁스를 이용한 제모는 일시적 제모라 모발의 성장주기에 따라 한달에 1~1.5cm 정도 다시 자란답니다.
- Client : 소프트왁스와 하드왁스는 각각 사용하는 부위가 다른가요?
- Beauty Therapist : 네. 소프트 왁스는 약 1~1.5cm 정도의 얇고 긴 체모를 제거하기에 좋아서 주로 다리나 팔 제모에 사용하고, 하드 왁스는 약 0.5~1cm 미만의 굵은 성모 또는 솜털을 제거하기 좋아서 얼굴 전체, 몸매 부분(겨드랑이, 어깨, 등, 복부 등) 제모 시 주로 사용한답니다.

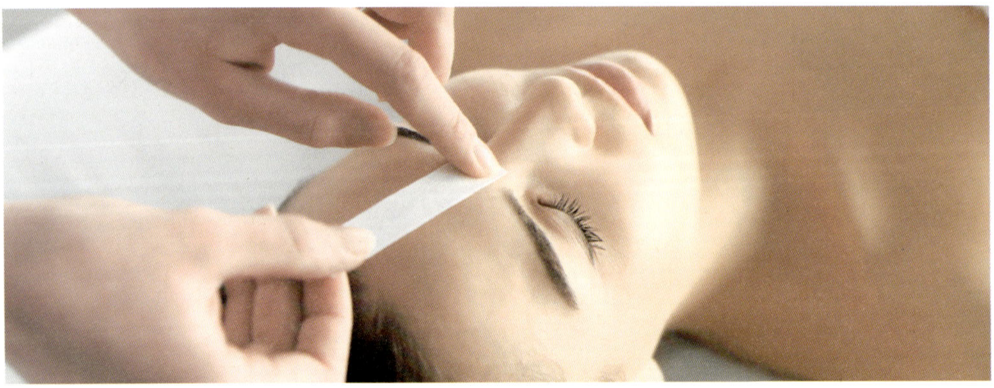

1. 얼굴 제모하기

학습 목표

- 얼굴 제모를 위한 왁스를 선택하고 제모에 필요한 도구를 준비할 수 있다.
- 제모하고자 하는 얼굴 부위의 유수분을 제거하고 파우더를 도포할 수 있다.
- 왁스 온도를 체크한 후 털이 난 반대 방향으로 왁스 도포 후 다시 털이 난 방향으로 반복하여 왁스를 도포할 수 있다.
- 굳어진 왁스를 털이 난 방향과 반대 방향으로 텐션을 주며 순차적으로 제거할 수 있다.
- 제모 부위의 잔여왁스를 제거한 후 진정 제품으로 마무리할 수 있다.

<table>
<tr><th colspan="6">사전 진단평가 체크리스트</th></tr>
<tr><td>대분류</td><td>중분류</td><td>소분류</td><td>세분류(직무)</td><td>능력단위</td><td>능력단위코드</td></tr>
<tr><td>이용·숙박·여행·오락·스포츠</td><td>이·미용</td><td>이·미용서비스</td><td>피부미용</td><td>피부미용 응용제모</td><td>1201010240_17v4</td></tr>
<tr><td rowspan="2">능력단위요소</td><td rowspan="2">1</td><td rowspan="2" colspan="2">피부미용 얼굴 제모하기</td><td colspan="2">척도</td></tr>
<tr><td>YES</td><td>NO</td></tr>
<tr><td rowspan="6">수행준거별 평가항목</td><td>1.1</td><td colspan="2">얼굴 제모를 위한 왁스를 선택하고 제모에 필요한 도구를 준비할 수 있다.</td><td></td><td></td></tr>
<tr><td>1.2</td><td colspan="2">제모하고자 하는 얼굴 부위의 유수분을 제거하고 파우더를 도포할 수 있다.</td><td></td><td></td></tr>
<tr><td>1.3</td><td colspan="2">왁스 온도를 체크한 후 털이 난 반대 방향으로 왁스 도포 후 다시 털이 난 방향으로 반복하여 왁스를 도포할 수 있다.</td><td></td><td></td></tr>
<tr><td>1.4</td><td colspan="2">굳어진 왁스를 털이 난 방향과 반대 방향으로 텐션을 주며 순차적으로 제거할 수 있다.</td><td></td><td></td></tr>
<tr><td>1.5</td><td colspan="2">제모 부위의 잔여왁스를 제거한 후 진정 제품으로 마무리할 수 있다.</td><td></td><td></td></tr>
<tr><td>합계</td><td colspan="2">5</td><td></td><td></td></tr>
</table>

1. 제모의 이해

(1) 제모의 정의

신체의 불필요한 털을 제거하는 것으로, 일시적 제모Depilation와 영구적 제모Epilation로 나눈다. 피부관리실에서는 왁스를 이용한 제모관리가 이루어지고 있는데, 왁싱Waxing이라는 명칭으로 통용되며, 얼굴 제모라 함은 눈썹, 인중, 헤어라인이마의 털을 제거하는 왁싱을 의미한다.

(2) 얼굴 제모의 목적

① 얼굴의 솜털을 제거하여 매끄러운 피부유지

② 노출된 부위를 깔끔하게 유지

③ 얼굴의 묵은 각질과 피지 제거로 밝고 깨끗한 피부 유지

(3) 얼굴 제모의 종류

1) 일시적인 제모Depilation

① **면도기를 이용한 제모**Shaving : 피부표면의 모간만 제거하는 제모법으로 가장 손쉽게 제거할 수 있으나 상처를 발생시킬 수 있다.

② **족집게를 이용한 제모**Tweezing : 얼굴의 좁은 부위 체모를 제거하거나 제모 후 세부적인 정리가 필요할 때 사용되는 제모법으로 모근까지 제거하나, 인그로운 헤어Ingrown hair를 발생시킬 수 있다.

③ **실면도**Threading : 명주실을 사용하여 손가락으로 고리를 만들어 꼬아 모근까지 제거하는 제모법으로 비용이 저렴하고 신속히 제거할 수 있으나, 자극성 피부염을 발생시킬 수 있다.

④ **화학적 제모**Chemical Depilatories : 크림이나 액체연고 형태에 함유된 화학성분이 털을 연화시켜 모간만 제거하는 제모법으로 패치테스트patch test 실시 후 사용하고 사용 후에는 자외선에 주의한다. 방법은 간단하나 얼굴 피부에 심한 자극을 주어 부작용을 유발하므로 잘 사용하지 않는다.

⑤ **왁스를 이용한 제모**Waxing : 모근까지 털을 제거해주며 주로 피부관리실에서 가장 많이 사용하는 제모법으로, 스트립을 사용하는 소프트왁싱과 스트립을 사용하지 않는 하드왁싱으로 구분한다.

2) 영구적인 제모Epilation

① **전기분해법**Electrolysis : 모낭마다 절연침을 꽂은 후 순간적으로 전류를 흘려 모낭을 파괴시켜 털을 제거하는 방법으로 시술에 많은 시간이 걸리고 흉터가 남는 단점이 있어 현재는 거의 사용하지 않는다.

② **레이저제모**Laser Hair Removal : 레이저가 검은 멜라닌색소에 반응하는 특성을 이용한 제모법으로 정상피부의 손상없이 모낭만을 선택적으로 파괴하는 방법이며 우리나라에서는 의사에 의해서만 시술이 가능하다

(4) 얼굴 제모가 부적절한 경우

① 상처나 피부질환이 있는 경우

② 일광으로 화상을 입었거나 붉게 달아오른 피부

③ 모세혈관 확장 부위

2. 왁스 종류에 따른 얼굴 제모

(1) 소프트 왁스Soft wax를 이용한 제모

① 스트립을 사용하므로 스트립왁싱Strip Waxing 으로도 불린다.

② 왁스가 꿀의 농도로 녹으면 우드 스파츌라Wood Spatular를 이용하여 제모할 부위에 체모의 성장 방향으로 도포하고 스트립을 밀착시킨 후 체모 성장의 반대 방향으로 빠르게 제거한다.

③ 소프트 왁스는 신체의 팔이나 다리와 같이 광범위한 부위를 보다 효과적으로 제거할 수 있어 몸매 제모시 많이 사용되며, 낮은 온도에서 작용하기 때문에 얼굴 제모 시 눈썹, 인중, 입술라인에도 적용한다.

(2) 하드 왁스Hard wax를 이용한 왁싱

① 스트립을 사용하지 않아 논스트립 왁싱Non Strip Waxing 으로도 불린다.

② 하드 왁스를 녹여 우드 스파츌라wood spatular사용하여 제모부위에 두텁게 바르고 만졌을 때 왁스의 온도감이 느껴지지 않고 굳어지면 끝을 살살 일으켜 체모 성장의 반대 방향으로 왁스 자체를 제거하는 방법이다.

③ 하드왁스는 소프트왁스보다 녹는점이 낮기 때문에 화상의 위험을 줄일 수 있고, 얇고 민감한 곳에 사용할 수 있어 얼굴 제모시 주로 사용한다.

3. 얼굴제모로 인한 부작용 대처법

(1) 가려움증

체모와 함께 각질까지 제거되는 경우 일시적으로 가려움이 나타날 수 있으며, 가려운 부위를 긁다가 세균이 침투하여 2차 감염의 우려가 생길 수 있으므로 가급적 손대지 않고 수분크림을 발라 피부를 촉촉하게 해주어 가라앉게 한다.

(2) 점상 출혈

모낭을 제거한 체모의 외상으로 인해 모세혈관이 파열되어 일시적으로 발생하는데, 특히 얼굴에서는 눈썹부위의 굵은 모발이 모세혈관과 함께 나오다 제거될 때 파열되면서 나타나는 흔한 반응이다. 소독 진정제를 도포해주면 가라앉는다.

(3) 화끈거림

너무 뜨거운 온도의 왁스를 사용할 때 나타나며, 경미한 경우에는 즉시 라벤더오일을 발라주면 피부에 도움이 될 수 있고 심하면 반드시 병원에서 치료받아야 한다. 따라서 피부관리사는 제모관리를 하는 동안 왁스의 온도를 체크하고 유지해야 함을 항상 기억해야 한다.

(4) 피부탈락

피부탈락은 강한 테크닉, 떼어낼 부위에 비해 과도한 양의 왁스 사용, 지나치게 높은 왁스의 온도, 잘못된 제모 테크닉에 의해 간혹 나타난다. 만약 피부탈락이 나타나면 소독제를 발라줘야 하고, 심한 경우 세균에 감염되어 염증이 발생할 수 있으므로 병원에서 치료받아야 한다. 이때 피부관리사는 자신의 테크닉을 체크해 볼 필요가 있다.

(5) 홍반

모공 주위에 발생하는 피부 붉어짐 현상으로 제모관리에서 나타나는 정상적인 반응이다. 홍반이 나타난 부위에는 제모제, 압력, 열을 피하고 찬 수건을 얹어주거나 관리 후 진정로션이나 알로에 젤을 발라 그 부위를 진정시키도록 한다.

4. 얼굴제모 후 관리법

(1) 금기사항

① 뜨거운 목욕, 샤워 혹은 열 관리는 하지 않는다.

② 일광욕이나 선베드 관리는 하지 않는다.

③ 얼굴제모 후 화장을 하지 않는다.

④ 향수와 알코올이 함유된 화장품 사용을 피한다.

⑤ 수영을 피한다.

(2) 권장사항

① 피부가 촉촉함을 유지할 수 있도록 보습관리에 신경쓴다.

② 제모 후 고객에게 어떤 문제나 궁금증이 있다면 즉시 피부관리사에게 연락하도록 안내한다.

5. 얼굴 제모하기 실기

준비물

- 왁스웜, 핫 왁스
- 알코올
- 파우더
- 진정 젤
- 수정가위
- 족집게
- 장갑
- 부직포
- 왁스워머기
- 베드
- 의자
- 정리대웨건
- 타올
- 터번
- 마스크
- 보울유리볼, 고무볼
- 스파츌라
- 미용솜
- 해면일회용
- 붓
- 티슈
- 냉·온습포
- 화장수

Check Point

- 제모를 할 때 고객의 표정을 살피면서 배려해야 한다.
- 부적용 대상을 꼭 확인한다.
- 제모 전·후의 위생과 진정관리를 잘 해야 한다.
- 관리 후 적절한 사후 조언도 잊지 않는다.

수행순서 1 윔왁스

1. 고객과 상담하여 고객관리카드를 작성한다.

2. 고객의 요구에 의한 제모용 제품을 준비한다.

3. 고객을 가운으로 착용시킨다.

4. 고객을 베드로 안내한다.

5. 피부관리사는 1회용 장갑을 착용한다.

6. 얼굴 부위를 선택하여 털의 길이를 조절한다.

7. 제모할 부위를 알코올로 적신 솜으로 소독한다.

8. 털이 난 방향을 확인한다.

9. 수분기를 제거하기 위하여 파우더를 털의 반대 방향으로 바른다.

10. 관리자의 손목 안쪽에 왁스를 묻혀 온도를 체크한다.

11. 왁스를 적당량으로 스파츌라로 덜어 털이 난 방향으로 얇게 도포한다.

12. 부직포를 피부에 붙이고 털이 난 방향으로 꾹꾹 눌러 준다.

13. 피부에 텐션을 주고 털이 난 반대방향으로 부직포를 빠르게 떼어 낸다.

14. 잔여 털은 족집게를 사용하여 제거한다.

15. 진정제를 발라 피부를 진정시킨다.

눈썹제모

① 손을 소독 후 제모용 제품을 준비한다.

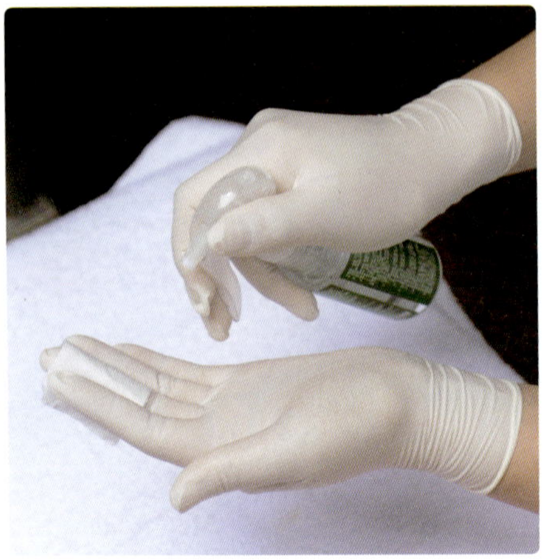

② 알코올로 적신 솜으로 제모부위를 소독한다.

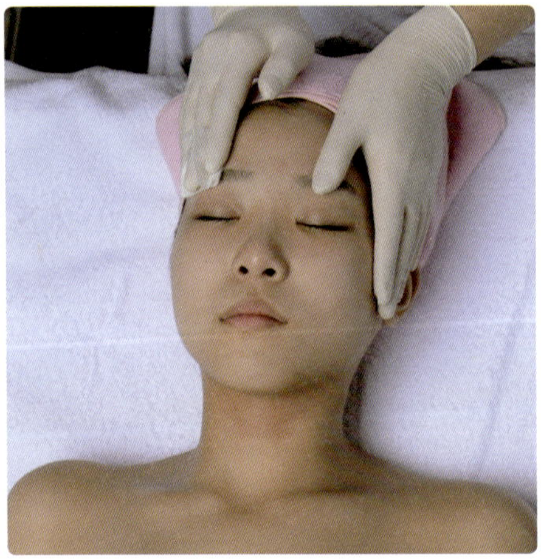

③ 수분기 제거를 위해 파우더를 털의 반대방향으로 바른다.

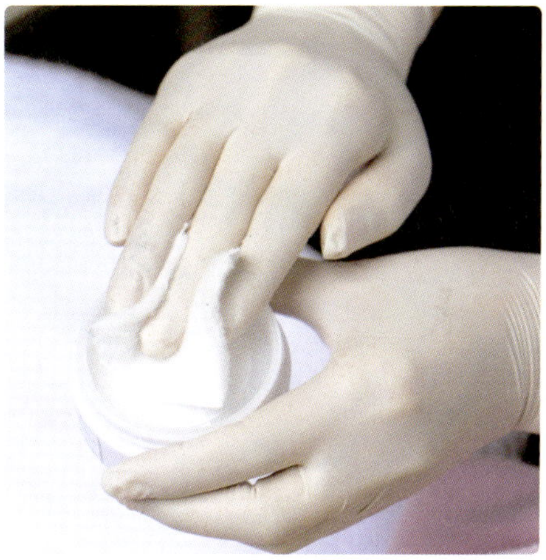

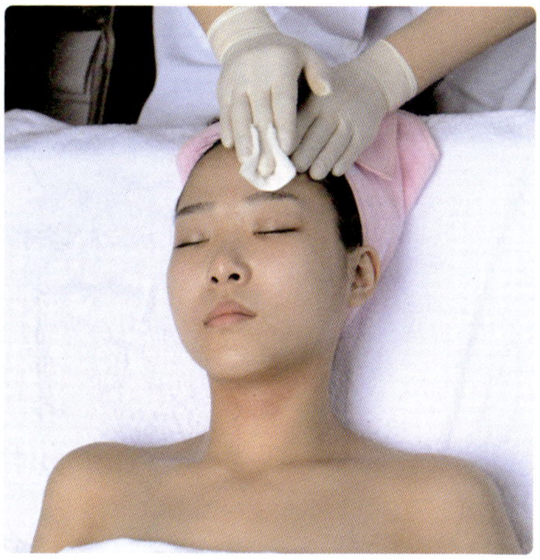

④ 관리자의 손목 안쪽에 왁스를 묻혀 온도를 체크한다.

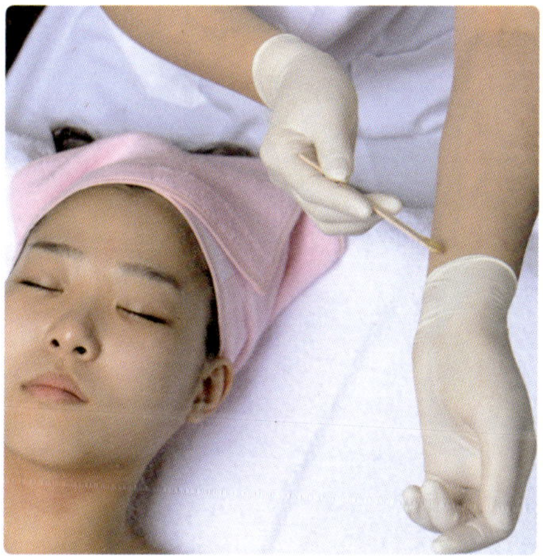

⑤ 왁스 적당량을 스파츌라로 덜어 털이 난 방향으로 얇게 도포한 후 부직포를 붙인다.

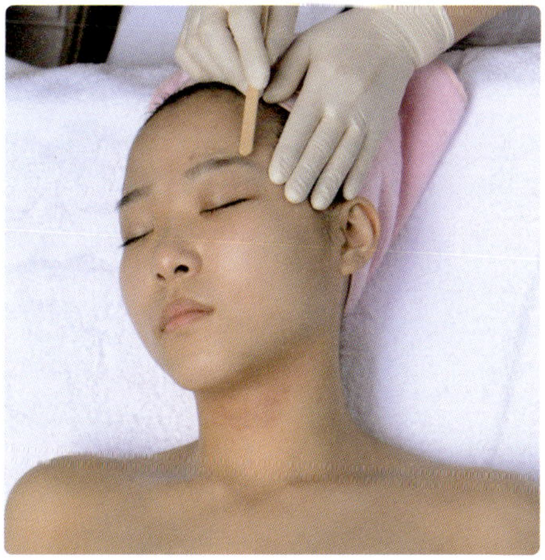

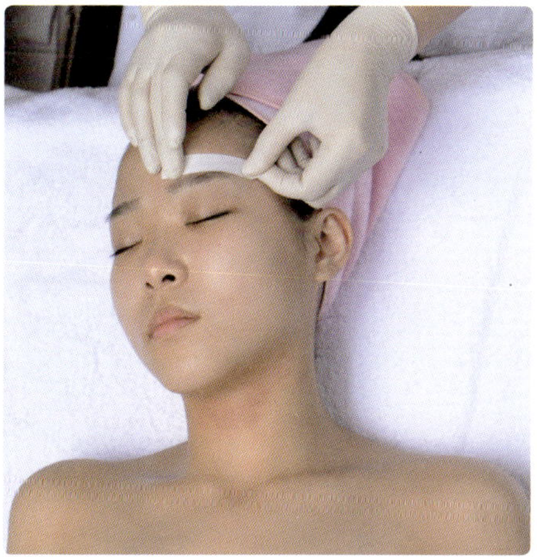

⑥ 털이 난 반대방향으로 부직포를 빠르게 떼어낸 후 잔여털은 족집게로 제거한다.

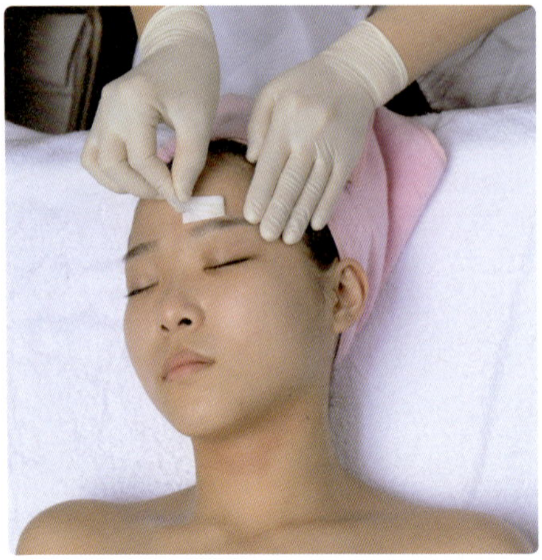

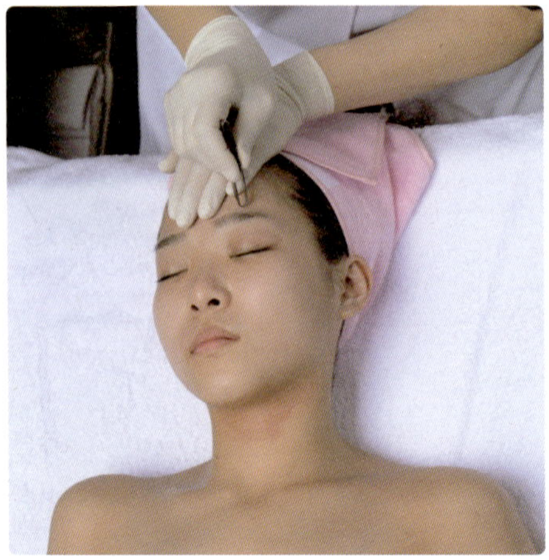

⑦ 진정젤을 발라 피부를 진정시킨다.

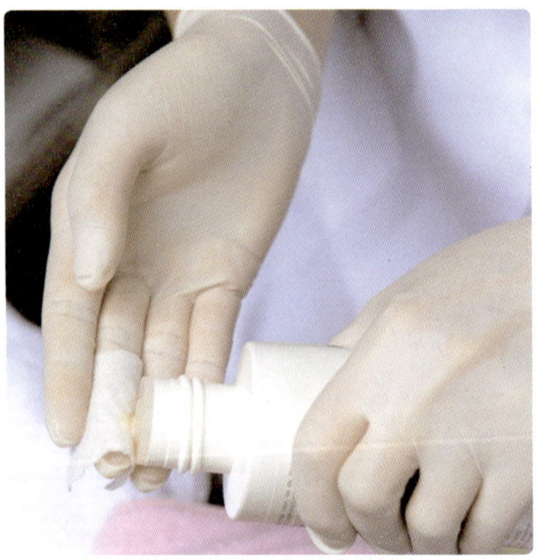

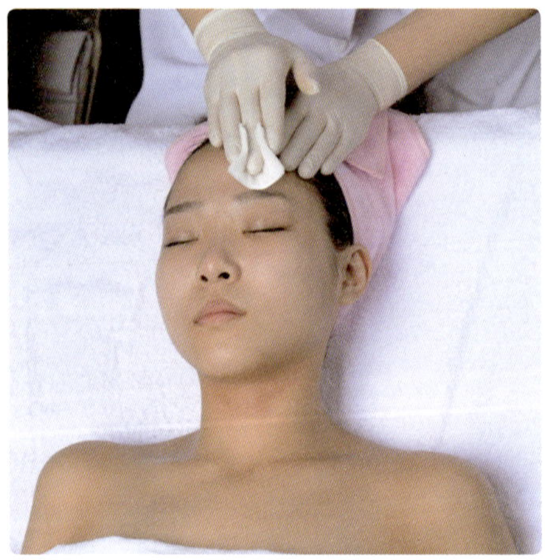

인중제모

① 손을 소독 후 제모용 제품을 준비한다.

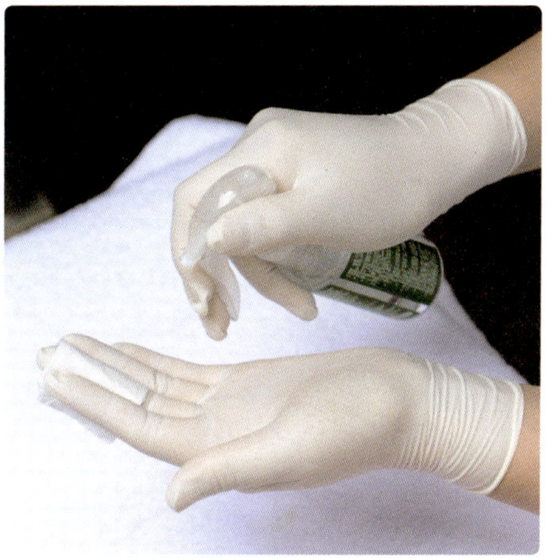

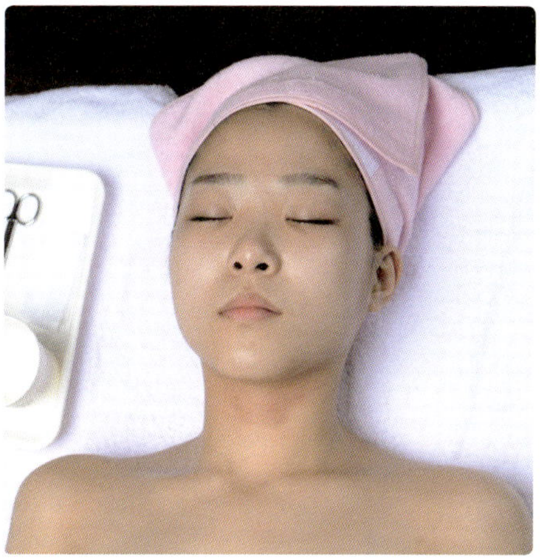

② 알코올로 적신 솜으로 제모부위를 소독 후 수분기 제거를 위해 파우더를 털의 반대방향으로 바른다.

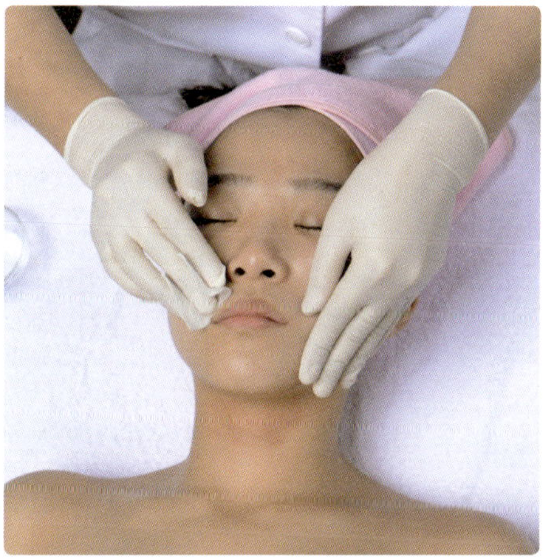

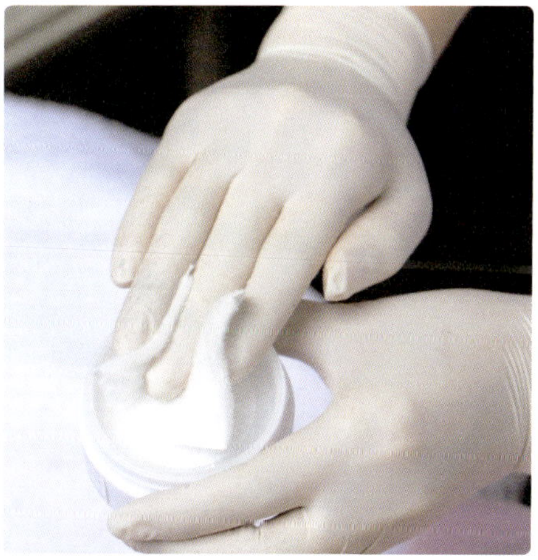

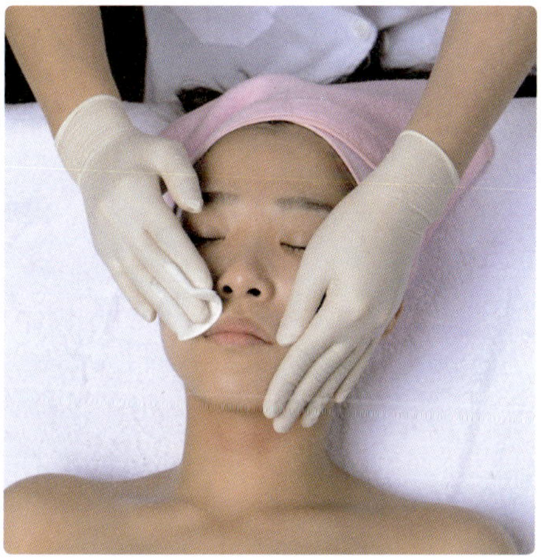

③ 관리자의 손목 안쪽에 왁스를 묻혀 온도를 체크한다.

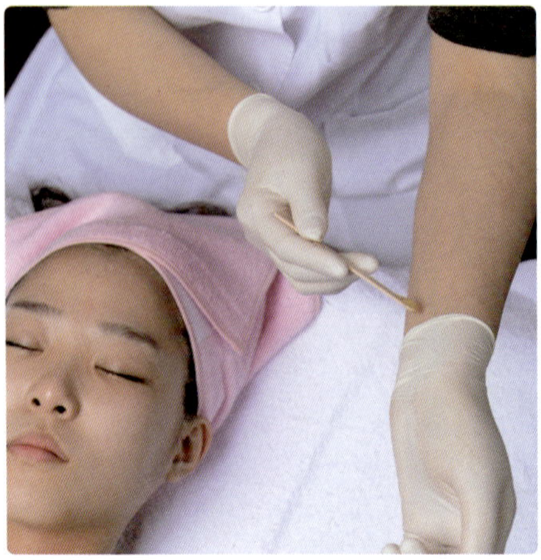

④ 왁스 적당량을 스파츌라로 덜어 털이 난 방향으로 얇게 도포한 후 부직포를 붙인다.

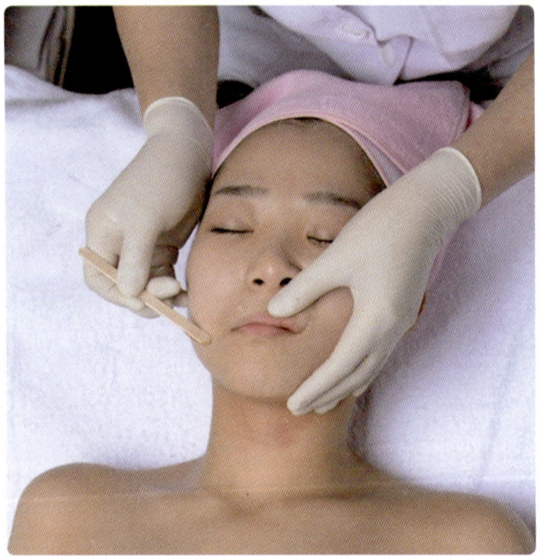

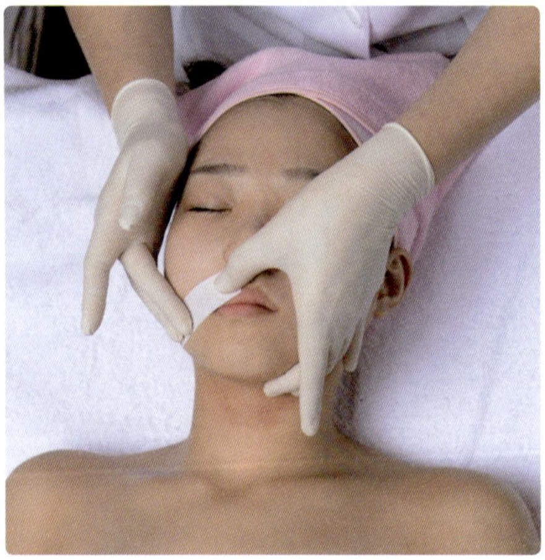

⑤ 털이 난 반대방향으로 부직포를 빠르게 떼어낸 후 잔여털은 족집게로 제거한다.

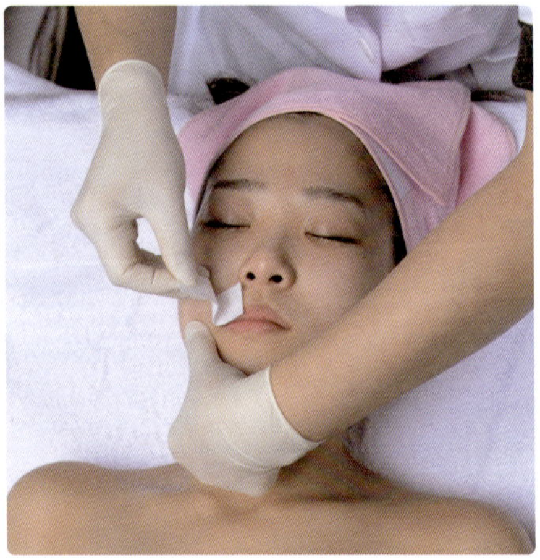

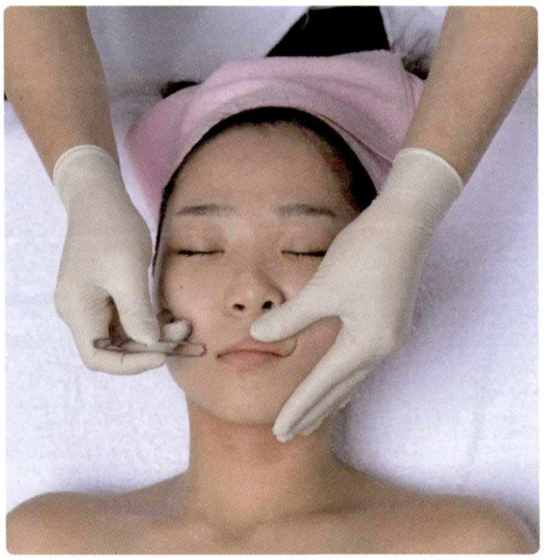

⑥ 진정젤을 발라 피부를 진정시킨다.

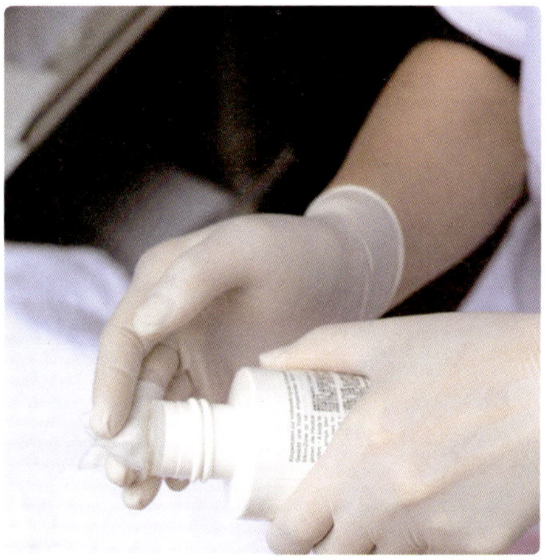
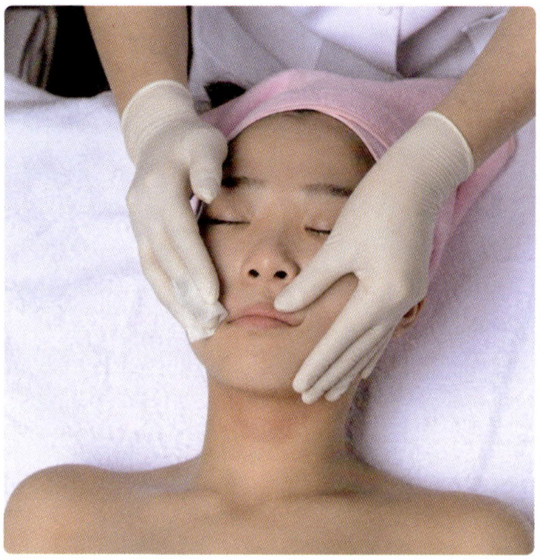

헤어라인 제모

① 손을 소독 후 제모용 제품을 준비한다.

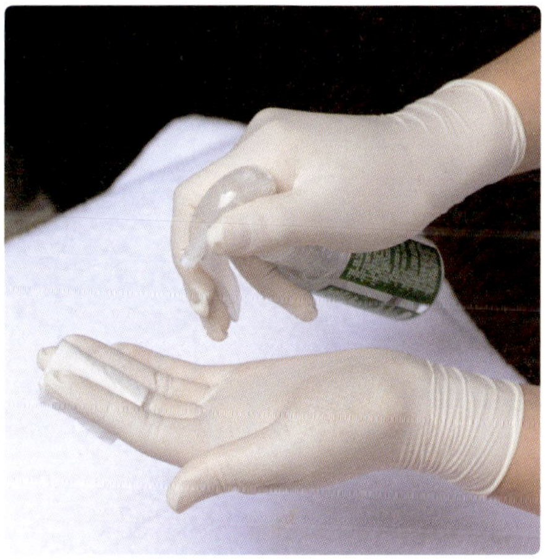
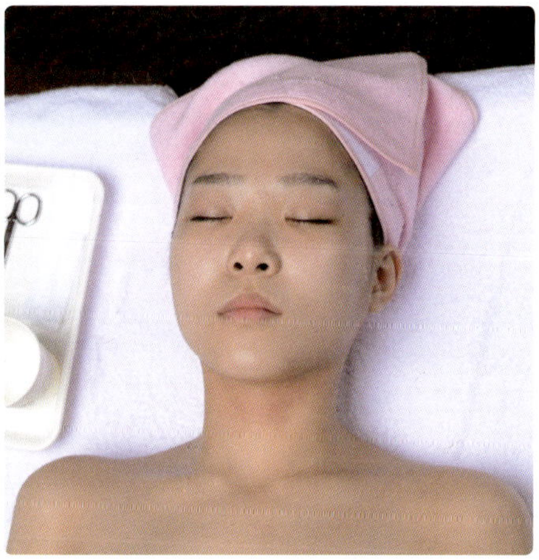

② 알코올로 적신 솜으로 제모부위를 소독한 후 수분기 제거를 위해 파우더를 털의 반대 방향으로 바른다.

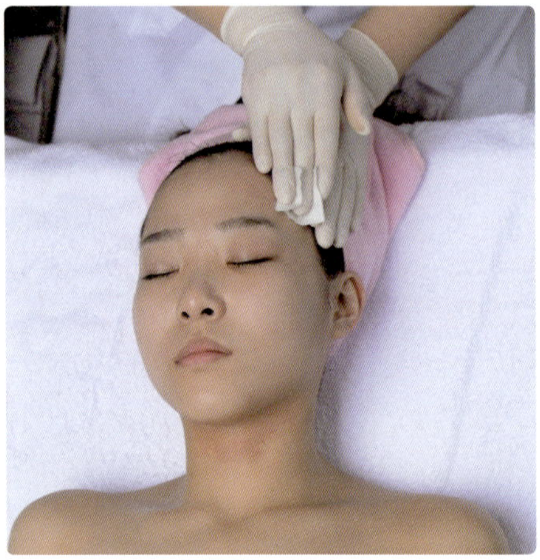
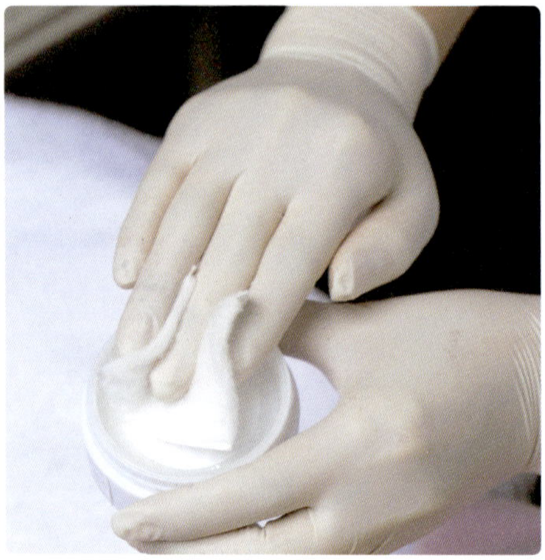

③ 관리자의 손목 안쪽에 왁스를 묻혀 온도를 체크 한 후 털이 난 방향으로 얇게 도포한다.

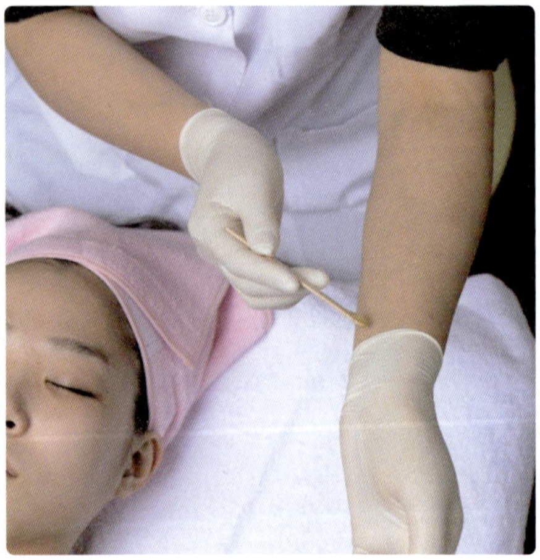
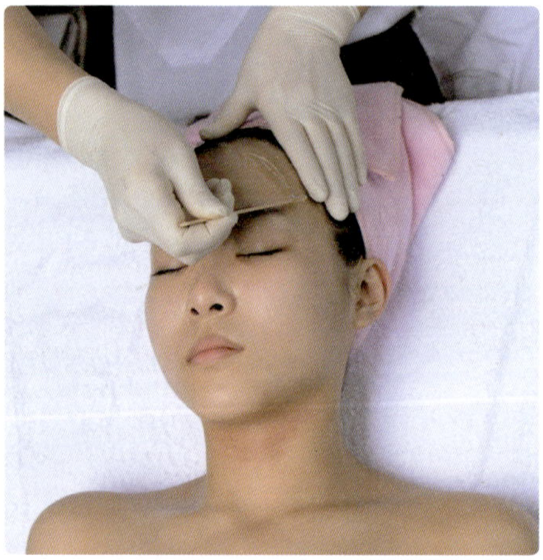

④ 제모부위에 부직포를 붙이고 꾹꾹 눌러 준 후 털이 난 반대방향으로 빠르게 떼어낸다.

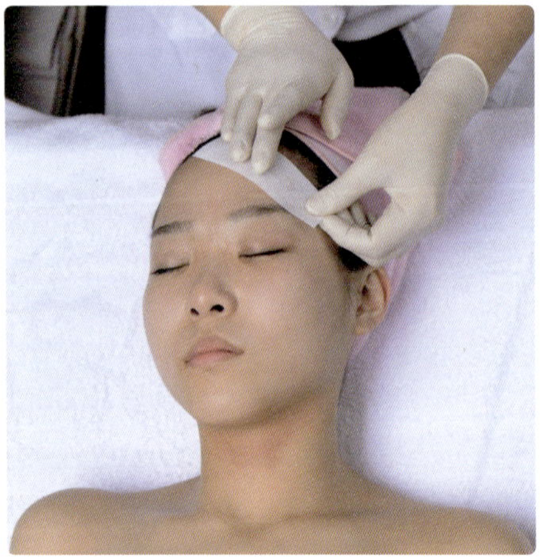
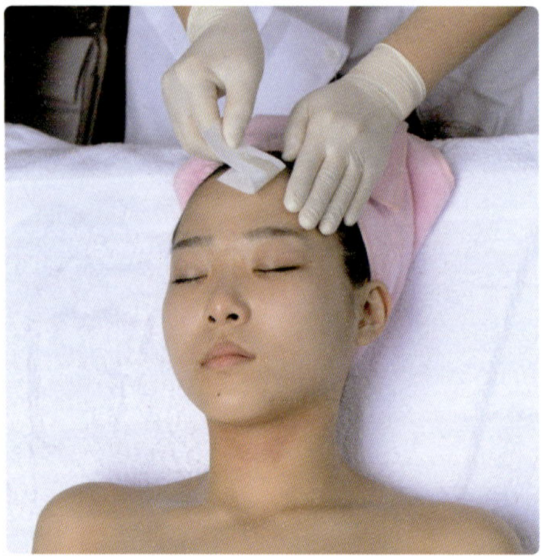

⑤ 잔여 털은 족집게로 제거하고 진정젤을 발라 피부를 진정시킨다.

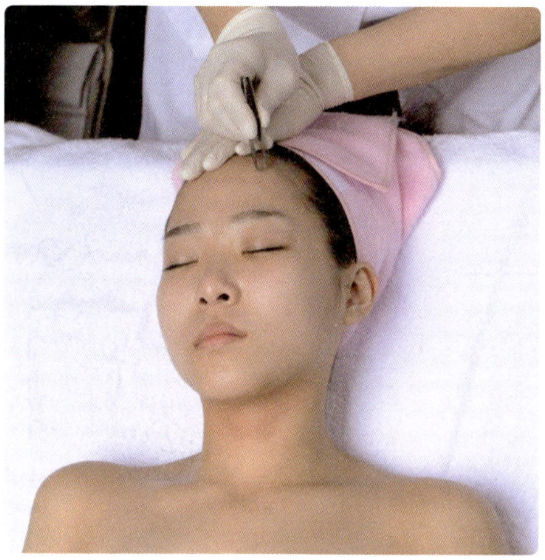

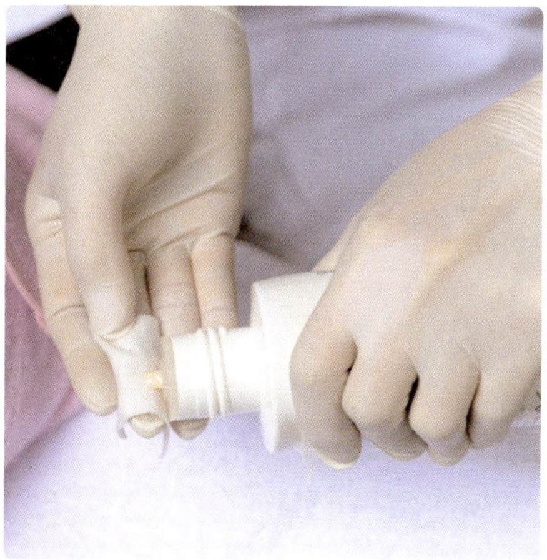

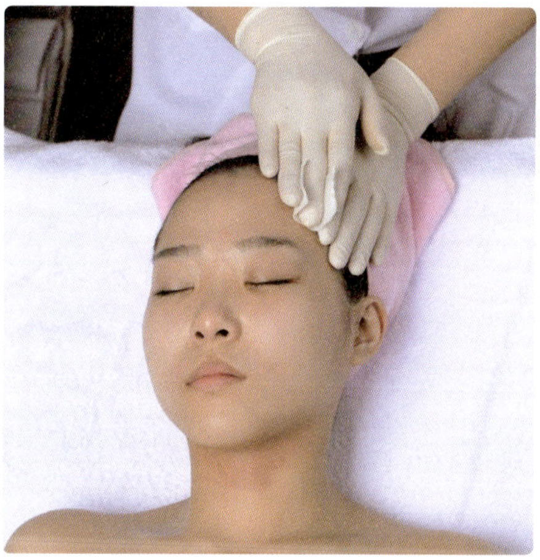

Check Point

- 얼굴 피부는 주로 웜왁스를 사용한디.
- 겨드랑이 부위는 하드왁스를 사용한다.

수행순서 2 눈썹부위 제모하기

1. 고객과 상담하여 고객관리카드를 작성한다.
2. 고객을 가운으로 착용시킨다.
3. 고객을 베드로 안내한다.
4. 고객의 머리를 터번으로 감싼다.
5. 왁스워머기는 60 ~ 65℃로 맞춘다.
6. 제모할 부위의 털의 길이를 가위로 조절한다.
7. 수분을 제거하기 위하여 파우더를 바른다.(털이 난 반대 방향으로)
8. 피부관리자의 손목 안쪽에 왁스를 묻혀 온도를 체크한다.
9. 눈썹을 둘러싸고 있는 눈썹 바로 윗부분에 정확히 발라 준다.
10. 엄지와 검지손가락으로 잡을 수 있게 끝 부분은 두껍게 바른 다음 피부에서 조금씩 떼어낸다.
11. 한 손으로는 왁스의 두터운 끝을 잡고 다른 한 손에는 피부에 텐션을 주도록 하고 관리자는 털이 난 반대 방향으로 빠른 속도로 왁스를 떼어 낸다.
12. 남은 털은 족집게를 사용하여 제거한다.
13. 제모가 끝난 후 진정 젤을 바른다.
14. 적절한 사후관리를 조언한다.

Tip

- 제모 후 열이 발생되는 행위는 삼간다. (사우나, 음주, 매운 음식 등)
- 얼굴 제모는 예민한 부위이므로 전·후 처리제를 잘 해야 한다.
- 산업현장에서는 얼굴도 하드왁스를 병행하여 사용하는 경우도 있다.
- 산업이 발전하면서 제품개발이 다양하게 이루어지고 있다. 사용방법은 제품마다 다르다.

① 손을 소독 후 제모용 제품을 준비한다.

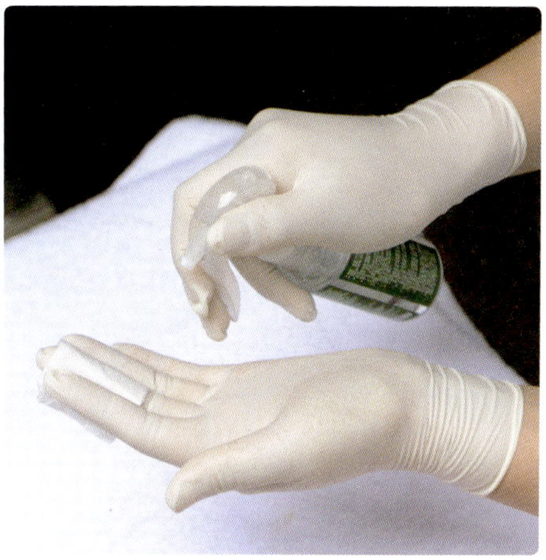

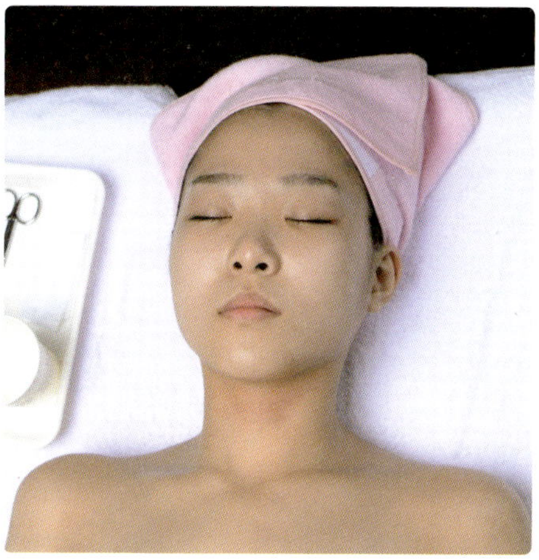

② 제모할 부위의 털의 길이를 가위로 조절한 후 알코올로 적신 솜으로 제모 부위를 소독한다.

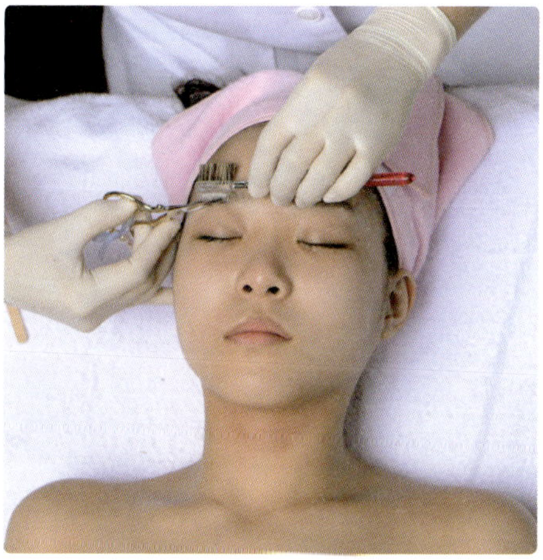

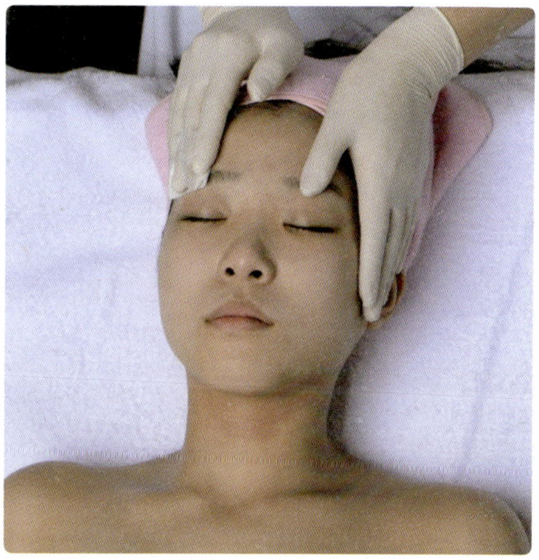

③ 관리자의 손목 안쪽에 왁스를 묻혀 온도를 체크한다.

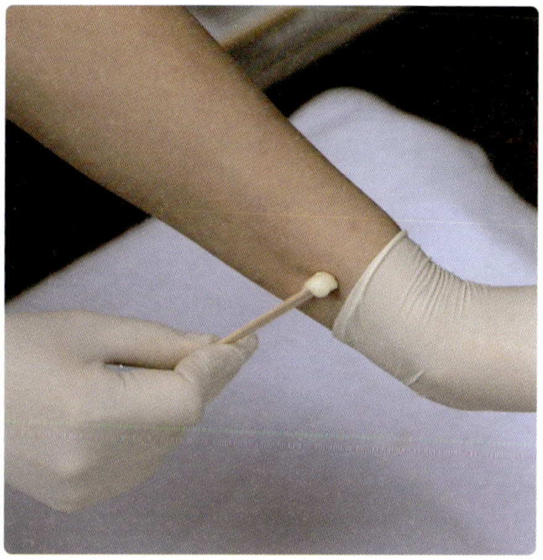

④ 왁스를 털이 난 방향으로 정확히 바르고 시간이 지난 후 털이 난 반대 방향으로 빠른 속도로 왁스를 떼어낸다.

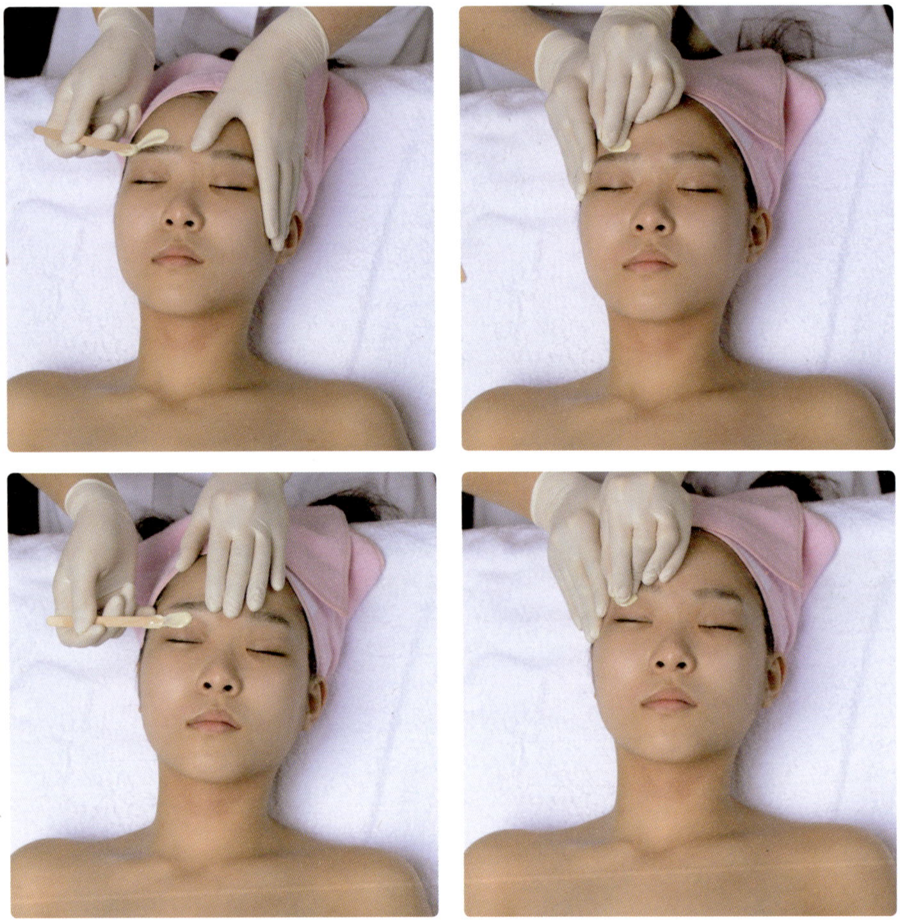

⑤ 잔여털은 족집게로 제거한 후 진정젤을 발라 피부를 진정시킨다.

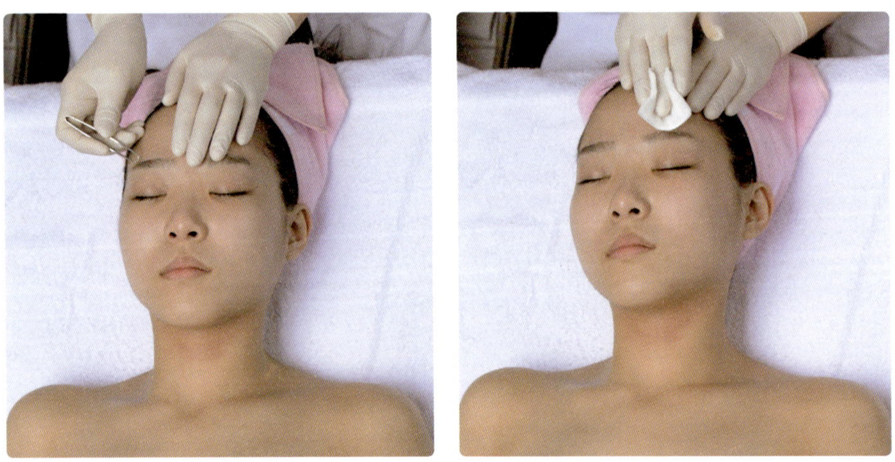

수행순서 3 인중부위 제모하기

1. 고객과 상담하여 고객관리카드를 작성한다.
2. 고객을 가운으로 착용시킨다.
3. 고객을 베드로 안내한다.
4. 고객의 머리를 터번으로 감싼다.
5. 왁스워머기는 60 ~ 65℃로 맞춘다.
6. 제모할 부위를 전처리제로 바르고 털이 난 방향을 확인한다.
7. 수분을 제거하기 위하여 파우더를 털이 난 반대 방향으로 바른다.
8. 피부관리사의 손목 안쪽에 왁스를 묻혀 온도를 체크한다.
9. 인중부위에 왁스를 털이 난 방향으로 정확히 발라 준다.
10. 한 손으로는 엄지와 중지로 텐션을 주고 피부관리사는 털이 난 반대방향으로 빠른 속도로 왁스를 떼어 낸다.
11. 남은 털은 족집게를 사용하여 제거한다.
12. 제모가 끝난 후 진정 젤을 바른다.
13. 적절한 사후관리를 조언한다.

① 손을 소독 후 제모용 제품을 준비한다.

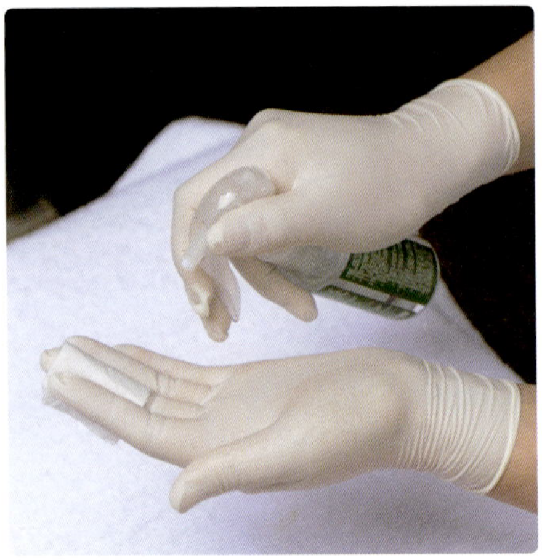

② 알코올을 적신 솜으로 제모 부위를 소독한 후 수분기 제거를 위해 파우더를 바른다.

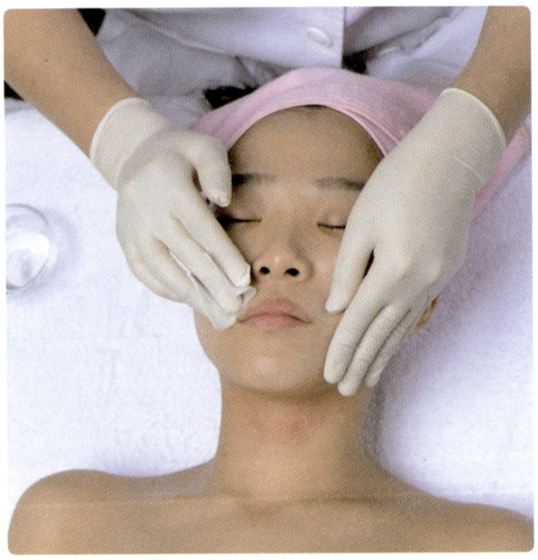

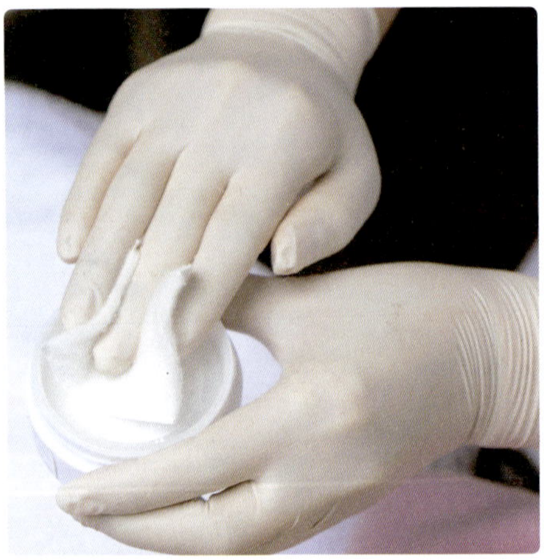

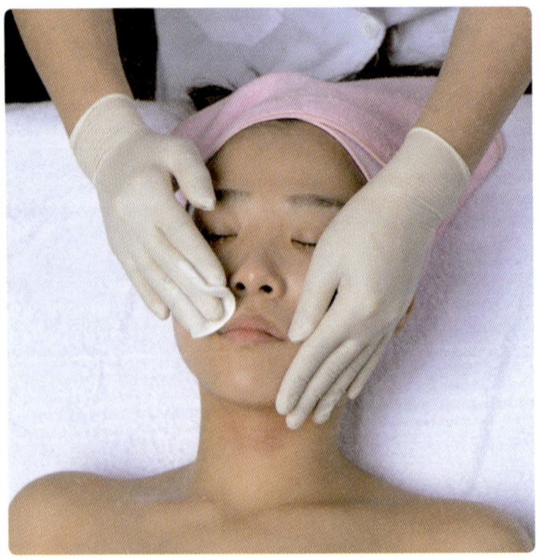

③ 관리자의 손목 안쪽에 왁스를 묻혀 온도를 체크한다.

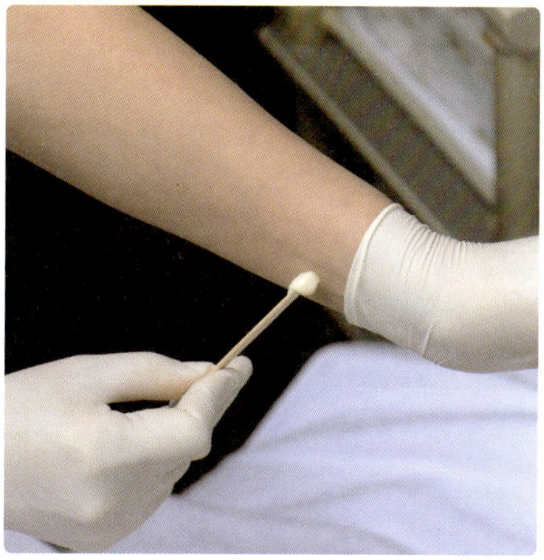

④ 왁스를 털이 난 방향으로 정확히 바르고 시간이 지난 후 털이 난 반대방향으로 빠른 속도로 왁스를 떼어 낸다.

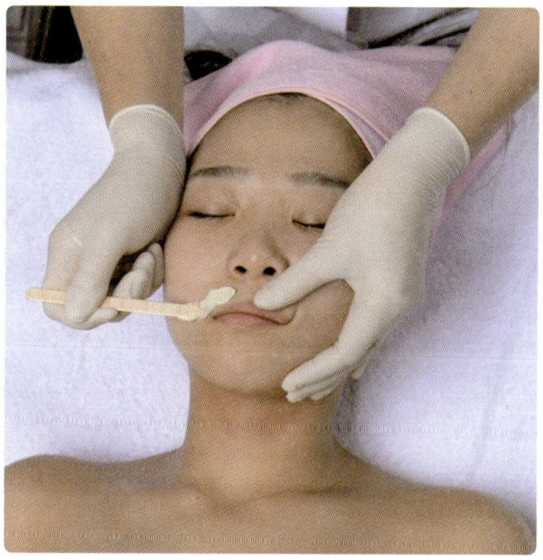

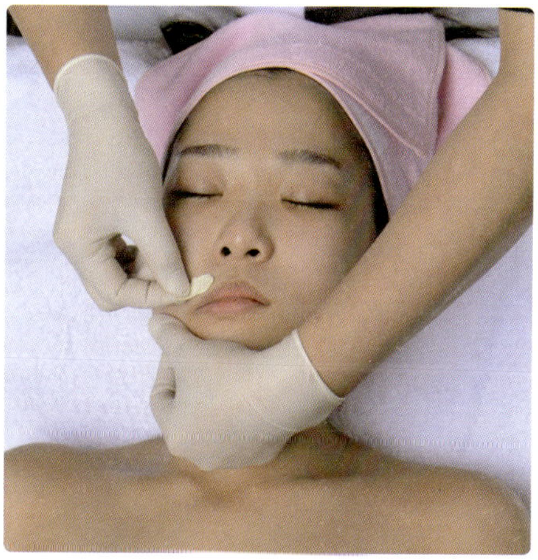

⑤ 잔여 털은 족집로 제거한 후 진정젤을 발라 피부를 진정시킨다.

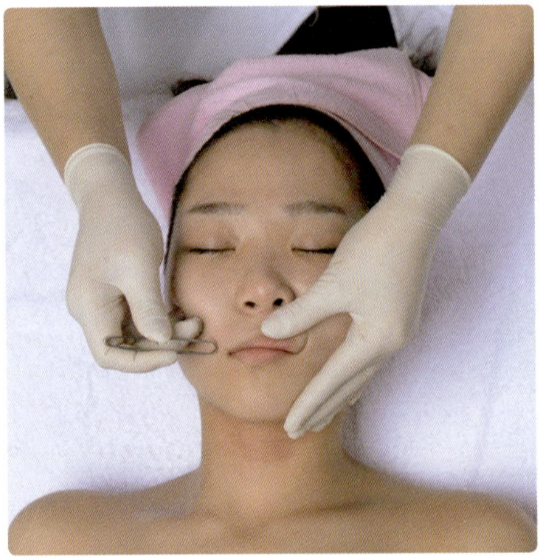

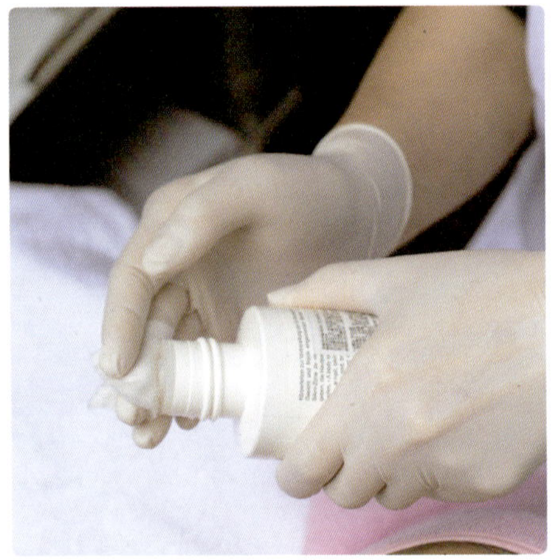

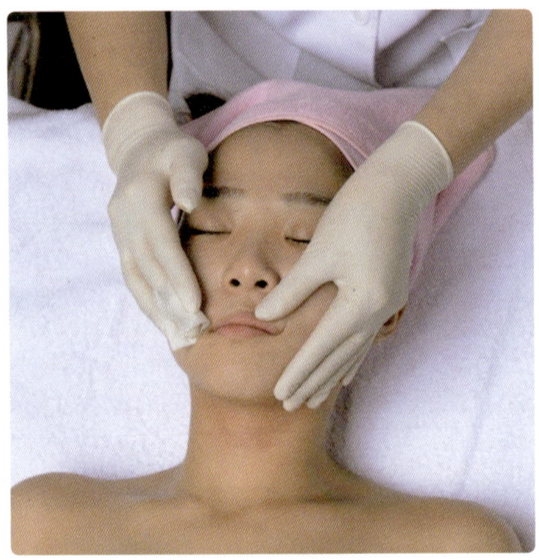

수행순서 4 헤어라인 제모하기

1. 고객과 상담하여 고객관리카드를 작성한다.
2. 고객을 가운으로 착용시킨다.
3. 고객을 베드로 안내한다.
4. 고객의 머리를 터번으로 감싼다.
5. 왁스워머기는 60 ~ 65℃로 맞춘다.
6. 헤어라인 부위의 털을 정확히 판단한다.
7. 제모할 부위의 털의 길이를 가위로 조절한다.
8. 제모할 부위를 전처리제를 바르고 헤어라인에 털이 난 방향을 확인한다.
9. 수분을 제거하기 위하여 파우더를 털이 난 반대 방향으로 바른다.
10. 피부관리사의 손목 안쪽에 왁스를 묻혀 온도를 체크한다.
11. 관리할 부위에 왁스를 털이 난 방향으로 발라 준다.
12. 엄지와 검지손가락으로 잡을 수 있게 끝 부분은 두껍게 바른다.
13. 한 손으로는 머리을 잡고 텐션을 주고 피부관리사는 털이 난 빈대 방향으로 빠른 속도로 왁스를 떼어 낸다.
14. 남은 털은 족집게를 사용하여 제거한다.
15. 제모가 끝난 후 진정 젤을 바른다.
16. 적절한 사후관리를 조언한다.

① 손을 소독 후 제모용 제품을 준비한다.

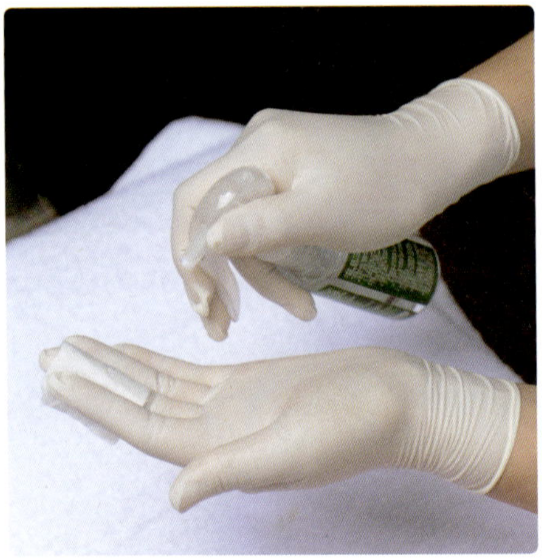

② 알코올을 적신 솜으로 제모 부위를 소독한 후 수분기 제거를 위해 파우더를 바른다.

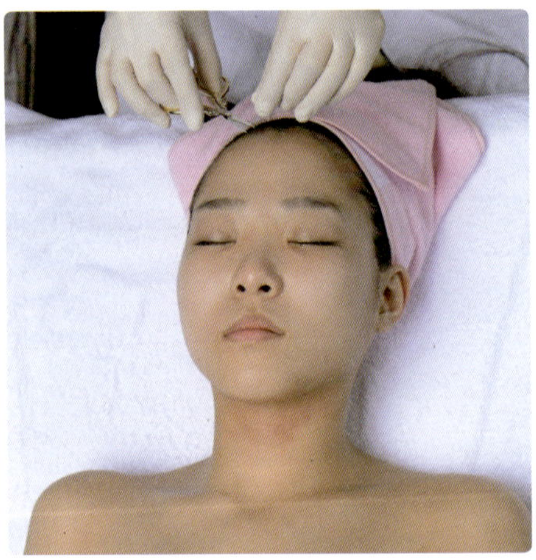

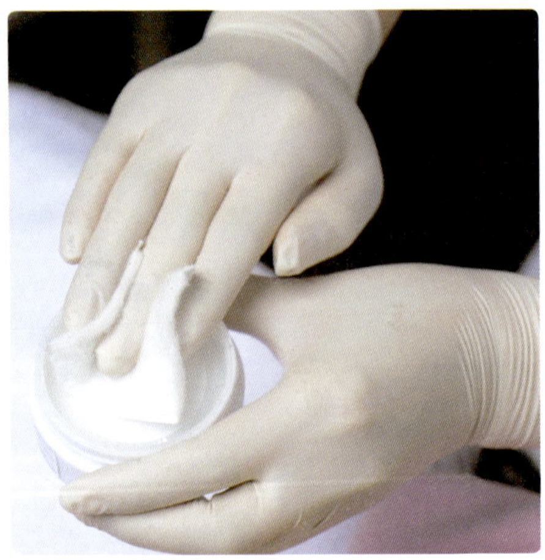

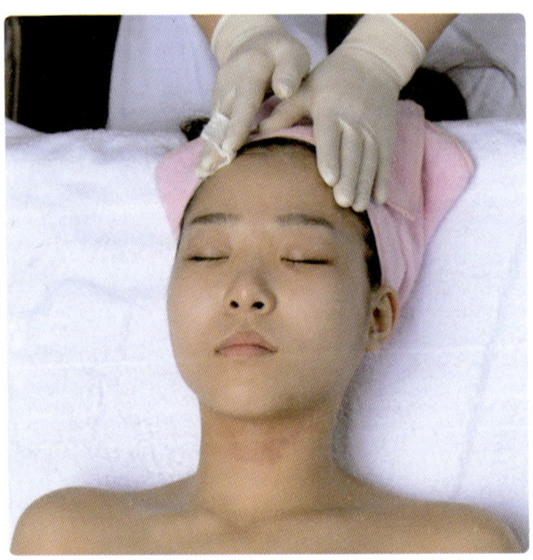

③ 관리자의 손목 안쪽에 왁스를 묻혀 온도를 체크한다.

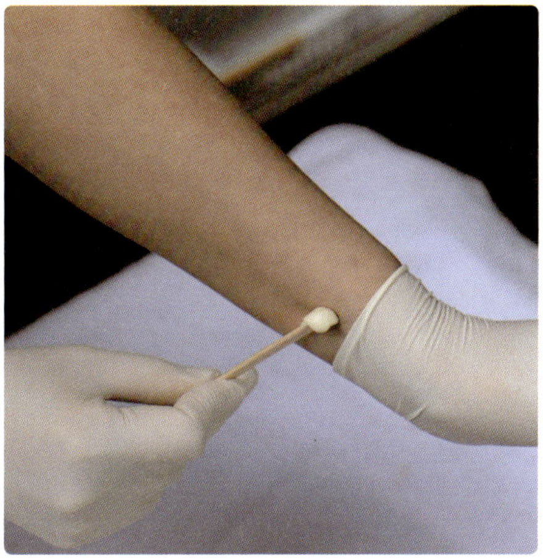

④ 왁스를 털이 난 방향으로 정확히 바르고 시간이 지난 후 털이 난 반대방향으로 빠른 속도로 왁스를 떼어 낸다.

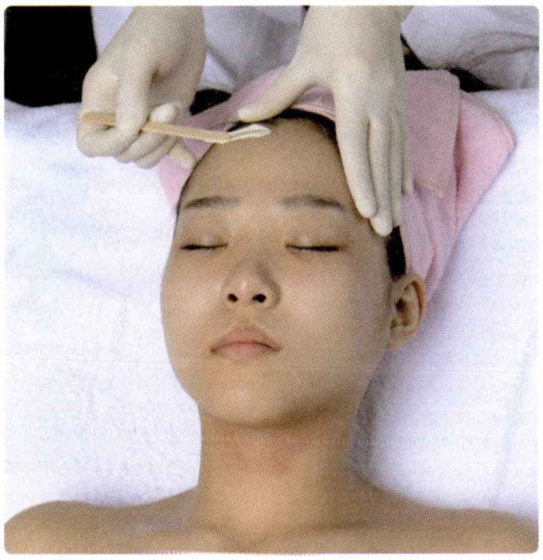

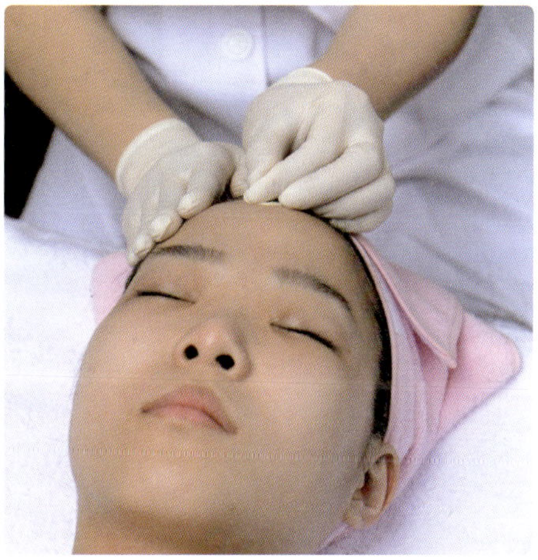

⑤ 잔여 털은 족집로 제거한 후 진정젤을 발라 피부를 진정시킨다.

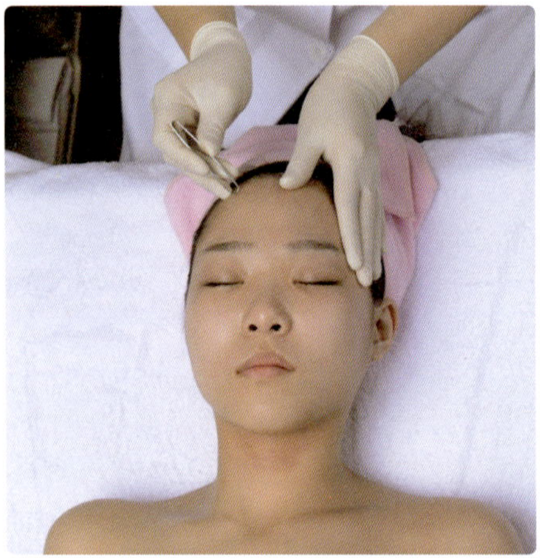

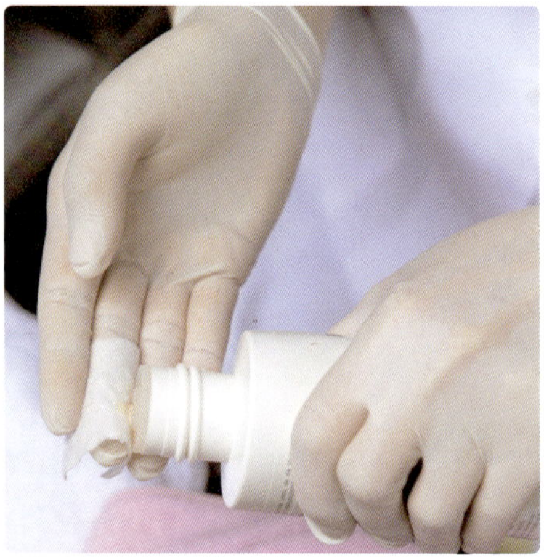

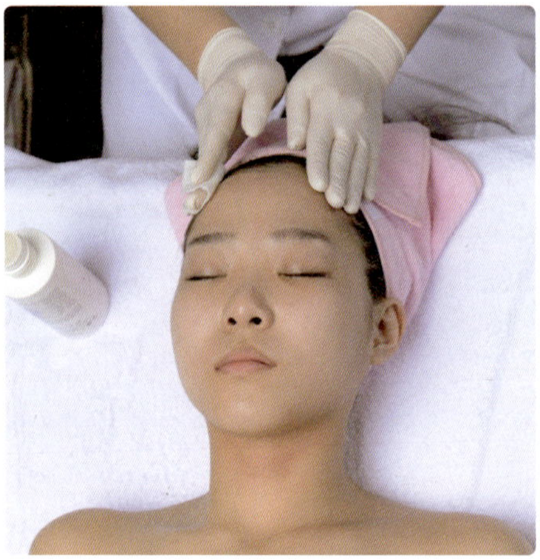

수행준거별 평가 체크리스트

대분류	중분류	소분류	세분류(직무)	능력단위	능력단위코드
이용·숙박·여행·오락·스포츠	이·미용	이·미용서비스	피부미용	피부미용 응용제모	1201010240_17v4

능력단위요소	1	피부미용 얼굴 제모하기	
수행준거	1.1	얼굴 제모를 위한 왁스를 선택하고 제모에 필요한 도구를 준비할 수 있다.	[지식] • 신체부위별 체모의 성장과 특징 • 피부관리학 • 공중위생관리법 • 제모 시 주의사항 [기술] • 고객응대 능력 • 제모방법 능력 • 진정방법 능력 [태도] • 고객을 안정감 있게 배려하는 태도 • 고객의 표정을 살피려는 객관적 태도 • 작업에 성실하게 임하는 태도
	1.2	제모하고자 하는 얼굴 부위의 유수분을 제거하고 파우더를 도포할 수 있다.	
	1.3	왁스 온도를 체크한 후 털이 난 반대 방향으로 왁스 도포 후 다시 털이 난 방향으로 반복하여 왁스를 도포할 수 있다.	
	1.4	굳어진 왁스를 털이 난 방향과 반대 방향으로 텐션을 주며 순차적으로 제거할 수 있다.	
	1.5	제모 부위의 잔여왁스를 제거한 후 진정 제품으로 마무리할 수 있다.	

수행준거	상세 수행준거	평가항목	척도	
			YES	NO
1.1	1.1.1	왁스를 준비하여 워머기를 작동할 수 있다.		
	1.1.2	준비된 제모 도구를 소독할 수 있다.		
	1.1.3	소독된 제모 도구를 웨건에 세팅할 수 있다.		
1.2	1.2.1	피부관리사의 손을 소독할 수 있다.		
	1.2.2	소독된 손에 장갑을 착용할 수 있다.		
	1.2.3	제모할 부위에 유수분제거제를 도포하여 제거할 수 있다.		
	1.2.4	제모할 부위에 파우더를 도포할 수 있다.		
1.3	1.3.1	제모할 부위의 털이 난 방향을 확인할 수 있다.		
	1.3.2	우드 스파츌라를 이용하여 워머기의 왁스를 소량 떠서 왁스 온도를 확인할 수 있다.		
	1.3.3	털이 난 방향을 확인하면서 왁스를 도포할 수 있다.		
1.4	1.4.1	도포된 왁스가 굳어졌는지 확인할 수 있다.		
	1.4.2	굳어진 왁스를 털이 나는 반대방향으로 제거할 수 있다.		
1.5	1.5.1	제모 부위의 잔여왁스를 확인할 수 있다.		
	1.5.2	제모가 끝난 부위에 진정 제품을 도포할 수 있다.		
총계		14		

찾아 보기

참고 문헌

- 피부미용 고객마무리관리 학습모듈, 한국직업능력개발원, 2014.
- 피부미용 고객상담 학습모듈, 한국직업능력개발원, 2015.
- 피부미용 얼굴관리 학습모듈, 한국직업능력개발원, 2016.
- 피부미용 위생관리 학습모듈, 한국직업능력개발원, 2014.
- 피부미용 특수관리 학습모듈, 한국직업능력개발원, 2017.
- 강경화, 강경희 외, "Milady's standard", "표준미용학", 정담미디어, 2003.
- 고경숙 등, "미용학개론", 청구문화사. pp.154-158, 2014.
- 고등학교 피부관리, 수원여자대학 국정 도서 편찬 위원회, 교육인적자원부
- 공중위생업소 인터넷 자율점검 실시안내, 강남구청, 2015.
- 국가직무능력표준, http://www.ncs.go.kr/
- 권혜영 외 4인, "NCS를 기반으로 한 기초 에스테틱", 메디시언, 2017.
- 권혜영 외, "기초피부관리", 메디시언, 2018.
- 김경미 외 5인, "NCS를 기반으로 한 기초피부미용관리학", 메디시언, 2016.
- 김경영 외 5인, "에센스 화장품학", 메디시언, 2013.
- 김광옥, 김희진, 양현옥 등, "피부미용학", 청구문화사, pp.69-75, 2008.
- 김기영 외, "에센스 피부미용학 개론", 메디시언, 2018.
- 김다비 외 3인, "고등학교 피부미용", 능률교과서, 2014.
- 김수연 외, "뷰티테라피레벨III-개정3판 DAWN MERNAGH WARD", 영문출판사, pp.294~300, 2008.
- 미용분야 산업안전보건 매뉴얼, 한국직업능력개발원
- 박규미, "제모 매니지먼트", 크라운출판사. 2017.
- 박은경, 이정희, "NCS 기초피부관리", 구민사, 2017.
- 박혜정, "고객시비스 실무", 백산출판사, 2012.
- 범국민손씻기운동본부 손씻기자료실 배너(홍보자료, 전문자료 참조)
- 법제처, 국가법령정보센터, 개인정보보호법(http://www.law.go.kr)
- 의료시설 환경위생관리 학습모듈, 한국직업능력개발원
- 이병철 외 6인, "피부미용 고객상담", 메디시언, 2015.
- 이애숙 외 5인, "기초페이스 & 바디트리트먼트", 메디시언, 2013.
- 이영아 외 1인, "NCS적용 교육! 기초피부관리", 메디시언, 2017.
- 이은우 외 5인, "NCS적용교육 얼굴관리", 메디시언, 2016.
- 장태수 외, "SPA(스파테라피 서비스산업 프로(중급)을 위한)", 메디시언, pp.84~85, 2008.
- 하명희, 이계영 외, "NCS기반 피부미용학", 도서출판 성화, 2016.
- 한정순, 권혜영, 임진숙, 이순혜, 조진애, 조춘구, 하명희, "미용영양학", 메디시언. 2018.
- 황해정 외 1인, "피부미용사 필기시험 한권으로 합격하기", 크라운출판사, 2016.
- http://www.google.co.kr
- https://www.dreamstime.com
- The Art and Science of Beauty Therapy-A Complete Guide for Beauty Specialists, Jane Foulston etc, Holistic Therapy Books, 2010

국가직무능력표준 얼굴관리

2019년 3월 1일 초판 인쇄
2019년 3월 5일 초판 발행

저 자 조수경 · 김정숙 · 김기영 · 김주연 · 김현서
박은숙 · 신숙희 · 이계영 · 이정옥 · 장정현
하명희 · 황미서

발행인 주 병 오 · 주 민 기

발행처 메디시인

주 소 경기도 파주시 회동길 209
파주출판문화도시
영업팀 (031) 955－7566 · 7577
편집디자인팀 (031) 955－7731
F A X (031) 955－7730
홈페이지 www.ji-gu.co.kr
전자우편 jigupub@hanmail.net
등록번호 2005년 2월 16일 제 406-2005-000045호

ISBN 979-11-86739-76-1 값 24,000원